李计忠解《周易》系列

易界名家 独门首传

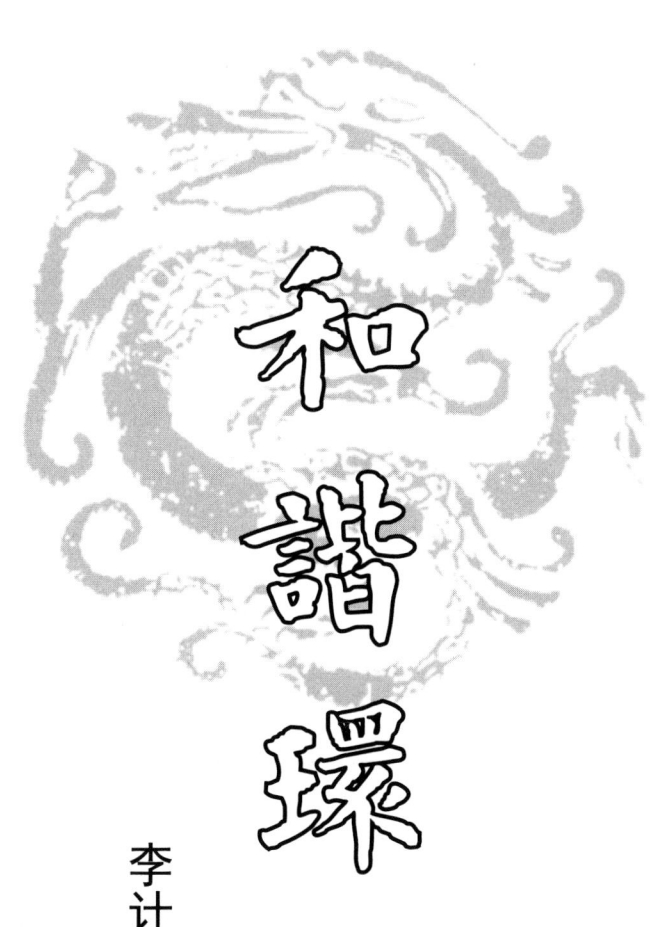

和谐環居

李计忠 著

团结出版社

©团结出版社，2025年

图书在版编目（CIP）数据

和谐环居 / 李计忠著. -- 北京：团结出版社，2025.9. -- ISBN 978-7-5234-1229-9

Ⅰ.TU-856

中国国家版本馆CIP数据核字第2024C1376V号

责任编辑：牛　浩
封面设计：阳洪燕

出　　版：	团结出版社
	（北京市东城区东皇城根南街84号　邮编：100006）
电　　话：	（010）65228880　65244790（出版社）
	（010）65238766　85113874　65133603（发行部）
	（010）65133603（邮购）
网　　址：	http://www.tjpress.com
电子邮箱：	zb65244790@vip.163.com
经　　销：	全国新华书店
印　　装：	三河市东方印刷有限公司

开　本：	170mm×240mm　16开		
印　张：	29.25	字　数：	379千字
版　次：	2025年9月 第1版	印　次：	2025年9月 第1次印刷

书　号：978-7-5234-1229-9

定　价：98.00元

（版权所属，盗版必究）

序

在传统社会中，堪舆学说被赋予了浓厚的神秘色彩。人们普遍认为，祖先的墓地和自家的住宅布局能够影响家族的兴衰和个人的运势。因此，会请堪舆师为祖先选择墓地，认为好的墓地能够荫庇子孙，带来好运。在住宅布局方面，人们通常会考虑房屋的朝向、布局以及周边环境等，甚至在房屋格局和室内摆设上都有严格的要求，以期达到趋吉避凶、消灾免祸，追求平安、财富与尊贵的效果。

随着人们生活水平的提升和对居住环境品质要求的不断提高，阳宅风水这一传统概念正逐渐受到更多人的关注。人们对阳宅风水的需求日益增长，对居住环境的要求不再局限于基本的居住功能，而是更加注重整体的舒适度和美观度。再加上大家对健康的重视程度不断提高，越来越多的人意识到居住环境对健康有着直接或间接的影响，因此，对阳宅风水的认知逐渐从盲信走向理性，也更加注重阳宅风水，并主动寻求堪舆师的帮助和指导。《和谐环居》一书正是基于这样的背景，为广大读者深入讲述了阳宅堪舆的奥秘与应用。

我的父亲李计忠先生作为在风水领域深耕的人士，多年来，始终坚守在风水实践的第一线。他为无数家庭和企业提供了专业的风水咨询服务，从住宅布局到商业场所的环境优化，都亲力亲为。他深知，风水学说的实践需要结合实际情况，不能生搬硬套。因此，他总是亲自到现场勘察，综合考虑自然环境、建筑结构、人文需求等多方面因素，为客户提供最合适的风水解决方案。向大众普及风水知识，用通俗易懂的语言，将复杂的风水理论讲解得深入浅出，让更多的人能够理解风水学说的内涵和价值。但是，这些"动作"的辐射是比较窄的，影响也不够深远，所以，父亲还是决定花费更多的精力将其著作成书，让更多人能因此受益。

本书为读者提供了一个全面而系统的框架，不仅深入讲述了阳宅环境的各个方面，如家居环境、装修布局、买房环境、文昌磁场、催官旺位布局、桃花运布局、旺财旺运布局等，还结合了阴阳五行平衡的自然法则，融入了现代建筑学的知识，借助环境学的视角，解读了阳宅环境对人们吉凶祸福的影响。内容谓之丰富，涵盖了阳宅布局、商铺布局以及公司布局等多个领域，从财运、事业、健康、婚恋等多个角度出发，将复杂的堪舆理论与实际应用相结合，为读者呈现了一本既有理论深度又具实践价值的佳作。书中不仅详细剖析了阳宅在天地间所处的气场吉凶，还提供了具体的布局方法和化解不利因素的技巧，帮助读者更好地运用堪舆知识来改善居住环境。全书文字表达专业性强，理论与实践经验相融合，对初学者极具指导意义，也为现代人如何打造更优质的居家环境指明了方向，同时弘扬了传统文化。

  本书作为父亲多年心血的结晶，承载了他对风水学说的热爱和对后辈的期望。我相信，本书的出版，将为风水学说的传承和发展注入新的活力，让更多的人能够了解和应用风水学说，为创造更加美好的生活环境贡献力量。同时，我们也期待更多有志之士能够加入风水学说的研究和实践中，传承和创新这一古老的智慧，使其在现代社会中焕发出新的光彩。

李　玮
甲辰年丁卯月于海口

目 录

序 ··· 1

第一章 阳宅环境实战基础理论 ································ 1

第一节 客观认识环境的作用 ·································· 1

第二节 堪舆的基本工具 ·· 2

第三节 先天八卦与后天八卦 ·································· 3

第四节 阴阳五行 ·· 6

第五节 八卦堪舆属性 ·· 8

第六节 分房份与砂外砂 ·· 10

第七节 对宫砂水 ·· 11

第八节 砂、水的具体类象 ···································· 12

第九节 农村与城市的砂水区别要点 ···················· 12

第十节 农村与城市阳宅定穴秘诀 ························ 16

第十一节 丧葬文化的变迁 ···································· 19

第十二节 先后天八卦在风水断法中的应用 ········ 20

第十三节 阴阳宅断法口诀 ···································· 21

第二章 阳宅风水实战吉凶断法 ································ 75

第一节 宅基形状对风水的吉凶影响 ···················· 75

第二节 三角凶地化解方法 ···································· 76

第三节 房屋外观形状对家宅吉凶的影响 ············ 77

第四节 屋顶形态对风水的影响 ···························· 79

第五节　屋顶风水煞气化解 ·············· 79
第六节　拼接屋是不利的风水 ·············· 80
第七节　庙堂近宅气运衰 ·············· 81
第八节　邻居房屋对自家风水的影响 ·············· 82
第九节　相同煞气对不同人的吉凶影响不同 ·············· 85
第十节　楼层风水吉凶 ·············· 86
第十一节　小心二手房里的凶宅 ·············· 89
第十二节　换天心为房子改运 ·············· 90
第十三节　光线对风水旺衰的影响 ·············· 91

第三章　家居室内风水 ·············· 93

第一节　户型风水 ·············· 93
第二节　大门风水 ·············· 97
第三节　玄关风水 ·············· 116
第四节　窗户风水吉凶断 ·············· 123
第五节　走廊风水吉凶断 ·············· 135
第六节　客厅风水吉凶断 ·············· 138
第七节　餐厅风水吉凶断 ·············· 169
第八节　厨房风水吉凶断 ·············· 180
第九节　卧室风水吉凶断 ·············· 196
第十节　书房风水吉凶断 ·············· 215
第十一节　儿童房风水吉凶断 ·············· 225
第十二节　卫生间风水吉凶断 ·············· 231
第十三节　阳台风水吉凶断 ·············· 240
第十四节　别墅与自建房风水吉凶断 ·············· 252

第四章　商铺风水 ·············· 265

第一节　商铺选址 ·············· 265
第二节　商铺外环境风水格局 ·············· 277

第三节	商铺的坐向选择	280
第四节	不同行业生意的楼层选择	281
第五节	店铺光线风水	284
第六节	店铺五行风水	285
第七节	店铺形势风水	286

第五章　商业公司 289

第一节	大门风水	289
第二节	大门外的各种煞气	290
第三节	大门外观形态风水	295
第四节	大门旺财化煞布局	300
第五节	商业公司的大堂风水	302

第六章　办公室风水 313

第一节	如何按风水原则选择办公室	313
第二节	如何化解办公室的各种煞气？	317
第三节	办公设备摆放风水	319
第四节	让员工的风水气场旺起来	324
第五节	老板办公室的风水	327
第六节	高管办公室风水	333
第七节	财务室风水	334
第八节	会议室风水	336
第九节	办公室五行风水	340
第十节	通道走廊风水	343
第十一节	采光照明风水	351

第七章　招财风水 354

第一节	家居财位招财风水	354
第二节	家居各房间招财风水	358
第三节	飞星二十四山财位风水	364

第四节	八运二十四山催财风水	369
第五节	命理招财风水	372
第六节	面相招财风水	374
第七节	办公室招财风水	377
第八节	风水吉祥物招财	378
第九节	卦象符号招财	385

第八章　事业风水　386

第一节	对事业发展不利的风水	386
第二节	命卦选择适合发展的职业	388
第三节	命卦方位旺事业运的方法	390
第四节	家居风水旺事业运的方法	391
第五节	办公室光线色彩旺事业运的方法	393
第六节	办公桌旺事业运的方法	395
第七节	办公室事业升迁风水	398
第八节	办公室文昌风水	404
第九节	福元升迁风水	405
第十节	五行职业坐向旺运风水	407
第十一节	自由职业者事业旺运风水	408
第十二节	让人充满积极向上能量的风水	409
第十三节	风水吉祥物增旺事业运	413
第十四节	增加贵人运的风水方法	416

第九章　婚恋情感风水　418

第一节	利用桃花运增加异性缘	418
第二节	对婚恋情感不利的风水	423
第三节	增益婚恋情感的风水	426
第四节	对婚恋不利的室内风水	429
第五节	增加桃花与恋爱运的风水	431

第六节　运用风水吉祥物增加恋爱运…………………………434

第七节　提升魅力增加异性缘的方法…………………………438

第十章　学业风水……………………………………………442

第一节　对孩子学业不利的家居风水…………………………442

第二节　旺文昌的风水…………………………………………445

第三节　增加学业运的风水……………………………………448

第四节　小孩饮食学业五行补益风水…………………………451

第十一章　影响健康的风水……………………………………453

第一节　形峦八卦疾病风水……………………………………453

第二节　形峦九宫风水疾病断…………………………………455

第一章 阳宅环境实战基础理论

第一节 客观认识环境的作用

为何要学习堪舆呢？学习堪舆的目的在于对生活环境和自身状态产生积极影响。那么，学习堪舆后该如何去实践呢？首先应当调整好自家的磁场。

中国有句古话："人不为己，天诛地灭。"这句话实际上是一条真理，与客观现实相契合。我们从正面、积极的角度去解读这句话，便能领悟其真谛，"自助者，天地助之"。一个人倘若不为自己考虑，专往危险的地方去，而远离美好的地方，那么天地都会对其进行惩罚。如果自己放弃了自己，就像古人所说的"自弃者，天地弃之"，这便是"人不为己，天诛地灭"的真正含义。古人云"君子不立危墙之下"，表达的也是同样的道理。

古往今来，从事阴阳堪舆的大师们有的富有，有的贫困。为何有些高水平的堪舆师，为别人堪舆风水效果颇佳，自己却依然贫困呢？正所谓一命二运三风水，命运对人的富贵贫贱所产生的影响力要大于风水。风水是在命运既定的富贵贫贱等级基础之上进行的调整。

这就好比有的家庭全是知识分子，而有的家庭尽是目不识丁之人，有些家庭中则既有脑力劳动者又有体力劳动者。也解释了为何一家人当中，有的人身体健康，而有的人身体残疾，甚至有的人得一些致命疾病，寿短而亡。同时还解释了有些人家中出现流血事件，有的人发生车祸，有的人沦为盗窃犯、抢劫犯，有的人卖淫嫖娼。当然也有的人官运亨通，有的人却官运阻滞；有的人腰缠万贯，有的人却乞食街头。同是都市，有的城市经济繁荣，有的城市经济落后；有的企业经济效益很好，有的企业却亏损倒闭。这一切都是可以用风水解释的。

一个人所能达到的成就高度，是由国家、地域、家庭、个人努力以及机遇等众多综合因素共同决定的，绝非仅仅由风水这一个单一因素所能左右。

风水的作用在于，将需要阳光的命放置在光照充足之处，把需要雨水的命安排在经常下雨的地方；把喜干的命置于干旱之地，把喜湿的命放到潮湿之所。命运如同物种的基因，具有先天的优点和缺点，而风水则相当于后天的勤奋、环境与运气，属于可以人为调整的部分。所以，风水并非神话，而是人们对美好生活向往的一种体现，是从主观意志到客观环境的一种积极作为，是对居住环境、工作环境以及人际环境的一种慎重选择。

风水能够解决一部分问题，但绝不可能解决所有问题。这就如同医学研究虽然在不断发展，却无法让人永远保持健康，也不能让人长生不老，而且医生群体也并非身体最健康的人群。但我们不能因此而否定医学对人类健康所做出的贡献。风水也是同样的道理。

有些问题通过其他手段难以解决，而采用环境布局却能迅速见效。这说明堪舆学如同其他学科一样，有着其自身独特的价值和作用。

第二节　堪舆的基本工具

一、指南针

指南针中间有一个针状的磁条，可以在水平面内自由转动，在地磁场的作用下，指南针静止时，方向指向南北。

指北的一端称北（N）极，指南的一端称南（S）极。

东方用 E 代表，西方用 W 代表。

子午正针指的是由磁针确定的地磁南北极方向。

子午壬丙间缝针是以日影确定的地球南北极方向。

二、罗盘

最里边的一层为先天八卦，中央一层为后天八卦，最外边一层为二十四山向。

这两个八卦是我们阴阳堪舆学的基点与基准，因此，我们有必要将这两个八卦分别简明扼要地讲述一下。

指南针

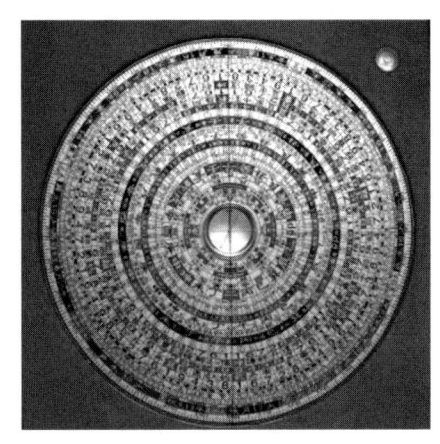

罗盘

第三节　先天八卦与后天八卦

一、伏羲先天八卦

《说卦》中记载："天地定位、山泽通气、雷风相薄、水火不相射，八卦相错，数往者顺、知来者逆；是故，易，逆数也。"

大儒陈抟，画出了先天八卦图。

在这个图中，乾坤定上下之位，离坎列左右之门，艮兑对立，巽震对立。

从乾一、兑二、离三、震四为顺，象征天道左旋；从巽五、坎

伏羲先天八卦图

六、艮七、坤八为逆，象征地道右旋。两者合在一起，象征阴阳相错。按照这个顺序可画出中间的太极图曲线，这个曲线表示阴阳消长的旋转运动。

先天八卦在人事上表现为老与老、少与少相对，即老父与老母相对，长男与长女相对，中男与中女相对，少男与少女相对。

二、文王后天八卦

后天八卦是按"说卦"中"帝出乎震，齐乎巽，相见乎离，致役乎坤，说言乎兑，战乎乾，劳乎坎，成言乎艮"各卦的方位而画出后天八卦图。

先天八卦是乾坤定南北，离坎定东西；后天八卦是离坎定南北，震兑定东西。

后天卦数：坎一、坤二、震三、巽四、中五、乾六、兑七、艮八、离九。

后天卦方位：乾西北、坎北、艮东北、震东、巽东南、离南、

文王后天八卦图

坤西南、兑西。

先天八卦是老与老、少与少相对；后天八卦除坎离外，其他都是老少相对。

八卦之中，乾卦三画皆阳，为纯阳之卦；坤卦三画皆阴，为纯阴之卦。

其余之卦，震、坎、艮均为一阳二阴，巽、离、兑均为一阴二阳。

用乾坤的交合而派生出来的卦是"子孙卦"，所以古人以家庭的构成来比喻八卦。谓乾坤两卦为父母，震坎艮为三男，巽离兑为三女，合称乾坤六子。

《易经·说卦传》：

乾，天也，故称呼为父；坤，地也，故称呼为母；

震，一索而得男，故谓之长男；巽，一索而得女，故谓之长女；

坎，再索而得男，故谓之中男；离，再索而得女，故谓之中女；

艮，三索而得男，故谓之少男；兑，三索而得女，故谓之少女。

第四节　阴阳五行

一、阴阳

阴阳本指日照之向背，向日为阳，背日为阴，后来用以说明万物的本源，说明相互对立和相互消长的情况。

《素问·阴阳应象大论》云："阴阳者，天地之道也，万物之纲纪，变化之父母，生杀之本始，神明之本府也。"

人们将万物万事皆归于阴阳：

> 天为阳，地为阴。
>
> 日为阳，月为阴。
>
> 来为阳，去为阴。
>
> 动为阳，静为阴。
>
> 速为阳，迟为阴。
>
> 昼为阳，夜为阴。
>
> 男为阳，女为阴。

人是由阴阳二气派生出来的，所以人要顺从阴阳，不得违背阴阳，顺者昌，逆者亡。

就拿房屋朝向来说，"大门朝南，子孙不寒；大门朝北，子孙受辱"。这句话主要针对古时候的阳宅而言。在古代，阳宅的窗户是用纸糊的，并无玻璃窗，因此采光主要依靠朝南且朝阳的大门。同时，纸糊的窗子也只有朝向阳光才能透入更多光线。若大门朝北，光线就会很暗，没有充足光线，室内就会阴暗潮湿，自然容易疾病丛生，运气也会不佳。

阴阳不仅统摄着万物万象对立的两个方面，还具有两种相反的属性。然而，事物和现象中对立双方所具有的阴阳属性，既不能随意指定，也不可颠倒，而是要按照一定的规律进行归类。

二、五行

"金锁玉关"用的八卦,现对八卦的阴阳介绍如下:

乾为老父属阳金,坤为老母属阴土,

震为长男属阳木,巽为长女属阴木,

坎为中男属阳水,离为中女属阴火,

艮为少男属阳土,兑为少女属阴金。

三、地支

地支在"金锁玉关"堪舆学上有重要的含义,是堪舆学中常用的关键元素。因此,我们应当熟悉地支、精通地支并合理运用它,充分发挥其在堪舆学中的作用。

阳支即子、寅、辰、午、申、戌六支;

阴支即丑、卯、巳、未、酉、亥六支。

这个阴阳是按次序排序定出来的。

子时是一天的开始,第一个时辰,所以为阳;丑时是第二个时辰,所以为阴;寅时是第三个时辰,所以为阳;卯是第四个时辰,所以为阴,依次类推。

在应用当中，十二支的阴与阳分为"体"阴阳和"质"阴阳，质阴阳是按照其藏干的阴阳来定的。例如子藏癸水，癸为阴，所以子的质阴阳为阴；巳藏本气为丙火，丙为阳，故巳的质阴阳为阳。这便是八字当中，按照藏干本气来确定质阴阳的方法。

1. 代表之方位

子为正北方、午为正南方、卯为正东方、酉为正西方。

辰巳为东南、戌亥为西北、未申为西南、丑寅为东北。

2. 代表之五行

子为水、丑寅为土、卯为木、辰巳为木。

午为火、未申为土、酉为金、戌亥为金。

堪舆上五行已经列出，对照一下与四柱六爻的五行相同吗？

3. 代表时间： 子代表子年、子月、子日、子时。

4. 代表属相： 子鼠、丑牛、寅虎、卯兔、辰龙、巳蛇、午马、未羊、申猴、酉鸡、戌狗、亥猪。

年月的划分，论节不论气。

断卦时注意，有的人论月，不论节气。

吉凶事，有时来得早，在上一月，有时来得迟，在下一月，故断卦时，若卯月有灾，可谈正月下半月到三月上半月。

第五节　八卦堪舆属性

本派堪舆的特点与其他堪舆不同之处：

乾为老父，寿卦；坤为老母，淫卦。

震为长男，贵卦；巽为长女，淫卦。

坎为中男，劳卦；离为中女，财卦。

艮为少男，财卦；兑为少女，说卦。

解：

如震卦用神到位时，称贵卦。

震卦用神不到位时，称贱卦（从此开始不贵了）。

1. 八卦自然现象

雷以动之，风以散之，雨以润之，日以燥之；

艮以止之，兑以说之，乾以君之，坤以蔽之。

2. 八卦象征动物

乾为马、坤为牛、震为龙、巽为鸡、坎为猪、离为雉、艮为狗、兑为羊。

3. 八卦象征人体部位

乾为首、坤为腹、震为足、巽为股、坎为耳、离为目、艮为手、兑为口。

4. 八卦、天干、地支配人体

	乾	坎	艮	震	巽	离	坤	兑
符号	☰	☵	☶	☳	☴	☲	☷	☱
自然	天	水	山	雷	风	火	地	泽
属性	君	润	止	动	散	烜	藏	说
属性	健	陷	止	动	入	丽	顺	悦
方位	西北	北	东北	东	东南	南	西南	西
时间	戌亥	子	丑寅	卯	辰巳	午	未申	酉
动物	马	猪	狗	龙	鸡	雉	牛	羊
人体	首	耳	手	足	股	目	腹	口

木主肝，肝与胆互为表里；肝藏血，主筋生风；震巽木，主肝胆、股足。

火主心，心与小肠互为表里；心藏神，主血脉；离火，主心目。

土主脾，脾与胃互为表里；脾胃，主肌肉；艮坤土，主脾胃、手腹。

金主肺，肺与大肠互为表里；肺藏气，主皮毛；乾兑金，主肺、首、口。

水主肾，肾与膀胱互为表里；肾藏精，主骨；坎水，主肾耳。

第六节　分房份与砂外砂

1. 以父亲所生胎次定长男、中男、少男

举一例子来说明：某A娶B为妻生一子，由于车祸B亡故，A又娶C为妻，C第一胎流产，第二胎生一女。那么A与B所生一子为长男，A与C结婚后，流产一次，在不知道流产婴儿性别的情况下，

算男子，也算中男。C生的第二胎女子在娘家时为长女。以后A与B所生之子娶一女子为妻，那么此女即为长女，A与C所生之长女如果嫁的丈夫是少男，那么此女即为少女，而不算在娘家的长女了。

2. 在兄弟姐妹众多的情况下，如何确定长男、中男、少男呢？

我们依据一、四、七同宫，二、五、八同宫，三、六、九同宫的规则。其中，一、四、七共同处于震宫，二、五、八共同位于坎宫，三、六、九共同处在艮宫。

不知你是否发现，在一个家庭中，老大、老四、老七的各种地位有所不同，这是为何呢？在此，需要引入砂外砂的理论。

例如，老大在震方有砂为吉。对于老四来说，要在震方之砂外有砂才吉利。而老七，则需要在震方之砂外有砂，且再有砂，才为吉。其他二、五、八，三、六、九以此类推。其夫人的情况按照丈夫而定。

第七节　对宫砂水

一、二、三、四要砂，六、七、八、九要水。

一砂九水（坎离对宫）；

二砂八水（坤艮对宫）；

三砂七水（震兑对宫）；

四砂六水（巽乾对宫）。

这些都是对应的方位，且两个对应的方位数字之和为十，符合后天八卦数和后天八卦方位。这是洛书九星飞布八方的情况，也是八卦串九宫的体现。也就是说，一方若为砂，九方必定是水；二方是吉砂，那么八方肯定是吉水。这涉及对宫比较的问题，这个提法极为重要。

然而，这也使得"高一寸为砂，低一寸为水；近一寸为砂，远一寸为水"的定性变得模糊起来。在判断用神时,很可能出现一方为砂九方也为砂、一方为水九方也为水的情况。如此一来,"一二三四要砂,六七八九要水"的说法似乎就难以成立了。

第八节　砂、水的具体类象

什么是砂？什么是水？

阳宅室内小环境：

砂为灶、电器、家具。

水为自来水、卫生间、门、窗、花卉、金鱼缸、喷水池。

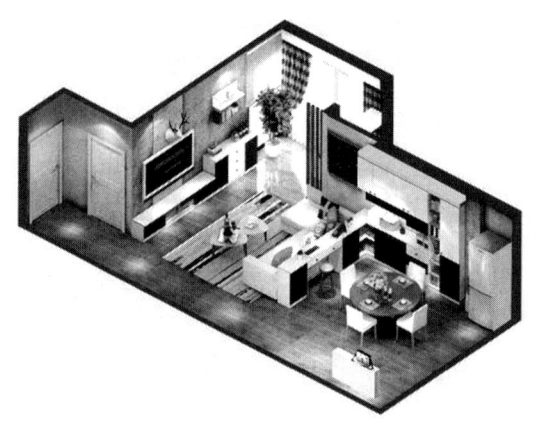

厨房里的炉灶、餐桌,客厅当中的电视柜等家具,都以砂论。鞋柜、屏风、沙发、茶几、餐桌等家具,都是风水中的砂

第九节　农村与城市的砂水区别要点

室外大环境：

1.农村

砂：庙、土墩、村庄、住宅区、宝塔、田埂、山、丘陵、石碾、

石人、石马、石狮、石像、石碑、机房、变压器。

水：道路、桥梁、江、河、湖、海、汪塘、水池、污池、水井、自来水、喷水池。

乡村道路

桥梁

道路为虚水。乡村里的道路与城市中的道路一样，皆为水，并非砂。不能错误地将乡村中的道路理解为砂。

桥梁是道路的一部分，桥梁与河流交叉，二者共同构成空间通道，所以桥梁是水而不是砂。

那么砂是什么呢？砂是实体阻碍，是填占空间的小山，而桥梁属于空间通道。

年代久远的桥梁

立交桥

年代久远的桥梁，是道路的组成部分，也是空间通道的组成部分，被认定为水。

然而，房屋对面的立交桥则属于砂。这是因为它比自己的房屋更高大。而且，它还是反弓砂，就像砍刀一样，主意外伤灾。因为距离桥比较近，所以会有很严重的噪声污染，这同样是一种煞气，

土墩

土地庙

堤坝

拦河大坝

田埂

石马

影响人休息，让人神经疲惫。

在乡村，土墩、土堆、丘包、土包皆视为砂。

乡村的土地庙、小庙也是砂。

与路面相平或者低于路面的堤坝不能被视为砂。原因在于它所围挡的是水，因此处在砂与水的交界之处，将其视作地面即可。

比自家房子高，或者处于河上游且地势明显高于自家房基的堤坝可认定为砂。

拦河大坝与河流堤岸在地势上高于河流下游两岸的人家时，此时的堤坝也成为砂。这时的堤坝就如同两山一般，而被堤坝围住的河流则相当于在山谷中穿行。堤坝高于自家地面时，堤坝就成了山丘，而山丘即属于砂。

田埂是围田蓄水的，是砂。田埂一阶高于一阶，都属于砂。

石马等石像都属于砂。

机房、变压器属于砂，同时也是火形煞，其为吉或为凶都因人而异。

2. 城市

城市中的砂与水和农村大致相同。不过，还必须重视一个原则，即对宫比较，所谓高一寸为砂，低一寸为水。

道路是空间通道，不论农村还是城市，道路就是没有任何阻碍的空间通道，所以道路不分乡村与城市，道路就是水。

城市立交桥，它对于整个城市来说，是水路，是空间通道的一部分；它对于高出自己的建筑来说，就是水路；对于与自己等高的近处的建筑来说，也是水路，如果建筑高度与立交桥的反弓正对，那么在这个高度楼层的人家就中反弓水的形煞，主伤灾、手术、意外灾祸等事；对于低于立交桥的建筑或住户来说，在视野能看到的范围之内，看到高于自己的立交桥体，这时，这个桥体建筑就相当于一座人造的小山，这时，立交桥就是砂。所以桥是砂是水，就看它是你的空间通道还是堵塞了空间通道。

第十节　农村与城市阳宅定穴秘诀

何处定穴始终是各个风水流派的争论焦点之一。"金锁玉关"是通过以下步骤进行定穴的。

一、农村阳宅

第一步：在大的范围定穴。

范围可大至一千公里、一万公里，小至一公里。在极大的环境里，龙脉、砂、水都要全面观察。比如，北方和南方的吉砂、吉水，在谈论财富时，同样的砂、水所对应的财富不一样，北方的富人如果说是一百万，那么南方的富人可能就是一千万甚至一个亿。

第二步：在院子外面点穴。

就近选取周围的事物，即查看前后左右的状况、邻里房屋的高低、河流的流向、山脉的高低等，在这个小环境中确定所处的地理位置。

在院子外点穴

第三步：在院子中央点穴。

这一步主要观察自己家里的砂、水情况。如主屋、东偏屋、西偏屋、南边屋等周边是否有围墙、水井、厕所、排水沟、作坊，还要注意前门的位置，尤其注意灶房。

在院子中央点穴

第四步：在中堂门口点穴。

点穴时，不仅要观察自家范围内砂、水的吉凶状况，还要结合外部大环境中龙脉砂、水的吉凶情况，从而为在中堂点穴提供依据。

在中堂门口点穴

第五步：在中堂点穴。

这一步才是真正的点穴点。在中堂中心点穴是最后一道点穴点，亦是中央戊己土的点（中央戊己土还有另外几种名称，即五黄、太极、中心点、立极点）。

先注意大门的位置，测定坐山立向。坐山立向不是以大门朝向来定的，而是以中堂中央戊己土的点处放置罗盘，以子午针与子午线重合后与屋墙相平行线定出坐山立向的。并由罗盘上的三百六十度分成的八个卦（每个卦占四十五度），由小到大，这样辐射延伸出去，确保从戊己点开始，其小无内、其大无外的小环境与大环境，皆包罗在内。也就是龙脉砂水吉凶，全在点穴者的视线之内、脑海之中，然后按照砂、水原则准确地断人断事。

二、城市阳宅

在城市住宅小区勘看阳宅只分三步。

第一步：同农村中的阳宅第一步。

第二步：同农村中的阳宅第四步。

第三步：同农村中的阳宅第五步。

不过其戊己点需依据套房大小，以在几何之中心点为准。

阳台在现代人看来是可以利用的。当阳台被封闭时，可以将阳台的面积考虑在几何面积之内。

第十一节　丧葬文化的变迁

　　死亡是人类永恒的命题，丧葬习俗的演变不仅是对生命终结的仪式化处理，更折射出不同时代的社会结构、文化信仰与科技发展。

　　在古代，人离世后，是不封土也不种树，只有墓而没有坟的，然而现代的墓葬和古代相比已然大相径庭。那么，它是如何发生变化的呢？葬俗的变迁与儒家创始人孔子又有着怎样的关联呢？接下来就来谈谈葬俗的变迁历程。

　　在原始社会，人们对于丧葬之事看得平淡，更多的是遵循自然规律，将逝者随意地掩埋，或任其腐朽，既不堆土，也不种树、立碑。

　　新石器时代，孩童常被葬于房屋地基下，成人则集中葬于氏族公共墓地。这种"生死同域"现象，反映早期农业社会对土地与血缘的依赖（中国仰韶文化遗址佐证）。

　　夏商周时期，出现了"事死如事生"的厚葬传统。《周礼》将丧葬纳入"五礼"，通过服丧期限、棺椁层数区分社会等级，丧仪成为维护宗法制度的工具。

　　到了唐代，由于佛教的传入，僧人圆寂后"荼毗（火化）取舍利"的习俗逐渐影响民间。宋代因土地资源紧张，火葬在江南地区普及。

　　那墓的形状是否也在改变呢？答案是肯定的。

　　秦汉时期是覆斗形的坟冢。"汉承秦制"，西汉初期大型墓有其特点，有长方形竖穴墓坑，带有斜坡墓道，坑壁设有台阶、壁龛等。而且茔地选在高地，以山为墓。这是西汉丧葬的一个特点。

　　明代是马鬣封坟冢。明清之后，人们通常在山坡上挖个坑，把棺木放进去（就像古代的窑洞一样），在棺材上方留个坟头，再立个石碑。

第十二节　先后天八卦在风水断法中的应用

1. 先天八卦为辅，后天八卦为主

"金锁玉关"风水只用先天八卦与后天八卦断事，所以在断人断事上皆运用这两个八卦。

我们以先天八卦为辅，后天八卦为主来断人断事。

人生的吉凶祸福状况，被认为与祖上阴宅紧密相关。风水质量的好坏能够对后代产生直接影响，并且与祖坟血缘关系越亲近，所受影响程度越大。

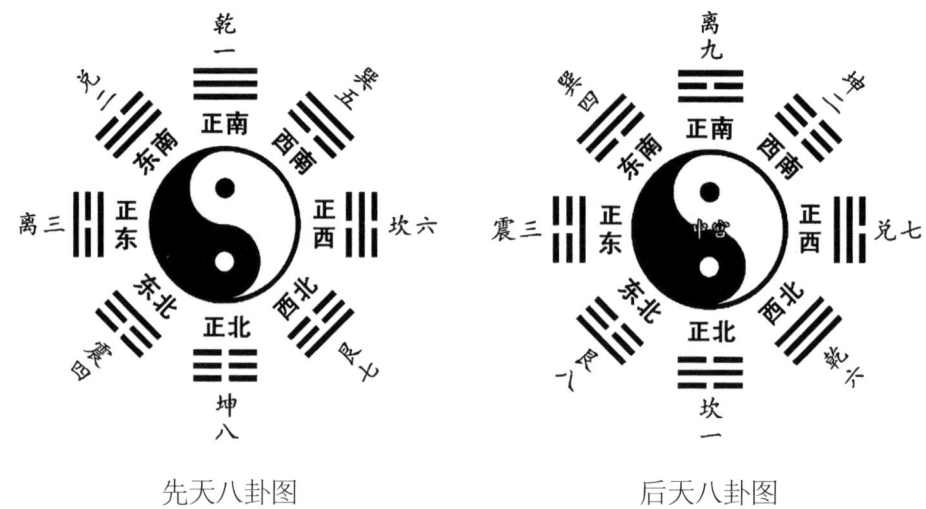

先天八卦图　　　　　　　　后天八卦图

例如，若祖坟的震卦所处方位为水，那么家族后代中的长男往往会遭遇变故而不复存在。再如，当祖坟的震卦为砂，艮卦也为砂时，家族后代中的长男虽可享有富贵却身体欠佳。由此可见，在风水观念里，先天八卦主要关联疾病方面的影响，后天八卦则侧重于命运走向的主导。（震卦在后天八卦中为长男的卦位，艮卦在先天八卦中为长男的卦位）

乾一兑二离三震四，巽五坎六艮七坤八，这是先天卦左旋与右旋。乾一正南、兑二东南、离三正东、震四东北、巽五西南、坎六正西、艮七西北、坤八正北，这是先天卦所在的方位。要背下来。比如一想到乾卦的先天位，就知道在正南，后天位在西北；一想到坎卦，其先天位在正西，后天位在正北。先天后天、后天先天，来回转换，务必要做到十分熟练。

2. 大运卦

依照"河图"当中一六共宗、二七同道、三八为朋、四九为友、五黄居中、上二下八来定大运。

1944 ~ 1963 年，五黄运；

1964 ~ 1983 年，六白运；

1984 ~ 2003 年，七赤运；

2004 ~ 2023 年，八白运；

2024 ~ 2043 年，九紫运。

1999 年"地雷复"，2000 年"泽风大过"。

本风水流派的大运排法有别于其他流派，只要依据我们所确定的大运卦、流年卦，且其与实际情况相符就可以了。

第十三节　阴阳宅断法口诀

一、八卦九宫飞星诀

盘古开天地，混沌初分野；

五黄位居中，八卦正隅分；

图从河中出，作合有假真；

书经洛书传，八方皆咸服；

中宫初飞乾，却与兑直连；

艮离飞到坎，坤震巽居迁；

坎坤与三四，龙脉绿树披；

乾兑兼八九，长江大水发；
一坎二坤土，三震四巽木；
五黄六白乾，七兑八艮填；
九紫离中走，天下管太平。
砂要砂，水要水，吉事总喜悦。
砂为水，水为砂，凶祸定得到。
金锁玉关把水口，钱财送您手。
这是堪舆真秘诀，传给有缘人。

四正之中，阳天干在头，中气在正，阴天干在后；如震三宫甲卯乙，甲在头，卯在正，乙在后。

四隅之中，四库在头，隅为中，四生在尾；如艮八宫丑艮寅，丑在头，艮为中，寅在尾。

二、八卦坐向吉凶诀

坐坎向离为正理，丁秀财旺福禄隆。
坐南向北有特色，得贵丁财多损耗。
坐东向西多文人，文武双全富贵层。
坐西向东多灾祸，是非绝族双乱伦。
坐巽向乾文人美，坐山文笔出学士。
坐乾向巽出淫乱，贫穷夫妻不偕老。
坐坤向艮福贵兴，俊男秀女田庄富。
坐艮向坤盗贼狂，妇多是非乞丐夫。

三、五行八卦生克诀

乾：金能生水文昌地，乾受火克损父寿。
坤：老母不淫体有疾，出现邪象臭名扬。
震：震不正来痦化现，秀峰才能高大位。
巽：切忌巽宫天风姤，四上满墀大吉昌。

坎：坎为水受制于人，土克水才制于人。

离：九上有火损丁财，心患目盲未济卦。

艮：艮为山来堵财路，水若流聚子孙旺。

兑：西方有泽财广进，金遭火伤血疾地。

此为"不易之理"，另有"变易"之道。比如，坤二黑西南，见砂为吉，见水为凶、为淫乱、有病、邪象、臭名，但按三元九运洛书九宫飞星之法，在八运当中，西南为零神方，有水则此运发财，但发财的同时，会有淫乱，因坤见水为《地水师》卦，老母中男相配为不当之配，故为男女淫乱。过八运之后，零神方不在坤卦，则此时坤卦见水则因淫乱而致病，也会败财。

略述：

《系辞·上传》之"河出图"曰："天一地二，天三地四，天五地六，天七地八，天九地十。"此图即取以排成"一六居下，二七居上，三八居左，四九居右，五十居中"的方位。

此"河图"之数也。

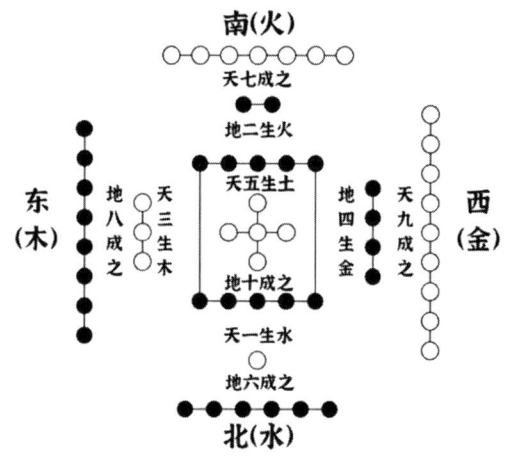

河图数。一六水，二七火，三八木，四九金，五十土

《系辞·上传》中所记载的"洛出书"语句，通过一至九的数字排列出了"戴九履一，左三右七，二四为肩，六八为足，五居中

央"的方位。

"洛书"盖取龟象。

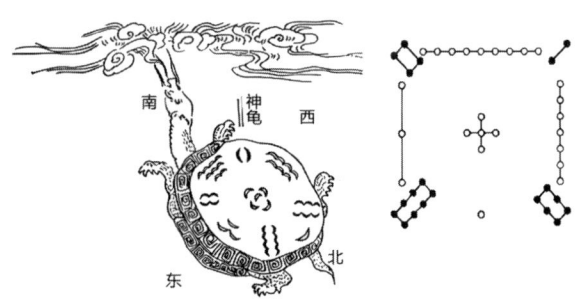

洛书

"河图"中：一六共宗，二七同道，三八为朋，四九为友，五十居中，上二下八（二黑坤宫，八白艮宫）。

一六作合为水，一坎为水，六乾为金，对一白水为比助（水见水），对六白金为泄气（金生水）。

二七作合为火，火生二黑土而克七赤金。

三八作合为木，木助三碧木而克八白土。

四九合作为金，金克四绿木而耗九紫火。

五十居中央戊己土，中央无位，寄上二宫下八宫（二宫为坤，八宫为艮），二八皆土，有相助之力，并在二七运三八运中，皆有二八当令，因此有"坤申逆水最难医"之说。

古云"真传一句说，假传万卷书"，这在《金锁玉关》著作中，已得到证实。

真传一句话"一二三四要砂，六七八九要水"，这一总则始终贯穿在阴阳宅的勘察、设计、建筑与调整上，也贯穿在以龙脉为根本、砂水为枝叶的大环境与小环境上。如果要砂给水，要水给砂。这样就是砂管水，水管砂，用神成了忌神，那么凶祸必然会降临。

重视水口砂，并非将水口砂锁得越严实就越能达到聚水藏风的效果，而是存在一个量化的衡量依据的，这个依据便是不要出现

"逼压宫"的情况。

仰则观象于天，这是理气；俯则观法于地，这是形势。

大运依循河图而得，流年本于地支所出。

大运与流年的这种设定方式，化解了往昔诸多人士在判定阴宅或者阳宅大运、流年时的困境与疑难。

堪舆真秘诀，传给有缘人。堪舆真秘诀，有福者居之。

四、口诀经文

混沌初开立五方，乾坤日月布三纲。
周天万象排星斗，天清地浊理阴阳。
风雨雷电皆虚气，山高水阔有良方。
乾天坤地分高下，置成顺理逆纲常。

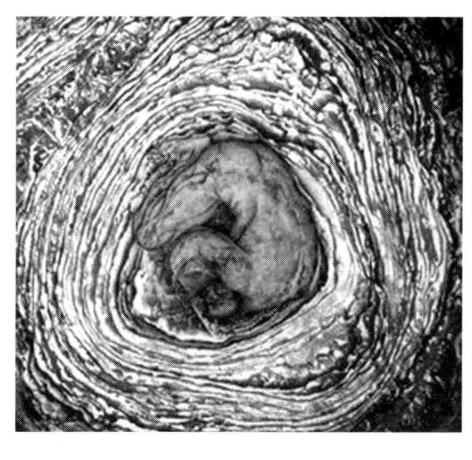

混沌初开如人胚胎之状

乾坤日月重合之象

混沌初开有五方，为东、南、西、北、中。乾为天，坤为地，有天地，有日月。天、地、人为三纲。

周天万象，星斗排布，天为阳、为清在上，地为阴、为浊在下，天地分，阴阳分。风雨雷电都是虚气化生，是大自然的造化。

山高水阔，山管人丁水管财，配置得宜就是健康富贵的环境磁场。

> 排成甲子周天地，配合男女成两双。
> 四时八节分昼夜，九宫八卦接天罡。
> 五行颠倒推千转，金木水火土中央。
> 一百二十诸神煞，九十四位吉凶将。
> 几位年并月方利，几位日吉与时良。

六十年为一甲子，往复循环。

男为阳，女为阴，男女阴阳相配而人类繁衍。

四时就是春夏秋冬。八节就是二十四节气当中的八季的交节，即立春、春分、立夏、夏至、立秋、秋分、立冬、冬至。

八卦就是八个方位，九宫就是八卦加上中宫构成九宫。九宫即洛书九宫，即戴九履一，左三右七，二四为肩，六八为足。这些数字就是后天八卦数，位置就是后天八卦，加上中宫就构成九宫，数字化成卦就是八卦。

坎一白、坤二黑、震三碧、巽四绿、中五黄、乾六白、兑七赤、艮八白、离九紫，构成八卦串九宫，也就是洛书九宫飞星。

五行为木火土金水，其中东方木、南方火、中央土、西方金、北方水。五行相生相克，构成吉凶推导的方法，反映事物产生吉凶的原因。

乾山艮水人丁旺

乾山艮水人丁旺，巽上满墀大吉昌。
离上来龙临坟位，子孙代代出文章。
田庄人口年年盛，衣紫腰金佐朝纲。
门前曲曲弯弯过，世世荣华又远昌。

西北乾卦、东北艮卦，乾六白、艮八白，这两个卦位得水，主人丁兴旺。原因是一二三四要砂，六七八九要水，所以乾卦得水旺家长，艮卦得水旺子孙，这就是人丁兴旺，并且得吉水就是得财，所以不但人丁兴旺，财运也旺。

东南巽卦位，巽四绿，这个方位如果有层层如阶梯之砂，比如梯田，或秀峰、秀丘，说明是大吉的风水，主家会兴旺发达，原因是四绿见秀砂为吉。

南方离卦有吉水，比如弯曲朝来之水，或水池聚水，离九紫方位见吉形之水，应离卦之大吉，离为文章，所以说"子孙代代出文章"。阳宅利当代之文。阴宅得离卦曲水朝入明堂，主后三代出文人，因为离卦的先天八卦数为三，所以连旺三代人。

又水主财，所以乾六、艮八、离九见水，主财运大旺。

乾也主官贵，艮也主田庄，离也主文章状元，所以财运兴旺，房地产增多，还入朝当官。

乾为老父，艮为儿，离为女儿，儿女运气旺，所以人丁也旺

"乾山艮水人丁旺"，乾山指乾山巽向，艮水指坤山艮向。山指入首结穴的一节，来龙指入首的前面一节。若巽卦来龙，乾卦入

首，则坟茔坐乾向巽，若随龙水出现在艮方，则正应乾山艮水、巽山满墀的格局，主人丁兴旺、兴文章。或离卦来龙，乾卦入首，随龙水出现在艮方，巽方有高秀之砂，也应了"子孙代代出文章"。总之，此句乾山、离上来龙，就是指乾卦、离卦位有山，有来龙，而不是指其有水。

乾山乾向水流乾，乾峰出状元。

乾龙入首，立子山午向，甲水来，戌水去，艮丙辛三方峰起，则是大贵之地，出状元高官。先后天相见，很简单的基本道理。其他类推。

　　　　坤山坤向水流坤，坤峰位三公；
　　　　午山午向午来堂，大将值边疆；
　　　　子山子向子水来，子峰出三台；
　　　　艮山艮向艮水来，艮峰出王侯；
　　　　巽山巽向巽水朝，富贵出官僚；
　　　　卯山卯向卯源水，骤富石崇比。
　　西北路上气昂昂，此地名为吉庄扬。
　　家家兴隆多富豪，四下平正是天堂。

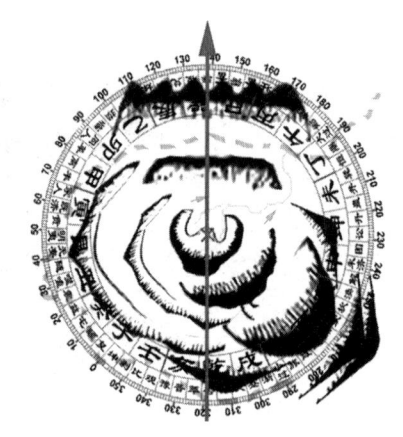

乾山巽向

一个村庄，地势平坦，东南巽四绿方有秀砂，对宫的西北乾六白方有路或路口、村口，这样的地方就是吉祥之地，住在这里的人家往往能够收获富足与兴旺。

前高后低难长久，后高前低广田庄。
东低西高名逆地，水流震宫不相当。
虽然流去无妨碍，亦主人丁窜远方。
东高西低为泽地，定主后代出贤良。
强然不动皆富贵，后代儿孙作栋梁。

前高后低的地势，背后没有靠山，前方没有明堂，在地理形势上为阴阳反背，即使有短暂的兴盛繁荣，也难以长久，必定会衰败，如果不及时搬离，还会遭遇灾祸之事端。

后高前低的格局，背后有坚实的靠山，前有开阔的明堂，是家运兴旺发达的基本条件之一。

后高前低广田庄

后高前低广田庄

水流向东方为水流震宫

东高西低为泽地

东低西高之地,水从震宫流出,这样的水叫逆水。即使暂时看不出什么明显的不利之处,随着时光的流转推移,亦会致使家道中落,陷入贫困潦倒之境,家中之人也只能奔赴远方寻觅生计。

东高西低的格局为福泽祥瑞之地,后代儿孙出贤良能干之人,如若这样的格局能够长久稳固而不发生变化,后代儿孙多会成为担当国家重任的栋梁之材。

  宅后池塘主贫乏,又主无嗣腹嗽肠。

住宅有很多坐山朝向,从格局上来说,不论是何种坐山朝向,房子的后边有池塘,那就意味着没有了靠山,福禄寿受损,以及家境贫寒困窘。靠山同时也是子孙山,后方有池塘、坑塘存在,那就代表着难以有子孙后代。

宅的后面有池塘,主家必破败,为风水败局

如果住宅坐北朝南,宅后就是北方坎卦,坎的先天是坤卦,为腹部,先天卦位主身体病部,坤为腹,腹部位置有池塘,那就表示会患有腹部疾病、肠道疾病,也就是所谓的"腹嗽肠"。

  当前冲水伤五箭,定主痨伤有灾殃。

住宅南方巳、丙、午、丁、未,五方有水箭冲来,定主家中有大灾,生痨病等不治之症。

  若然冲破二位上,后代淫乱没主张。

沟渠正面直冲为箭煞。

天然形成的小河大多呈现弯曲迂回的形态，故而很少会形成煞象；唯有人工修筑的渠道，多数是笔直的，因此人工渠常常呈现直线来去或者斜线穿梭的状况，频繁地造就箭煞之势

如果巽、坤卦有大水冲宅，其家后人淫乱，无主见。

小区西南见水，主此小区多出淫乱之人；如果家居室内西南见水，说明此家主人为淫乱之人；又西南为二黑坤卦，坤为腹部，见水为土水混杂，主肠胃疾病。但在八运当中，西南见水主利财运，但得财的同时，会有肠胃病，若见形煞水、路或建筑直冲，主开刀手术见血光，在未申之年发作。

小区西南见反弓河流，在八运主旺财，但又主手术、血光、伤灾、车祸等意外，并主淫乱、名声不好。过运之后，此水反弓主败财、投机破财、血光之灾等

却然流去无妨碍，宅后池塘渐渐伤。

有流水从巽卦经过离卦流去，对宅没有什么特别坏的影响。坎卦（宅后）之池塘的水多为凶水，家中老二会受伤，凶水的信息是

逐年增加的,最终对居住之家有严重不利的影响。

巽上有水难长久,纵然富贵不为祥。

水从东南巽方流出

巽卦为淫卦,主名声不好。

巽上有水,家庭即使富贵也不长久,有财也是不义之财。

家中女人不会长寿,逢值卦流年大凶,出事一般在辰巳,或戌亥年(巽卦含辰巳,对冲的是戌亥)。

堂后污池为绝地,东西两箭最难防。
却然富贵无多载,十五年后定有伤。

房后是污水坑、污水塘,为败运之格局。败财绝人丁,出凶死之人。建议将污水抽干,把坑洼填平,并将地面修整平坦,如此便能破解这极为凶险的风水状况。如果还能够堆砌成小山丘或者假山,营造出靠山的态势,可使家运得以提升,贵气也能有所增添

阳宅，堂后坎宫有水，水池为绝地。

此指的是坐北朝南之坟或宅，其他坐向堂后有污池如何？也定为凶。因后方污池就是靠山坑陷，福禄寿全无，四象格局玄武方大凶，为绝地。若如玄空之上山下水局理气，宅后见水，会有一时之兴，清水正道财，污水黑道财，但过运必败，大凶，绝人丁，有凶死之祸。

宅北有肮脏的水塘，坎位有死水、污池，为绝子绝孙之地。

房子坐北朝南时，坎为靠山位，此时坎位有污塘，主绝子孙。如果房子是其他坐向的，坎位就不是靠山位，此时坎位有污塘，污塘为形煞也主凶。凶在何处？以坎卦卦象推导，坎为次子、为中年男子。或者以主宅为太极点立四象，看此坎位污塘在四象何位，是龙、是虎，还是朱雀，以四象取象的方法论其类象为何种之凶。如在青龙位，应男子之凶；在白虎位，应女人之凶；在朱雀位，应财运之凶；等等。

东西指的是艮宫与乾宫，艮在坎的东边，乾在坎的西边。

东西两箭，是指在艮宫与乾宫都是砂的情况下，寅艮丑癸子壬亥乾戌，坎艮交界即癸丑之交，坎乾交界即壬亥之交，有水箭冲射主坟或主宅，为最难防的凶水。因为是从背后射来的水，所以在生活中会出现不测之祸，受暗箭所伤，最难防范。

癸丑交界有水，主妇女不孕。

寅甲交界有水，主寒病。即使当前富贵，也不会长久。因为凶象没有显露，在这样的环境下居住或立坟，经过流年循环后，灾难必然会降临于其家。至于是不是在十五年之后定会出现损伤实难断言，但流年循环的规律应该是确凿无误的。

后高前低为上吉，壬子旺相进牛羊。
资财仓库皆茂盛，富贵荣华大吉昌。
进财添丁牛羊旺，子子孙孙福寿长。

后高前低为上吉,富贵荣华大吉昌

后高,指北面地形高,得坎砂。前低,指南面低,得离水。这样的地形是好风水,是吉祥发福地。

上述所讲全是针对坐北朝南的住宅而言。坐北朝南的住宅,后面才是坎卦。壬子旺相,房子后面也就是坎卦位有高地、高山,这样的住宅前面离方有水,后面坎方有靠山,要山得山,要水得水,山管人丁水管财,所以家中财运亨通,钱财丰裕得能堆满仓库,人丁亦十分兴旺,儿孙众多,并且个个都健康长寿。

四边低洼正中高,水流四散杀人刀。

纵然四下成龙虎,二十四年主失抛。

四边低洼正中高,水流四散杀人刀

岛上别墅，四下低洼为水，耗费气运，风水气散，不吉，为凶地

四周地势低洼，中间高高隆起，此时水流会向四方扩散，风气也会随之飘荡消散，无法做到藏风聚气，属于凶险之地。

水流四散而不聚，就像杀人的刀子一样凶。这样的地势，即使有龙虎地势前来环抱，也仅仅能够在短期内收获些许福运，一旦历经二十四年的时光流转，必然会导致家庭运势衰败没落、陷入贫困，家中之人也只能纷纷逃离此地。最终结果就是破尽家财，人丁逃离，背井离乡。

门前有石倒尘埃，贼盗临门殃愁坏。

官司口舌年年有，神箭难防暗射来。

房前有大石或院门口内有大石，久住晚年易有咽喉癌、淋巴癌

门前（指离方）有乱石、石堆、砖头，这些都相当于暗箭，容

易在不经意间致使盗贼、强盗上门侵扰，造成财产重大损失。同时，还会遭遇阴险小人的算计，终年被是非纷争、口舌之争以及官司诉讼等麻烦事所困扰。

门前单指离方吗？实际上住宅门前涵盖八个卦的方位以及二十四山方位，不同方位的门前若出现特定的形煞，都主凶，但究竟对谁产生凶险，则需要依据形煞所处的卦位来进行推断，或者借助形煞所在的四象来判定。

　　四边高广正中低，此地名为地狱池。

　　家门衰败难为厚，阴盛阳衰事渐亏。

房子若建在低洼处，周围地势高，这种地势称作地狱池，被困之象。会致使家门走向衰败，难以积攒起丰厚的家庭财富，阴盛阳衰，家中男性缺乏发展的潜力与机遇，男丁少，不利男丁。

　　前窄后宽盛足夸，家道兴隆定富华。

　　子孙昌盛临官照，国园丰厚足桑麻。

方形地块为吉地。住宅形状为前窄后宽，为吉形，稳固兴旺之形。前面明堂有水池，旺财为吉。丁财两旺之宅

建宅地前面窄，后面宽，为纳气聚气之形。前面代表前代人，后面代表后代人，前窄后宽，意味着家族的运势越往后越发兴旺昌

盛。前面为口，后面为肚，意味着其具备容纳、吸纳以及存储的能力，进而使得家道日益兴隆，家庭财产也会越来越丰厚。

  前宽后窄不须言，定主家乏卖尽田。
  子孙逃出他方去，只因口大犯凶拳。

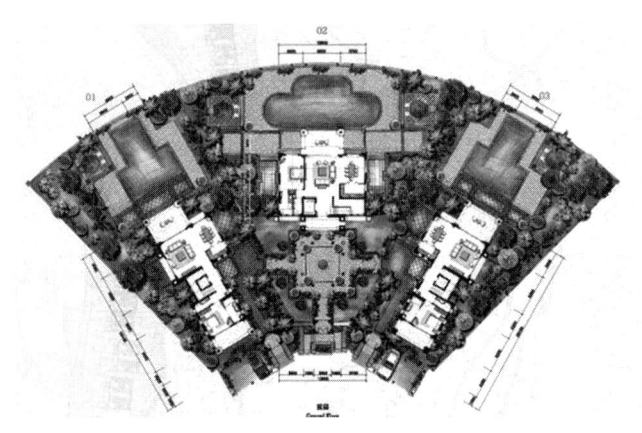

前宽后窄之地，荣华之后败家破产的风水

  地形前宽后窄，为簸箕地，为散气之形，无法聚气，所以当地形、住宅或铺面呈这样的形状，必然难以盈利，且亏损与消耗会持续增加，最终卖尽家产，一贫如洗，子孙后代也都只能背井离乡，前往外地谋生。

  前方为口，口大散气至家业破败，所以也容易因家中之人言语方面的过失而招致灾祸，最终被迫远走他乡。

  风雷高广天泽低，有粮有谷足生意。
  出门车马皆随足，儿孙代代做官厅。

  风为巽卦为东南，雷为震卦为正东，这两个方位地势高或者有秀砂，同时西北乾宫、正西兑宫地势低平或见水，这样的房宅，坐北朝南时，水路地气就会由东、东南流向西、西北，就会呈由左至右环抱住宅之势，是大吉的风水格局，居住者会生意兴隆昌盛，钱粮十分富足，出行有车马相伴，儿孙皆有出息，世世代代都能在仕途上有所建树。

和谐环居

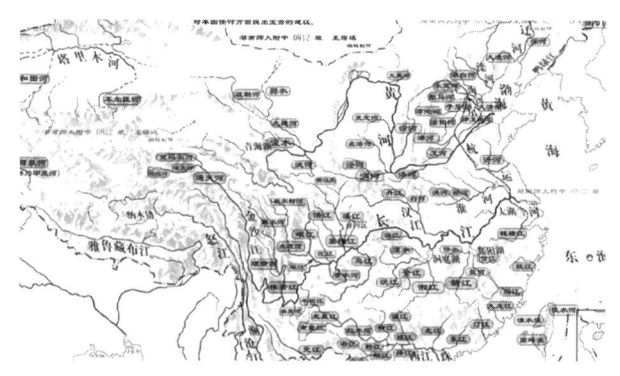

中国河流分布图

中国的地势西北高,东北高,东南低,所以大江、大河都是从西边高原山区发源,而后曲曲流向东方,最后流入东海。

长江、黄河,两大河的流向就是从西流向东的。其中黄河从西向东,中间向北,再向东,再向南,再折向东方,最后流向东北方,流入渤海。

那么,如果一块地,东方、东南方高,西方、西北方低,那么河水的流向必然是从东、东南流向西、西北了。在中国,没有这样的大江与大河,这种流向的水,只有小的分支河流,这一点从上面的中国河流分布图上可以看到,有一些支流从大江河分叉出来,在一些地区,遇到东南高、西北低的地势时,才会形成从东南流向西北,或从东流向西的流向。

对于中国传统坐北朝南的房子来说,后面地势高或有山坡为依靠,前面平坦,左边与左前边就是东方与东南方,右边与右后边就是西方与西北方,那么左边地势略高一些,如同青龙高高耸立,右边地势稍低一些,好似白虎伏地低卧。这即是风水在形势峦头方面所遵循的基本准则。

左伸右缩最为良,艮上来龙丁财祥。
雁行人仪家和顺,后代儿孙紫衣郎。
猪羊牛马成群走,四十年后渐渐扬。

左伸右缩的住宅

指坟穴或房宅的龙虎,左青龙前伸,右白虎收缩,龙高虎低,龙长虎短,这样的形状是最吉的。

这时,来龙从艮宫来,从坎宫入首结穴,则艮八白要砂得砂,坎一白靠山位要山得山,自然财丁两旺。

村主任家的房子

按"金锁玉关"理论,艮八白应该见水为吉,见砂为凶,但这只是死理,在实际地理当中,艮来龙,坎入首,按此口诀应为吉。故此名艮上来龙,不是指艮方见水。艮上来龙坎入首,则艮坎连气,龙阴之气入坎,结穴于坎,而坎靠山位要山得山,为吉。艮宫来龙之气入坎宫做靠山,艮为后代,主后代儿孙发贵做官,成为身着紫衣的高官显宦。

左龙右虎，龙伸虎缩，为阴阳相配，为男女相配，合乎阴阳平衡之规矩，所以家中之人能够知晓礼仪规范，就如同大雁飞行时排列成队那般整齐有序，颇具知书达理的风范。

二十年一步运，二步运四十年后，家族兴旺，美名远扬。

龙长虎短阴阳平衡，艮坎连气艮龙之气入坎做靠山，都是两卦合规，阴阳平衡。一卦管一个运，一个运是二十年，两个卦合规，就是二步运四十年后兴旺。这是指坟地后代情况。

子午足足主宽怀，年年进禄广招财，

见官得喜方化吉，一世衣禄笑颜开，

总然富贵田产旺，后代不脱子孙来。

子山，指整个坎宫，有秀丽的山峦作为坚实的靠山；午向，指整个离宫，有秀美的水流布满整个离宫；坎位一白需山而得山成为靠山，离位九紫要水而得水构成朝向与明堂，主丁财两旺。这样的风水让家人心情宽怀，财运兴旺，与官贵结交，地位高，而且后代也是人丁兴旺，财旺福旺。

坐北朝南，南方见水的富贵别墅

玄武高来朱雀低，门前几道九龙池，

东青龙来西白虎，福寿双全不孤凄。

这四句指坐北朝南的房子或坟地的四象格局为大吉的情况。

住宅小区有水流过，环抱小区，为玉带水、金城水、环抱水，为吉水，主富贵双全。

房子坐北朝南，北坎宫为后玄武，为靠山，地势高或有秀山；房前为朱雀，为南方为离卦，前方地势低平，为明堂开阔；门前是明堂，有弯弯曲曲的水汇聚或流过，说明门前聚财；左青龙为东，为震位，有高秀之砂；右白虎为西，为兑位，低平或有秀水或有大道，为龙虎阴阳平衡；这样的风水格局，预示着家庭福寿双全，生活幸福，不会陷入孤独凄凉的境地。

这是以房子坐坎向离来论四象为吉的山水形峦搭配。如果房子是其他的坐向，也应按此四象原则搭配，然后按四象所在的卦位、山所在的卦位、水所在的卦位、来龙与入首所连卦位及来水、聚水、去水所连的卦位，去判定对某一特定类象人物或者房份所产生的吉凶状况。时间由元运与流年飞临引动来推断。

如果不结合六爻或八字，只用风水本身来推断的话，原理上只能推断四象房份、龙穴砂水明堂格局房份，八卦六亲人物（父母兄弟姐妹子女）的吉凶。哪个房份或六亲在这个风水环境当中，吉凶就应在哪个房份或六亲人物上。所以，如果利于哪个房份，或哪个

水流蜿蜒环绕住宅，前方存在数道九龙池，即曲水迂回绕堂的住宅，其财运将会连绵不绝。但如果别墅的东南方见流水则先吉后凶，主要表现为家人行为淫邪、缺乏道德操守，最终家中男女会患上生殖系统相关的疾病，且难以通过医药治愈

和谐环居

房子后面有小河流过,初时无事,久之家人后代必出飞来之祸灾

六亲,此人物在此环境就应吉;如果不利哪个房份或六亲,那个人物在此环境当中,就会应凶。

父母住的房子,其吉凶形峦,会影响其自身与子女的吉凶,无论子女住不住在此房,都会受此房影响。

同理,子女住的房子,其吉凶形峦,会影响其自身与父母、子女的吉凶,无论其父母或子女住不住在此房当中。

爷坟影响父辈兄弟姐妹,父母坟影响自己同辈兄弟姐妹。四象定房份,龙砂穴水明堂格局定房份,八卦定房份。四象形峦,格局形峦,八卦形峦。

形峦不加地运与流年,即为不易之理,没有应期;形峦加地运与流年引发,为变易之道,有吉凶应期。

  两边流水冲中间,前高后窄定遭难,
  人离财散招官事,男为盗来女要顽。

两条水流冲击中间区域的情况时,必然会产生两水相互交汇的情形。一条水流即为一条沟渠,两条水流便是两条沟渠,两条沟渠汇合成一条沟渠时,两水汇聚的那个地方,就是遭受冲击之处,在此处必然会出现反弓的情况。因为水流是蜿蜒曲折前行的,所以在交汇的地方必定会有一个弯曲之处,这个弯曲的地方就是反弓之处。

小河与小溪交汇道理同样。在建造房屋之时，若在地基前方看到有两条水流冲过来，那么这块地基所在之地就不适合建造房屋。

对于一些江河来说，两水交汇之处，恰是水流宽度增加从而继续向前流淌之处。两水交汇的方向，便是新的水流持续推进的水道走向。所以两水交汇之处实际上并未冲击到所谓的穴位，而仅仅是新的水流前行的通道而已

小河两岸建有别墅，或吉或凶，不仅仅依靠风水这一方面就判定吉凶，而是还要结合该住宅所住之人的八字。得助益者吉，得损害者凶，要依据八字与风水之间的喜忌关系来论断吸纳气场的吉凶情况

两边有流水冲射中间坟穴或住宅,这种情况必然是地势前高后低,前宽后窄。因为地势前高后低,对面的水才会顺势流过来、冲过来;因为地势前宽后窄,前面两边的水才会夹在中间。水来冲射为煞,必破财、散财;冲中间,必有冲散,说明人必定要逃离,若不离开就会遭受冲击而面临灾祸甚至死亡。被水箭冲射,就是招祸灾;后低,意味着没有靠山,会失去尊贵地位,有官司牢狱;男性可能沦为盗贼,女性可能沦为娼妓,这些均属于违法犯罪行为。

按房子坐北朝南来论,两边流水冲中间,指巽、坤两卦有流水直冲,离方地势高而坎方地势低。

巽四绿、坤二黑,原本见砂为吉,现见水则为凶,凶水再径直冲来,成为煞气,会致使人员离散、钱财消散,还会招来官司牢狱之灾。巽、坤见水为淫卦,为煞气,会因色情之事引发官司与破财的状况。

水绕孤村去又来,其中妙理实难猜,
世人不识其中妙,山旺人丁水旺财。

山环水抱

水流直来直去为凶水。直来为直冲,直去为斜飞,有阳而无阴,有动而无静，都是凶水。做人也一样，直来直去，容易得罪人，好事变坏事，最终无法顺利达成预期目标，甚至出现与初衷相悖的不良后果，收获糟糕的结局。

做人的道理如同风水一样。当一个人在人际交往中未能获得朋友的援助、长辈的疼惜以及领导或老板的赏识与重用之际，可推断其运气欠佳。从命理八字上来说，就是不走运，需要生助的五行不出现，需要克制的五行克制不了，所以才会时运不济。依据天人感应的原理，这也表明其所处的风水存在弊端。无论是家居环境还是工作单位，其阴阳协调、四象布局、格局规划以及八卦形峦风水等方面均存在问题。例如财运不佳，实则是明堂存在缺陷，无法有效聚财，难以收纳财气；若钱财花费过多且难以留存，乃是明堂无法实现有效关锁所致。若难以获取盈利且缺乏客户资源，意味着无法吸纳财气；若无法赚取丰厚财富，则是由于欠缺大明堂与大贵人的助力，而这些均与山水形峦的状况息息相关。至于吉凶发生的时间，则是由地运与流年的变动所引发。

总之，一命二运三风水，首先要命好，其次要走好运，最终再有好的风水辅助配合，如此一来人生便能顺遂心意，要财得财，要权得权。当然，其中也存在吉中潜藏凶兆的情形，如部分人虽获取了财富却身患疾病需要开刀治疗，又或者子女身体抱恙，还有些人在发财掌权之后，若干年后竟遭遇牢狱之灾从而失去所有，这皆是命运与风水相互交织所产生的复杂状况。

正所谓"山管人丁水管财"，山水形峦必须达成良好的配合才行。室外的山水形峦布局配合得当，这对财富与官贵的等级起着决定性的作用。而室内的山水形峦若能妥善配合，将决定能否成功获取来自外部环境的贵人扶持与财气汇聚。

　　三山玄武气昂昂，水流东去复朝堂，
　　路冲坤道通来往，不做公侯做栋梁。

和谐环居

玄武北方有山，为靠山。东方震卦位有秀砂，兑卦有水东流到离位，坤为路砂，这样的风水一定出国家栋梁之材

三山指福禄寿三山，为背后的靠山。正后方为玄武，为北方。水流东去，则西高东低，水流从西向东流，环抱朝堂，则南方必低。此种水形为水抱明堂。坤西南有道路为气口。这样风水格局的坟宅，主家中出公侯官贵，成为国家栋梁。

宅后青山数丈高，前面池塘起波涛，

东南流水滔滔滚，九重直上作班僚。

后玄武靠山为坎卦，有青山秀砂，主有官贵，坎水主智慧，主

宅后坎卦有高大的秀砂，前面南方有池塘水，东南有流动的河水，这样的风水格局出高官幕僚、军师类的人物

掌出谋划策之事。前方离卦为向首为朱雀方，低平见水为吉，为明堂见水，主旺财。离卦见有池塘这类的吉祥之水，要水得水，离主文明之象，故为文书。

　　　　去水来山福寿全，绕腰金带出美贤，
　　　　若得来龙正穴上，代代儿孙出魁元。

绕腰金带出美贤

这是指寻龙点穴的部分。

去水要曲折而去，要有关锁，这样才是吉水；直去、斜飞而去，都是凶水。

来山起伏秀气、有生机，脉气相连，而不能破碎、被切断。

水流环抱像绕腰金带的风水，出美人、贤士，是大吉的风水。

点穴点在来龙的正穴上，代代儿孙都非常有出息。

　　　　辰卯青山申未墀，
　　　　乾涛坎丘福寿齐，
　　　　丙丁曲水朝拱向，

潮州地形图。上北下南，左西右东。东方玉带环抱，出富贵人家

绿袍金带拜丹犀。

卯乙辰三山有高大秀砂,未坤申三山有层层如台阶的秀山,再得乾卦之流水,坎卦之高大土丘,主福寿双全。如果再得丙丁弯弯曲曲有情水来拱应,主儿孙能够在仕途上步步晋升,最终成为位高权重的高官。

这是以坐北朝南坟宅来论的周边形峦风水。

酉上高岗卯上低,午边广阔后污池,
男女内乱无高下,房中寡妇受孤凄。

明堂玉带水,朝山秀美,后代大富大贵

站穴前,向前看,前方为案山为柜。前右方为白虎方,山峰高耸,为白虎压青龙,主出凶灾(左图)

龙虎环抱,龙短虎长(右图)

穴前明堂平整宽阔，前方左右龙虎砂护卫，发富贵之坟（左图）

龙虎环抱下葬结穴之吉局（右图）

坐北朝南的坟茔或住宅。

西边兑卦地势高，或有高岗，东边地势低，这就形成青龙低陷，白虎高耸的阴阳失调局面。

前方午方广阔无垠，而后方坎卦为污池一片。这样的风水环境，家庭关系混乱，全无礼数；又主男子早亡，致使寡妇独守空闺，饱受孤寂。

后方玄武为靠山，主福禄寿，如果出现污池、坑塘，主没福、运衰、没禄、破财、失官、没寿得病绝人丁。靠山位代表宅主，也代表家中男丁，所以玄武靠山出现污塘、坑陷，预示着宅主或者家中男丁会过早死亡。

如果按人体来论，外为阳，内为阴，所以后背为外面为阳，前胸为里面为阴；就像后背督脉为阳，前胸任脉为阴。这样一来，玄武山在穴位的后面、外面、为高处，为阳，代表男人；前明堂被龙虎抱在里面，在低平处，所以前面明堂为阴，代表女人。

故而左青龙为男，右白虎为女；后面玄武为男，前明堂为女。这样一来，如果四象当中，龙低虎高，就是左右阴盛阳衰；前平后池，也是阴盛阳衰；阳衰就对男人不利。所以玄武有池塘，青龙低陷，主风水绝男丁，不利男人。如果宅主是男的，就有早亡之灾。

地方广阔四边平，任定立宅去安营，
不问山来并去水，家道兴隆百事盈。

地形宽阔且四边平整

一块地，地形宽阔且四边平整，没有坑洼，是建房的好地方。不用管来山与去水的问题，建好宅后大体上可以家道兴隆。

营后沟河切莫宜，儿孙流落走东西。
阴人眼目来残害，少吃无穿受孤凄。

营为房，为房子。房后（坎方）千万不要有沟、渠、河。因为自家房子后面的位置，是靠山位，是福禄寿位，也是子孙山的位置，主子孙后代的运气，所以，如果房子的后面有坑洼、沟、渠、河，主儿孙因贫困远走他乡，或儿孙犯法逃离家乡，主家中妇女得眼部疾病，或眼睛伤残，还主家中老人孤苦无依、缺吃少穿。

草木鲜明色又嘉，中间立宅万人夸，
此地名为龙穴地，安茔立宅定荣华，
百事如意家道盛，左右邻田买进家，
不信挖出三四尺，轻肥前狭后萱华。

通过草木的旺衰来看地气的旺衰，这是一种有效的风水选地方法，可以避开大多数的凶绝之地。

草木枯败，或者寸草不生之地，必是绝地，无论建房、安坟都是大凶的。

草木丰茂的地方，水质也会好，土地肥沃，往地下挖个三四尺，会看到肥沃的好土质。

> 坟前穿道最难当，儿孙流落去远方，
> 总然存在皆贫乏，二十年后破败家。

坟的南方有路直冲坟前，最为不吉，主儿孙流落远方。如果儿孙都在当地生活，也必定是非常贫困，二十年后家业必定破败，一贫如洗。

无论朝向八卦二十四山哪一个方位，坟前有长路直冲而来，就犹如劈面、当胸射来之箭，必然不吉。

道路可以来去，坟前有道路直冲，也就是坟前有路直穿而去，这就相当于穴前水流直冲而来，或者直穿流去，不能停蓄。穴前水流直去者，会产生儿孙流落远方之应。又水为财，穴前水流直去，也主财运破败，所以，如果儿孙没有流落远方，也必定贫困。

道路的力量比真的水流轻些，所以产生不利因素的应期可能会拖后一些，这也与道路的长短、宽窄及坟堆距离的远近有关。

离坟越近，产生破败的应期也越近；离坟越远，产生离家或破败的应期也越远。

道路越长、越宽，产生破败与凶灾的程度也越重；道路越短、越窄，产生破败与凶灾的程度也越轻。

二十年后必定败家。轻者建坟后开始衰败，一年不如一年，二十年败光；或者开始平安无事，但二十年后，或因社会、经济环境的改变，或因自家问题，突生事端，败光家业，一无所有。

> 地如馒头四下低，四下流水透长溪，
> 高岗岭上难成立，造房安茔切莫宜，
> 八风吹散人丁绝，错认时乘时运低。

地形像馒头一样，中间高四边低，这样的地形会导致地气四散，下雨天水流向四下倾泻而去，说明这种地势不聚气、不聚财，财气倾泻，是破财、败财的风水。

高岗之上、山岭之上，八面风吹，气散不聚，是人丁败绝的风水形峦。没有靠山为依，没有明堂聚气，没有龙虎砂护卫，没有案山、朝山关住内外堂气，没有一点吉，全是凶，必然应凶。

千万不要在中间高四边低的地势上建房子、安祖坟。因为自身在高处，四边低下，没有遮护，八风吹散，不但没有藏风聚气，反而是煞气凛冽，主人丁败绝。这种风水引发的问题，绝不是一时的时运不济。这样的风水不改变，时运永远也不会变好，地运流年引发形峦煞气，还会引起人丁败绝、死亡的凶灾。

好的形峦风水，在地运、流年没有引发吉的形峦时，主家不会发富贵，但也会积极努力进取，其间若小有缺陷的形峦被地运流年引发，会有一时的时运不济，但因为整体形峦为吉，所以当大吉的形峦被地运引发时，就会形成一段很长时期的富贵。

好的形峦风水，终归会发福、禄、寿的。恶的形峦风水，也终归会引起损丁、败财、伤离别的。

> 水透青山世所稀，龙盘虎踞两相宜，
> 玄武如峰高数丈，中间一块做坟基，
> 多生聪明伶俐子，庄田牛马库金资，
> 此地两边生瑞气，二十年中跃龙池。

青山有水环抱，这是好地形。巽卦、坤卦有高大山脉，坎卦有高大的山峰，在这样的地形中间葬坟，后代聪明，财官两旺，二十年当中就能一举成名。青山绿水环绕，这是世上少有的好地方。

左为青龙，右为白虎，左右两侧有龙虎山盘踞为护从，龙虎山形态完整，比例得当，相得益彰。后为玄武，后面有高大的山峰为靠山、为依托。这样青山绿水相绕，龙虎相宜，玄武高耸的风水，中间一块地方就是选址建宅或建坟的好风水。

山管人丁水管财。这样的风水丁财两旺。山的风水好，人丁兴旺，多生聪明的孩子。水的风水好，有庄田、牛马，库房里堆满金银。

这种地方两边有瑞气生成，二十年当中家运就会兴旺起来，成为富贵之家。

这段讲的是地理形峦的富贵格局，符合此格局的就是富贵双全的风水，阴阳宅都可用此标准格局。

鸡卵相争最为良，挖深三尺见龙塘，
不信左右龙骨在，前窄后宽甲鳞藏，
立宅安茔必富贵，定生贵子挂金榜，
时师岂晓玄中妙，紫气昂昂扬四方。

震卦有高大之砂，兑卦有端正之水，这样的地方最好。地形若前窄后宽，此地必汇脉结穴，建宅造坟必然使家人富贵昌盛、儿孙金榜题名。

这样上佳的地穴并非一般地师所能识别，这是暗藏于地表之下的龙脉结穴。

平洋之地，没有山峰起伏，故明龙不可得，龙脉隐藏于地下，谓之暗龙，非得高明地师才能寻到。

明龙旺名，富贵显于外，尽人皆知，像明星一样；暗龙旺福，富名声不显，行事低调。

在现实当中，很多富贵名人一时显赫，但无福无寿，人前风光，背地里孤凄、惶恐，实则可怜、可悲。

得暗龙者，一生平安，风浪之中安然自得，没有小人、官非、意外灾难，福禄寿全，家庭幸福，富贵双全。

识别平洋暗龙结穴，望气之秘法，可以看出地气，紫气为上上佳，红气次之，杂气、黑气为凶。

顺绝山岗葬个坟，螣蛇坟地主贫穷，
田产卖尽他乡去，儿孙痴腿眼睛昏。

山岗南北向，在山岗北面尽头处葬坟为螣蛇之地。在螣蛇之地葬坟，主后人贫穷。即便原来有田产家业，最终也会将其败光，被迫流落至他乡异地，儿孙后代还会出现诸如智障、瘸腿、视力不佳等各类疾病。

> 坟前两修厥头沟，茔后弯弯一土丘，
> 东西若有人行道，儿孙强暴不温柔，
> 此地名为牴牛地，凶横年年祸事愁，
> 不信挖出观仔细，一双石子在里头。

此段是以地形取象"牴牛地"来断事。但地理形峦断吉凶的根本仍不离"阴阳、四象、格局"等诸要素。

坟前有两个回弯之沟如牛角，坟后有弯弯的土丘如牛身，东西再有道路直冲而来，这种地形就可以称作"牴牛地"，主后代儿孙性格暴躁，多出横祸。

坟前有两沟如牛角，则两沟必在左右前方，这是左右龙虎失陷的凶格。龙虎砂护主之形，主人际关系好；而没有龙虎，龙虎塌陷，必主兄弟无情，与邻里、同事的关系极差，故必主儿孙性情暴躁。

此时如果东西再有道路相冲，或者左右再有道路冲来，就更破坏其龙虎格局，加重龙虎为凶的力度，形成龙争虎斗的风水格局，就容易因为性情暴躁而争斗，出现伤人、杀人或其他意外冲撞，横生祸事。

这里牴牛地的形容，是喝形取象，但其实就是龙虎格局为凶，龙虎位没有砂，没有砂是平地都不好，何况更严重，反而是两个沟，再加上左右再有路冲，加重了龙虎为祸的力度，龙虎为祸就是龙争虎斗，那就是强横，强横过头了必定惹祸事，主后代儿孙强暴，凶横惹祸事。

龙争虎斗，凶横祸事断出来，如果应验，就说明坟下有两块大石头。因为两块石头硬碰硬，并且只有挨在一起才能硬碰硬，所以可以推断坟穴的土质不好。这就是天人合一的感应。

> 平地三墩势若峰，更兼震卯与来龙，
> 北有山岗西有泽，中间一块做坟靠，

> 此局金鸡抱蛋地，定主富贵出英豪，
> 不信其中生瑞气，挖深三尺出铜瞧。

一块平坦之地，东边震卦位有山峰，北方坎卦位有山岗，西方兑卦之地有河、泽，这样的地形坎一高，震三高，兑七低，这样的地形符合"金锁玉关"原理，叫作"金鸡抱蛋地"。在这样的地形中间位置安坟，主后代富贵，出英豪。

这种地理风水，必有瑞气，向下挖三尺土，可见地脉呈金（铜）黄色。

若在此地造坟，当以坎卦的山岗为后玄武，坐北朝南。左边震卦山峰为青龙，右边兑卦河、泽为白虎。青龙高耸，白虎低伏，左右龙虎阴阳相合。

有形态高大、稳固的靠山，有龙虎护卫环抱；后台稳固，前后呼应；左右龙虎环抱，左右护卫。这种风水形峦，必感应后代富贵英豪。

在现实当中，得官方为后台扶持，有得力干将如龙虎般辅助主家，与各方势力关系呈呼应之势，主强宾从，这样的人家就是富贵之家，富贵之家当中有能开拓的人物就是英豪。

这就是坟地、家居的风水形峦与人们现实生活构成的天人合一感应。

> 宅后人家势若峰，犹如交椅一般同，
> 立宅安茔多富贵，孝子贤孙得朝封，
> 藏风聚气真立妙，紫气腾腾四方飘。

这段文字是讲在阳宅外环境形峦当中，后方玄武位有靠山以及靠山形态的重要性。

"交椅"就是后面有较高的靠背，手两边有扶手，人坐上去，后背有依靠，两手有搭扶，既舒适又安稳的椅子。

如果住宅或坟茔后面有山丘，并且形态犹如交椅一样，呈现出后有依靠、左右两侧有扶持的态势，这样的风水主富贵双全，后代儿孙孝顺，还能够入仕为官并获得朝廷的嘉奖与封赐。

因为这种交椅形态，其实就是山势呈现"后、左、右"三面环抱，前面开口，这种形态就是藏风聚气的形态。有这种地理形态的地方，阴阳之气相合，地气祥瑞，紫气腾腾，是大吉之地。

> 森林树木绕山岗，一弯流水透长江，
> 东西龙虎相连接，坡地安莹大吉昌，
> 莲池藕地人难识，子孙兰桂主声秀，
> 不信深挖仔细观，藤根九尺有余长。

一座山岗，山上树木茂盛，说明这个山岗的生态环境好，土质、水质也好，有生机。

山脚下有水流，弯弯曲曲流入大河。有水流入大河，说明龙行至此处遇水而停歇，此龙水相互交汇之地，即为阴阳相互融合的结穴之所。

东西两边有龙虎之山，站在山岗上，面朝南方，青龙在左在东边，白虎在右在西边。左边有龙山，右边有虎山，并且这龙虎两座山丘看起来是地脉相连的，或龙高虎低，或龙长虎短，龙虎两山丘形态美观，没有破损。

这正是后有玄武山垂头，前有随龙水止脉，则龙水阴阳相交结穴，左右两侧有龙虎山环抱，这种藏风聚气且山水相互交汇的地方，正是地理意义上极为吉祥的穴位所在。

这种风水地叫莲池藕地，主子孙富贵，又主子孙有兰花与桂花之品德，性情雅洁，并传名世间。倘若在此地进行深挖作业，便能够发现类似藤根形状的地脉形态。

这一段其实讲的就是地理风水当中的形峦派择吉地的原则。

在传统地理形峦著作当中，只要大地天然结穴，龙、砂、穴、水呈现自然的阴阳交合之态，太极即成，真穴即结，所以为大吉之地。只要形峦合阴阳、成太极，任何朝向都有吉穴出现，并不是只有坐北朝南一个。

当然，大多数的吉穴，可能对某一个或几个房份吉、对某一个八卦人物吉，或在某一段时期地运引发吉形而应吉，但对吉形没有感应到的人物，或吉形没并临地运流年的时期，没有什么吉。

另外，地势天然形成，有吉形就有凶形，常常是凶形峦头夹在吉形之中，吉凶混杂。凶形有轻有重，当凶形被地运或流年引发时，就会对主家中的某一个或几个房份，或某个四象位所对应的人物，或某个八卦位人物，或某代人物，或男女人物，感应出不利或凶灾。

> 何用山来并去水，发福兴隆百事宜，
> 玄武高来朱雀低，若有福人葬此地，
> 田园六畜人丁旺，后代儿孙做紫衣，
> 前后又无山共水，因甚荣华福寿齐，
> 不信深挖三四尺，一团阳气跃光起。

有些地理形势，虽不存在山峰与河流，但也是发福兴隆、百事顺意的风水好地。那么没有山与水，没有明显的阴阳交汇，为何此地风水仍可使人享有荣华富贵与福寿安康呢？

这是针对平原之地，没有山水之地寻找吉地建房造房的方法。

没有明显的山与水，则龙脉隐匿于地下，但只要掌握基本的山水判断原则，也能找出山与水的阴阳交合、太极生旺之地。

平原地带，寻龙的方法就是，高一寸为山，低一寸为水。即便处于平原，土地定然会有高低不平的起伏状态，存在上坡与下坡的情况。尤其是下雨的时候，雨水落地流动，最后汇聚。雨水流动经过之处即如山间的峡谷，水流汇聚之处即截止一段地气的小地脉，即平原阴阳交汇之处。

选择这样的地方，后玄武必是高处，前朱雀必是在与玄武相对的低处，在这两者的中间地带建宅、造坟，便是觅得了平原的吉祥之地。

如果在这块地方向下深挖三四尺，会发现此处土质细腻、崭新且富有光泽，还能隐隐约约瞧见一团阳气升腾而起，就说明这是平洋之地阴阳交汇的结穴之处。

> 平川之地有山岗，山岗安营大吉昌，
> 东边若有神堂庙，儿孙必然广田庄，
> 唯有逆水伤人箭，后代儿孙主败亡。

平原之地，有一处山岗、山丘，就可以依靠此山丘为玄武靠山，造房或造坟都是大吉。

如果山岗在北面，建的房子坐北朝南，这时如果房子的东边有神堂庙宇，主儿孙兴旺、广置田庄。

但如果住宅的前方出现了水流、沟渠直冲而来，或者水流直流出，这种出现在前方明堂上的水流就叫作逆水，伤人之箭，主后代儿孙败亡。

这是地理形峦风水中最基本，也是最重要的龙、穴、砂、水、明堂的形势之法。

有人说，逆水是坎卦之水、坤卦之水，或震卦之水，原因是一二三位见砂为吉，见水为凶。

向我直射而来的水是逆水，如果逆水位于坎、震、坤卦卦位，危害的程度更严重。但事实上，各种朝向的宅与坟，有吉的，也有凶的。

> 立宅安营莫避阳，避阳阴气不相当，
> 却然富贵难保后，常常孤妇守空房。

建造住宅一定不能避开阳光，住宅采光一定要好。

对于古代的住宅来说，因为没有玻璃，窗户的采光功能几乎没有，采光主要由大门来完成，所以大门朝南就成为采光的主要手段。

现代社会，采光的功能主要由窗子完成，阳台也是采光通风的重要气口，大门的采光与换气作用明显减弱，主要用作家人出入的通道。

如果住宅采光不好，阴气就会过重，这样的住宅即使富贵，也难以有后人。

采光不好，光线阴暗，阴气过重的住宅，阴盛阳衰，有孤妇守空房的风水感应，这样的住宅伤男子，或不利女子的婚姻，造成女子离婚或丧夫的结果。

> 造房立营莫向东，向东水流去无踪，
> 虽然目下无伤害，三十年中定主凶。

建房立营不要朝向东方，有水流向东方，主人丁散去；虽然短时间内没有什么问题，但三十年内必有灾难发生。

震三，所以应三十年内有灾发生。震三见砂为吉，见水为凶。

如果朝向为东，去水也向东，水流没有环抱，说明地气没有被截止，建宅之处不是阴阳相交的太极，这样的去水为凶水，必主未来丁财两败。如果去水曲折，在明堂当中曲曲缠绕之后，从侧面流出，就形成曲水绕明堂，就截住了地气，形成了欲去还留的有情之水，则丁财两旺。

所以，建房子向东不是问题，问题是向东的房子与流水直出正东两者合力，才形成凶局。如果房子朝东，但前面明堂之水曲折环绕，环抱明堂，而后曲曲流向远方，从侧面流出，就不会有凶了。

> 立宅安营莫向西，坤申逆水最难医，
> 虽然富贵无多载，定主逃亡四败离。

建宅安营最好不要朝向西南方，西南方坤二有砂为吉，见水不利。西南方为坤卦，含有未、坤、申三山，如果坤山、申山有水直流而来就为逆水，坤申位的逆水危害特别严重。

大门朝西，坤申有逆水的风水，虽然有一时富贵，但好景不长，结局必定是家业破败，四散逃亡。

房子坐东北向西南，西南方的坤申逆水就是由西南方直射而来的箭水，是一条笔直的小河、沟渠或道路，这种出现在西南方的逆水是最凶的，既伤人又败财，先伤丁绝丁，再破财败财，逃亡四败离，为祸甚烈。

西南方为坤二黑方，见秀砂为吉，见水为凶，见逆水冲射而来就凶上加凶。

按玄空风水，八运的时候，正神在东北艮卦，零神在西南坤卦。所以东北见山为旺丁，西南见水为旺财。这与"金锁玉关"相矛盾。

但如果按玄空风水，八运西南见水为旺财之水，但如果水形为直冲而来的水流或道路，此种水形为形煞，必有伤人之灾。所以在八运，西南见水会先旺财，但如果逆水冲射为形煞，那么旺财之后会有伤人之灾，伤人之灾也必定会破财。

玄空八运，如果西南见水，水形秀美，或方形汇聚，或圆形汇聚，或弯曲流入流出，则首必旺财，而后因为水形秀美，故不会有伤人之灾。但坤上见坎水，坤土克坎水，坤为腹，腹部土水混杂，主肠胃病或皮肤病。所以发财之后会有肠胃病。

住宅安营莫向北，向北主家鬼神哭，
少年衣服都显脊，财败人亡主破屋。

建宅安茔不要朝向北方，否则家中容易出怪事、邪事、异常的响声等情况；而且家庭贫困，孩子吃不饱饭，身形瘦弱。这种风水，财败人亡，最终房屋荒破。

古时的房子，因为全靠大门采光通风，所以房子朝北的话，采光不足，室内光线昏暗，阴盛阳衰。在这种房屋住久了，人的身体、精神都会变弱。

但是现代社会的住宅，无论国内国外，朝北的很多，只要国家兴旺，老百姓的日子就会过得比较好，努力上进，顺应时势的人，更有富贵可求。

比如一条东西大街，一边房子都是朝南的，另一边房子都是朝北的。比如北京的长安大街，就是东西大街，这条街上朝北的大厦、房子不计其数，会主家鬼神哭吗？所以这也不是绝对的。朝北的房屋，只要有大窗采光，室内采光好、通风好，干净整洁，不阴暗、不潮湿、不封闭，就不会出现鬼神哭的怪异事情。

    立宅安营向东南，万物朝阳气轩昂，
    后要栽松前栽柳，四边围护内安康，
    家常平安人安乐，祖遗砂水子孙康，
    逆来山水临官旺，福来无穷渐渐扬。

建房子朝向东南，纳入太阳初升温和的光线，住宅自然阳气充足。

万物生长靠太阳，有了充足的光线，不但植物生长茂盛，宅运也会兴旺。

坐西北朝东南的房子，在房后栽上松树可以作为后玄武靠山，在房前栽上柳树可以作为明堂当中的秀砂，也可以作为明堂当中的案山，还可以起到关锁明堂吉气的聚气作用。

在房子周围可做围栏，形成四边护卫拱扶，层层关锁，内里藏风聚气，家运安康的风水。

如果东南方再有逆水呈曲折之态朝此处流来，便预示着家中福运、财运、官运皆会昌盛兴隆，且越发顺遂昌盛。

    青龙乙脉起峰豪，丙丁朝水又相招，
    庚辛位上蛇形露，壬癸山峰重重高，
    戊己位上安一墓，儿孙将相出英豪，
    此地名为四相地，安茔立宅最为高。

东方震卦甲卯乙三山，在乙位有形峦秀美的山峰。

南方离卦丙午丁三山，在丙位或丁位有水流曲折朝来。

既然南方有水来朝，说明南方是宅或坟的朝向。

西边兑卦庚酉辛三山，庚或辛位有蛇形曲曲之水。

北边坎卦壬子癸三山，壬或癸位有山峰重重高耸。

东、南、西、北四个方位，东砂西水、北砂南水，都是砂水对应、高低对应、阴阳对应，那么中间就是戊己位，在中间戊己位建宅安茔，主后代儿孙出英豪人物。

符合这样条件的地理山水形势，就叫作"四相地"，前后左右四方为四相，四相符合北砂南水、东砂西水，北高南低、东高西低，就叫作"四相地"，是风水吉地，四相地的中央地带就是建宅安茔之所。

> 东南广阔微峰犀，艮乾朝港最可宜，
> 泽西弯曲离边绕，任君立宅做坟基，
> 此地名为凤凰地，朝阳春色四时奇，
> 有福凤凰峰上葬，儿孙代代穿紫衣。

东南方，巽卦位（巽四绿），地势开阔，并且远处有层层叠叠的山峰（符合一二三四见砂）。

东北方（艮卦位，艮八白）、西北方（乾卦位，乾六白），这两个方位有潮来之水（符合六七八九见水）。

西方（兑卦位，兑七赤）、南方（离卦位，离九紫），西边有水流，曲折流动，流转环绕到南方，这样的水，从西流绕到南，兑七离九见水，为吉。

这样砂水形势之地，叫作"凤凰地"，在此地建宅立坟，儿孙代代出文官。

建宅安坟，朝东南或朝南。东南广阔，所以朝东南，以东南广阔之地为明堂。因为从西到南有水环绕，所以取向朝南，右侧白虎方有水环绕到前方，为白虎驯俯；右侧有河水，则左侧东方必为高地，为左青龙耸起；正北坎位无水，故北方也必为高地或山岗，故坐北朝南，可得北方山峰为后玄武，为依靠。

无论是朝东南还是朝南，葬坟时一定要葬在山上，在山上点穴。为什么呢？因为东北、西北、西、南，多处有水流，故此地是众水交汇之处，也是山水交汇之处，故造坟时，水近则穴点在高一点的地方，水远则穴点在低一点的地方，但后方玄武位一定要有山峰、山岗或者高地为依托，这才是"有福凤凰峰上葬，儿孙代代穿紫衣"。

> 丙上沟渠丁上流，辛酉青龙发动舟。
> 四下厥沟为四足，名为龟地好兴楼。
> 不问居住并下葬，儿孙强盛足田畴。
> 猪羊牛马成群走，荣华富贵出诸侯。

丙、丁有水曲曲朝来，汇聚明堂，而后从辛、酉曲曲流出，欲去还留，这四条水流就像龟的四条腿，这样的地势名为"龟池"。再配以玄武北方高峰为靠山，正东山岗为青龙，在戊己中央位建宅或在玄武山点穴葬坟，定会丁财两旺、儿孙强盛、田产丰隆，并且出官贵。

> 玄武高来丘陵怀，有水有库有余财。
> 山水相交为上吉，一弯流水去又来。
> 此地名为狮子地，儿孙执笏拜金阶。

玄武为坎方，坎方有高岗，南方有水流呈弯弯曲曲之态缓缓流去者，欲去还留之状，为吉祥之水。

北有砂，南有吉水，南北砂与水阴阳相合，为吉祥之地。

此种地势名为狮子地，主后代儿孙出高官，能入朝见圣。

> 住宅安营向东南，去水流山仔细看，
> 院里水从长巽出，井泉须向卯边潜，
> 开门莫负天罡诀，三五六七祸如山，
> 又如财门九六七，家和子孝父心安。

住宅立东南为朝向的时候，要着重看山的位置，水的流向。

院子里的水从巽位流出为凶水，不利家中女子。井泉或水道不能在东方"卯"位出现，这会给家中男子或长男带来灾祸。卯位出水，长男易得肝病。

开门立向不要忘记天罡诀"三五六七祸如山"。东方震卦位、中央戊己位、西北乾卦位、正西兑卦位，这几个位置开门，容易发生大的祸事。

再有"财门九六七"，家庭和睦，孩子孝顺，父母安心。南方离九紫，西北乾六白，正西兑七赤。

对"三五六七祸如山"与"又如财门九六七"字面意思矛盾的解释。六七开门，前面讲有祸事，后面讲为财门，两者矛盾，如何理解？

一二三四要砂，坎一白、坤二黑、震三碧、巽四绿。中五黄要平。六七八九要水，见真水汇聚，或曲折有情来去，若水形直、反弓则富贵不久，定有灾祸。

要砂的地方不能开门，所以正北见山峰为靠山。西南坤位见砂为吉，见水则富一时但会有灾，不能开门。开门见逆水大凶。

东南喜见砂，但可开门，原因是可纳入初升的阳气，要采光、采阳气；但东南有砂才吉，故远处要有层层山峰，以应见砂为吉，而近处要平坦开阔，以应开门朝东南，门前有明堂。

六乾开门，一说凶，一说吉。凶者，乾位开门，门外近处或远处有高岗、山峰、高大建筑，为凶，主得贵之后再失去，原因就是乾位见水为吉，但远处有山，故先富贵再灾祸。

六乾开门为财门，则门外远处见宽敞平地、公园或湖水，则大旺财官，故为财门。

七兑开门为凶，是因为坤申位有逆水直冲而来，或兑位远处有高岗，地势渐高，故先吉后凶。

七兑位开门为财门，是因为门开正西，门前平坦宽阔，而远处有平静水坪，或有水曲朝来，或有离位水聚堂前，再从兑卦辛酉位曲曲有情而去。则此种立向与水的配合，为财门，大旺财运。

关于开门方位，对于现代社会来说，采光纳气由窗户来完成，门是家人进出的通道。所以，现代社会的阳宅风水，已与古时不同。

建房子选地，只能在有限的条件下去选。毕竟当下土地归国家或乡镇所有，不是你想要哪块地就能得到哪块地。通常的情形是，有那么一两块地，你可以用来选一块建房。那么你只能依据地势并参考周边邻屋已成形的规划，来设定房屋的朝向、房型、户型、排水、电路，甚至要考虑到消防安全问题等方面，然后才能建自己的房子。

对于城市居民而言，房屋均是由开发商预先建造完成的，所以不存在自行挑选土地建造房屋的可能性。他们仅能在已建成的小区之中选择合适的小区、单元楼以及户型。

所以说，现代的房子，朝向、大门，开在哪个方向都有吉的，开在哪个方向都有凶的。但只要环境整洁、空气与水没有污染，户型好，采光好，基本上就可以了。

正屋面前偏一墙，莫呼风箭透门堂，

天文地理休违拗，九宫八卦定阴阳。

安营立宅不忌方，不论平地与山岗，

不问郭璞天罡诀，百般安营家道昌。

大路直冲加道路转弯反弓，为散财破财的风水

岂绕连年惹祸殃，家门破败人口损，

> 良方妙诀莫知晓，方知郭璞有阴阳。

正屋门前设一道影壁墙，不让风箭直射门堂。这是指院子大门如果与正屋大门呈一条直线，就会形成风箭穿透门堂，成为直冲的煞气。在院门与正屋门之间设一道影壁墙，地气进院门之后，遇到影壁就会转弯，曲折进入屋前明堂，曲水入明堂就是吉水。

不要违背天文地理的常识，八卦配九宫的方法，就能判断出房屋风水的阴阳平衡与吉凶情况。

不论在什么地方安营立宅，也不论是在平地还是山区，只要遵守郭璞的"天罡诀"，不论怎么建房子都会家道昌隆。

> 安营立宅不用师，不论山岗高与低，
> 只要年向月方利，论甚阴阳妙绝师，
> 家财破败人口伤，说他时乖命运低。

安营立宅不请专业的地师，也不看地势高低，只选一个认为是吉利的日子便贸然动工，最终家破人亡，却浑然不知其中可能存在风水方面的因素，反而片面地认为是自身命运不佳所致。

> 本付天机真妙诀，恐他与后错推寻，
> 故将金锁重重论，扫尽师人无细心，
> 认得天文和地理，才知妙理值千金，
> 金锁玉关非容易，熟习牢记莫忘记，
> 仙家秘授真口诀，细心参详要当心，
> 困穷不过十三载，看他由败再发丁。

"金锁玉关"是地理风水的天机真诀，恐后人理解错误，所以前面把"金锁玉关"的有关原理反复讲解，一扫地师传艺不细心、不传真诀的现状。

学得天文与地理的知识，才知道"金锁玉关"的真诀价值千金，能得到这口诀不容易，要熟记牢记，这是仙家传授的口诀，要细心参详。

用"金锁玉关"调理风水，再困穷的人家，一经调整之后，不超过十三年,就能看到主家从原来的衰败变成丁财两旺,重新发家。

透出青山世所稀,龙盘虎踞两相宜,
前面天池如月样,西南丘陵乱箭堆,
朝城后转贪狼势,玄武昂昂文武归,
时人若识玄中妙,中间一块做坟地,
多生聪明贤进士,儿孙必到凤凰池,
紫气昂昂远四方,安茔立宅最为良,
左右无冲后无箭,田园茂盛子孙昌。

透出青山世所稀

龙盘虎踞两相宜

和谐环居

玄武高耸,龙虎相宜。朝城后转贪狼势,玄武昂昂文武归

背依青山,面临曲水

时人若识玄中妙,中间一块做坟地

一座青山高耸，青山左右一脉延伸出龙虎两峰，龙虎相宜（龙高虎低，或龙长虎短、龙虎相抱，龙虎两峰秀美无缺损）；青山前面是一片开阔之地，开阔地上有水流汇聚，聚水形如弯月环抱青山；西南方位有丘陵层层堆叠。

再向后看，峰起如贪狼（贪狼一、巨门二、禄存三、文曲四、廉贞五、武曲六、破军七、左辅八、右弼九），贪狼为坎卦，所以贪狼就是北方的山峰。

玄武峰高耸，气势昂昂，主文武贵气，主有官运。玄武峰就是后面的山峰。

这块地，北面玄武为贪狼之峰，山峰高大雄起，植物茂盛；左右也就是东西两侧有龙虎两峰延伸而出，龙虎相对相抱，正前方为南方，地势开阔，并有水流汇聚成池，池水深聚形成弯月，右前方西南坤卦位有丘陵层层叠叠。这种地势，坎一白之砂对应离九紫之水，震三碧之龙对应兑七赤之虎，龙高虎低；西南坤二黑要砂而有丘，正是合局。这种地势叫作"凤凰池"。

在这种地方点穴葬坟，并且立坟之处，左右没有水路直冲，背后没有水路箭射，就主后代儿孙丁财两旺，官运亨通，并且没有意外灾难。

    平川之地无山岗，踏看坟基取妙方。
    但看坟基高才用，兑离唯要水流长。
    会看远山流进水，龙吟虎啸两相当。
    八方周围寻戊己，向近子午定山岗。

平洋之地没有山岗，这时要看坟基的地势高低来选下葬之穴。

建宅造坟，要选择地势高的地方，南方位和西方位要有细长的流水。

仔细观察山脉和水流的走向，要求山脉相连，水流细长。巽卦、坤卦要有高砂，离坎之间要砂水协调。

    雷上波涛总不宜，风吹疯瘫受孤凄。

平洋做坟龙虎砂

家门衰败难为厚，儿孙逃脱走东西。

不请名师另安葬，定然贫乏不相宜。

东方震卦位有河、溪、沟等水流是不利的风水，会致使家中人出现风症，产生众多风瘫病患，患病者无人照料，生活孤苦伶仃、凄凉惨淡，家族产业走向衰败，儿孙纷纷离家且不再归来。

这样的地形，如果不请专业的地师进行改迁处理，定然会陷入极度贫困的境地，且长久处于孤苦无依的状态之中。

三叉河口葬个坟，水流左右要相应。

时师不认玄中妙，三十年中出贵人。

兑卦、乾卦、艮卦，三个卦宫都有水流，并且汇聚一处形成三叉河口，如果水流左右相应、大小相近、协调美观，这就是一块福地。一般的地师不能识得其中的玄妙，在此地安宅或下葬，三十年中必出贵人。

这里没讲水流来去的方位，没讲是一水来然后分出两支流出，还是二水来汇聚一支流出。也没讲点穴在何处，坟朝向如何。但依前面段落所讲，金锁玉关所造的宅与坟，都是坐北朝南，北方地势高，东方地势高，西方是水流，南方是水流，东北艮、西北乾有水，东南巽、西南坤地势高或有山岗。

坟田中间又葬坟，不知坟是什家人。

若是葬入他家祖,定然存亡两不灵。

丧家若不失人口,葬后不久死师人。

葬坟选地的时候,如果把自家的坟葬在了别人家的坟上,就会对两家风水都产生不利,坟主的后代会因此发生人丁死亡的凶祸,如果坟主的后代不死人,那帮助选地的地师就会遭报应而凶死。

坟前坟后两家当,人行左右实可伤。

贫穷不过十三载,看他家败又人亡。

墓前坟葬最不高,必主儿孙四散逃。

可恨师人无眼力,占他风水两相凋。

坟地所在,当以安静为主。

如果一家人的坟地,坟堆的左右两侧是人行的道路,经常有人行走路过,就形成伤人的损丁败绝风水。因为左右龙虎被道路截断,主失去助力,相当于人体被截断手脚,预示着后代将会陷入贫困,且这种状况持续不会超过十三年,随后便会面临家破人亡的惨境。

住宅左右两侧被两条道路夹住

以此推论,住宅的左右两侧如果被两条较大的人行道夹住,也是龙虎被斩断,龙虎是护从,代表亲情、人际关系、事业发展,也代表一种无形的守护，如果龙虎被斩断，失去了这种守护，人际关系亦会随之消散，人的性格将会变得孤僻乖张、不通情理，难以融入周边的人际圈子，无法获取他人的援助扶持，沦为孤立无援的家庭。龙虎受伤也主伤残或事业受挫，不能取得进展，所以就是败家伤人的风水。

坟与坟前后距离太近是非常不利的。南北向的坟，如果两坟距离过近，对北面的坟特别不利，主儿孙逃散。

在别家坟茔的近前区域安葬自家坟墓，此等安葬方式的初衷虽是妄图窃取别人家的风水福泽，实际上，不但对别人家的风水造成了破坏，同时也给自家后代带来诸多不利影响，最终致使两户人家都难以安宁度日，而这皆是由于那些既无真才实学又缺乏德行操守的地师出的馊主意所引发。

就阳宅而言，一座房屋的正前方即为明堂所在之处。倘若两座房屋之间的间隔距离过近，那么便会对处于后方的房屋形成一种压迫态势，不仅会干扰后方房屋的采光状况，还会对其明堂空间形成挤压，影响后面房子人家的财运。

宅后沟河活水流，左蟠右绕有刚柔。
前面若有波涛流，富贵荣华永不休。

房子后面有流动的河水、溪水，或左或右、有曲有折、有刚有柔（环抱住宅），这股水流占据艮卦、乾卦之位，那么这座住宅就是坐北朝南的（几乎所有的住宅与坟，到目前为止，说的都是坐北朝南的）。住宅的前面（南方）也有水流环抱，或过堂，或曲折有情朝来，这样的住宅，会有绵延的荣华富贵。

乾艮广阔通大道，定生贵子出王侯。

人家宅后有池塘，虽然富贵也不祥。

定生风流浪荡子，三十年中主败亡。

住宅的西北乾卦、东北艮卦，地势开阔，连通大道，这样的风水主生贵子，后代出王侯，出高官。

住家的房子后面的池塘（如果是坐北朝南的房子，就是北方有池塘），即使现在富贵，也是不吉祥的风水，因为这种风水必生风流浪荡之子，三十年中会败亡家业。因为后方玄武靠山是福禄寿三山，有秀山为依靠则吉，福禄寿齐全；如果没有山，反而有坑、塘，就是福禄寿全没有。靠山也是子孙山，也代表后代，靠山是坑、塘，代表绝后，绝后要么就是儿子辈凶死，要么就是没有孙子辈。所以房后是坑、塘，是丁绝财败的风水，是绝户宅，大凶。如若不搬走，三十年内必应败亡之事。

人家住宅要朝阳，玄武必要护峰场。

前扬后遮多吉庆，自然富贵足田庄。

前面无扬朱雀孤，后园无护玄武虚。

前扬后遮多安稳，自然家道足丰余。

营后池塘最不宜，定主儿孙四散离。

凶灾破败伤人口，早请时师择地移。

住宅以朝阳为好，朝阳的房子其实就是指朝向东南、正南的房子。这样的房子，采光好，室内阳气充足，而阳光是万物生长的能量之源，能够有效驱散阴气、潮气、湿气、邪气、病气以及煞气，从而促使阴阳二气达成平衡状态。

朝西南与正西的房子，在夏季时，午后的阳光极为强烈，致使阳气过于旺盛而产生危害，容易引发阳亢之类的病症。

玄武指后方有山峰、山岗，或是地势较高，或是有高大的建筑物，它们均可作为依靠，也就是靠山，有了这样的靠山就会有气场予以庇佑。

后有遮，后方玄武为靠山，主星玄武下点穴，或建宅

前扬后遮，是指前面要开阔，但开阔并非毫无边际、空旷无垠，而是在远处要有峰峦或者建筑锁住明堂之气，这叫前扬。而后遮是指后方要有可以依靠的山峦。前扬后遮的格局，是家道丰余的风水。

房子后面有池塘，是极为凶险的风水布局，主儿孙会向四处离散，人丁受损、财产破败，必须尽早聘请专业的地师重新挑选合适的地方建造房屋，如此才能够化解灾祸。

第二章 阳宅风水实战吉凶断法

第一节 宅基形状对风水的吉凶影响

中国建筑的形态多呈方形，不是正方形便是长方形，其中长方形的占比相对更多。就长方形而言，长为宽的两倍时，其比例堪称协调适宜。如果长方形的长度是宽的三倍，就会比例失调，致使整个房形看上去较为狭窄、单薄。

正方形地基或房子，结构稳固坚实，也易于规划得整齐有序，显得更为大气端庄，这恰好契合了中国传统的美学理念。

风水理念着重指出，住宅的地基务必要呈方形，间隔框架也需整齐划一，唯有给人以方正之感的住宅，才属于吉祥之宅。

如果住宅地基太高、太圆、太矮、太窄、太长，又或是三角形，抑或是部分向外凸出、局部有凹陷缺损，或者出现其他不规整形状等，均会对家运产生不良影响。

住宅地基的形状和住宅四周的环境影响着住宅的吉凶，因此在修建住宅之前一定要注意住宅地基的形状和住宅四周的环境，以免在大凶之地修建了住宅从而给家人带来不吉利的影响。

在长方形的宅基地修建住宅，出贤能之人，子孙后代有机会入仕为官，从而使家族门第荣耀显达。

住宅左边短右边长，居住于内将会极为吉祥顺遂，家中钱财充裕富足，但是不利于子嗣。

地势中央高大的地形被称作圆丘，如果在上面修建住宅就会人丁显贵财产多，子孙亦能做大官。

住宅右边短左边长，这样的住宅并不适宜居住。居住于此，将会出现财气难以旺盛、人丁繁衍不畅的状况，还会致使子孙后代智力愚钝，就连往昔所积累的财产也会逐渐流失殆尽。

村庄是圆形，宅地基与房子是方形的

圆形土楼，圆形宅地基中间一个洞

还有一点，住宅的形状在确定并且建造完成之后就难以更改了。若是吉利的形状自然较好，可要是凶险的形状，那么这种风水煞气便会长期存在。即便请风水先生来设法化解，也仅能降低形峦形状煞气所引发的不利影响，却无法彻底消除。只要房屋还在，其形状没有改变，煞气就会一直存在。

第二节　三角凶地化解方法

在现实生活中，并非所有的宅基地都是四方形的，三角形的宅基地也很多。如果宅基地为三角形怎么办？三角形宅基地是风水中的大忌，它容易导致宅主的精神状况产生异常，不利于思考。遇到三角形宅基地时，一定要对其进行改造。

三角地形

如果宅基地宽，可以将宅基地的主要部分划出一个四方形的空间，余下的部分要么用墙隔离不用，要么种树隔离为花园、菜园，并时时保持绿意。

隔出来的空间无论如何不能进行实际的使用，做仓库也不行。如果地方实在太狭小，无法隔离，就应搬走。

第三节　房屋外观形状对家宅吉凶的影响

住宅的外观形状如果过于奇特和怪异，便偏离了中国人长久秉持的中庸理念，如此一来难以汇聚财气，会产生诸多负面效应。

如果住宅的外形呈三角形，外形看起来像把刀子或斧头，那么处于三角形尖端的房屋会有很强的燥烈气场，不适合用来当住宅或者办公室，仅适合当作储藏室使用。

如果当作了住宅或办公室，就会诱导宅主人做事偏激、冒险，

和谐环居

外形奇特不规则

外形三角形

遭遇失败、破产，并且还极易引发精神失常之类的疾病。

外形窄长、单薄的住宅，由于宽度不够，正面的能量难以有效积聚，"元气"极易从屋前径直贯穿至屋后，造成"元气"匮乏。如此一来，这类住宅便无法汇聚财气，反而会不断损耗财气，极易出现破财的状况。

外墙爬满攀藤植物的住宅

住宅外墙脱落、崩裂

对于外墙爬满爬山虎之类攀藤植物的住宅，如果不是宅主人命理八字以乙、卯木为喜用神的话，过多的藤类植物会加大住宅的阴气，阴气过盛阳气衰，做事就会迟滞，没有积极性，不利于事业发展，也不利于身体健康。爬藤植物的浓密程度与负面影响力呈正比。

住宅外墙有脱落、崩裂现象，甚至钢筋外露，这些都是退败的表现，这样的损毁程度与负面影响力呈正比。如果损毁的部位正好位于住宅的吉方，则破坏力更强。

第四节　屋顶形态对风水的影响

　　房屋的设计如果过于追求新奇的形状，屋顶设计成过于极端的斜度和造型，就形成了凶相。

　　倾斜度很大的三角屋顶或一面坡的屋宇，被称为"寒肩屋"，是不利于财气聚集的风水格局。屋顶越尖，负面的影响也越大。

　　倾斜度很大的三角形屋顶，会使屋内屋外的气流变得异常；一面坡的屋顶会使外气的摄取产生偏颇，从而导致身体的能量频率失衡。长时间居住在这类形状怪异的屋顶之下，人极易变得神经质、情绪易激动失控，最终因抑郁而患病。

　　圆形屋顶的建筑不适宜作为住宅使用。在古代，圆形建筑大多为陵墓、坟墓、道观、庙宇、祠堂等特殊用途的建筑，故被视为不吉利。

　　无论屋顶是什么形状，一旦出现漏水情况就属于凶相，所以一定要及时修理。由此推断，在屋顶上建造游泳池绝非明智之举。

　　屋顶的颜色宜采用常用的颜色，如果采用一些不入流的颜色，不仅会影响风水，更会引来非议。

第五节　屋顶风水煞气化解

　　风水不好的屋顶应尽快改造，改造的总原则是尽量不使屋顶的形状过于极端变形，以利于气流的均衡流动。

　　倾斜度很大的三角形屋顶，最好在屋顶的一半处重新建一个坡度更缓的屋顶。一面坡的屋顶，最好将其改为两面坡。

　　平坦的屋顶，在天热的时候太热，天冷的时候太冷，所以最好在屋内使用天然的装修材料，如布或木质的壁纸、木质地板等。然

大锅天线

后利用屋顶天线做成旺运风水。

天线有接收电波，或发送电波的功能，所以天线对风水有极大的影响。那种铁锅状的卫星天线，它能够增强房屋对电波的接收，制造更强的磁场。这样的卫星天线只要是背对着房屋的，就有利于增强房屋的风水，是很好的开运布局。

电信发射站是风水煞气。如果在自家房顶上安装电信发射架、电波发射架，将对自家风水产生较严重的影响。

电磁信号五行属火，为雷电，在屋顶久了，将会引发家庭成员出现脑神经相关的疾病。

第六节　拼接屋是不利的风水

若房屋呈现上大下小的形态，则此风水极为不佳，不宜选为居住之所。这种上大下小的房屋会给人一种头重脚轻之感，仿佛容易

续接盖楼

上大下小，头重脚轻

发生倾斜、失去平衡。长时间居住于此，会使人内心惶惶不安，进而遭遇诸多倒霉之事。

无法搬出这类房屋时，应立刻对房屋的现状进行改进。

如从楼上端凸出的部分往地下打基础柱，或用墙来掩饰凹陷的部分，也可以用金属条做成的格子来装饰凹陷的部分。只要不让人看出房屋上大下小的格局，就是将风水调整过来了。

第七节　庙堂近宅气运衰

在堪舆学中，寺庙和教堂等是集合众人膜拜的地方，属于高能量之地，聚集着强烈的意念风波，容易将周围的生气吸走。房子在寺庙和教堂附近容易使家运变衰。

商业空间讲求的是人气和生气，虽然这里有人气，却可能很快被寺庙和教堂强大的力量吸走，从而无法吸收到更多的生气，生意自然也就无法兴旺。

乡村小庙香火旺，男男女女来烧香。

房前庙后伤人口，忽然飞来遇横祸。

香火旺盛的寺庙

寺庙与教堂周边容易出现在宗教节日期间热闹非凡，而平日里却十分冷清的现象,致使商业经营状况起伏不定。另外,在这些地方开设店铺,还极易受到庙角的直射,从而导致气流凝聚不散,招致各种意外。

庙附近生意好的商业街　　　　　　仙庙烧鸡店

在庙宇周边做生意,除非是经营与宗教有关的生意,否则在宗教场所旁选址对生意不利。寺庙、教堂的规模越大,与其的距离越近,受到的影响会越严重,最好避开。

庙宇的香火越旺盛,吸引的人流也就越多,平日里人流便持续不断,待到初一、十五或者节假日时,人流量更是会大幅增加。因此,在香火旺盛的庙宇周边常常会形成庙街,各类小生意也随之变得异常火爆。

如果庙宇香火不够旺盛,便意味着无人前来,如此一来自然不会有商业活动,更不会形成商业街。归根结底,唯有人群聚集的地方才是能够汇聚财富之地。没有人气就不会有财气,有人气才会有财气。

第八节　邻居房屋对自家风水的影响

一、邻居房屋对自家风水有什么影响?

邻屋就是自家房屋前、后、左、右,左后、右后、左前、右前,主要是这几个方向。

邻屋在后方，相当于自家的靠山位，会对自家的事业运、贵人运产生影响。后方的邻屋宜比自家的稍高大一些，形状齐整，这样有助于提升自家的事业运与贵人运。

如果后方邻屋较为低矮、破败不堪，呈现出衰败的景象，那就意味着自家的家运欠佳，家庭成员在事业方面往往难以顺遂，既无官运亨通之象，亦无法在创业之途获取成功，过着得过且过的生活，且日常生活中会遭遇诸多不如意之事。

华西村依山面水，别墅形态土形财库，整齐有序，左右龙虎为邻，四象齐备好风水

邻屋在前方，相当于自家的案山与朝山。如果距离自家太近，压迫了自家门前空地的空间，使自家的明堂变得狭小，就不利财运。如果前方的邻屋距自家有一二栋房子的间距，并且高度与自家等高，或者比自家略低，形状方正、整齐，就说明自家人在生活、工作当中人际关系非常好，常常得到亲朋、客户的支持，财运也好。

左右两方的邻屋，是风水中的左青龙与右白虎，青龙高一些，白虎低一些，对主宅成拱扶之势，没有冲射，就说明宅主一家兄弟和睦、夫妻恩爱，生活、事业当中常能得到朋友与员工的得力支持。

其他方位的邻屋，相当于生活当中遇到的各种事情，因此，这些邻屋如果形状较好，没有逼压主宅之势，则为吉，如果冲射主宅，则为凶。

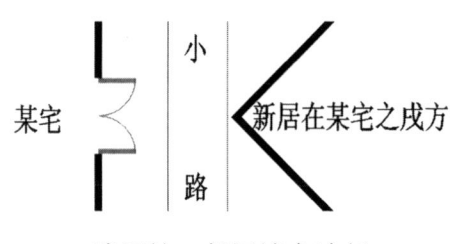

劈刀煞，邻屋墙角冲射

在主宅与邻屋的关系当中，煞气最重的就是邻屋的位置不正，相对于自家房屋有些歪斜，结果造成邻屋的一侧墙角正对主宅冲射，这就是风水中很凶的劈刀煞。

劈刀煞多主伤残、手术、重病、车祸等灾难，如果住宅被两三处劈刀煞冲射，家中就会出凶死之人，而且会有多人出事。所以自家建房的时候，或者邻近地块有人建房的时候，一定要关注邻屋的坐向，关注邻屋形峦对自家造成的影响。

二、两间相邻的单位能够打通吗？

因为每个单位所处的位置不同，即使在同一层也会发生朝向不同的现象。而测量房屋朝向的地点，是在一个单位的立极点，也就是中心点。当两个相邻的单位被打通之后，整个格局就发生了变化，立极点已经不在原来的位置，朝向也就自然发生了改变。

阳台打通变成内阳台，与卧室连成一体；两个小房间打通变成一个大房间。即使是两个风水非常好的单位，如果打通，也不意味着风水就一定好。

在两个单位没打通之前，它们之间没有气流的流动，无法相互影响，也就无法准确测算出两者共同的朝向。所以在打通两个单位前，应该慎重。

三、对门邻居使用风水物品对自家有何影响？

为了改善风水，有的对门邻居在门框上挂一些开运化煞的风水物，这些风水物对着自家会对自己产生不利。

如果对方在门两侧安放凶兽摆件，或在门内摆放诸如麒麟、貔貅等镇宅的摆件，正对着自家大门，虽然这些瑞兽可以为邻居家里镇宅化煞，但同时也会对对面的住宅产生煞气。

对面房子外墙挂八卦镜

对面通道两边的石狮子

如果对门挂凸镜化煞，就能把煞气反射过来，这对自家是有不利影响的。

如果对门挂手持兵器的镇宅神像，也会对自家产生不利影响。

如果对门持太极八卦镜，太极八卦可以化解几乎所有五行与八卦的煞气、邪气，但对自家却不会产生风水上的不利。

面向对门所挂的风水用器，我们只要挂一面太极八卦镜，就可以全部化解了。因为八卦本身就含有五行，八卦又类象万物，所以八卦镜配合太极阴阳，可以化解一切外来的阴阳、五行和八卦的煞气、邪气。通过八卦与太极阴阳的旋转，把煞气转化为祥和之气。

第九节　相同煞气对不同人的吉凶影响不同

同样的煞气对不同住户的影响不一样。

因为每个人的五行属性和生活际遇不一样,所以对别人来说是煞气的事物,对另一些人却能让他感到舒适。

如一个五行喜金的人,他的住宅附近如果有汽车喇叭声,或者金属加工厂、4S店,他不但不会感到不适,反而会变得头脑灵活,财运很好。

但一个五行忌金的人,遇到同样的环境,就会心浮气躁,影响学习工作,进而不利财运。

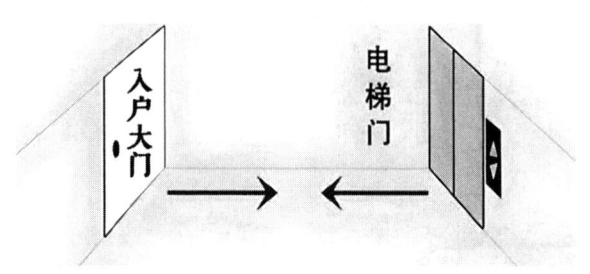

房门正对电梯门

同理,一个人如果住在电梯口对面的房里,犯了白虎煞,宅主会因为生病开刀。

但一个外科医生如果住在这样的房子里,反而不会受到这种煞气影响,因为他经常给别人做手术,手术见血光是他在工作中不可避免的。

第十节　楼层风水吉凶

寻找楼层的吉凶,需要根据不同行运和楼层坐山阴阳来推算,这属于三元九运玄空飞星风水的基础内容。即把当下的世运数字作为底层的数字,要是楼房坐山为阴,就按照逆序来推;而若楼房坐山为阳,就依照顺序来推。

如一栋未山丑向五层建筑,要看八运(2004~2023年)期间,哪层最吉。因为行八运,底层的飞星就为八,坐山未属阴,就需逆推。

如此推算，底层为八白星，二层为七赤星，三层为六白星，四层为五黄星，五层为四绿星。只有底层的八白星是当下旺星，其他楼层的飞星均为退运星，所以底层最吉。

又如一栋子山午向的建筑，子为阳，所以底层为八，二层为九，三层为一，四层为二，五层为三。

八为当旺星，九、一为未来的生气，所以底层、二层、三层都是吉利的楼层。

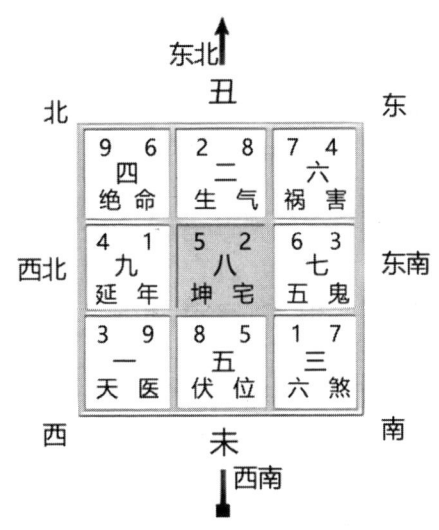

坐未向丑九宫飞星图

1. 如何根据个人的命理五行来选择楼层？

根据建筑的坐山朝向和运星来选楼层，只能选出风水气场生旺的楼层，但这些生旺的楼层，对于有些人来说却不一定适合。因为每个人的五行是不同的，如果自家所住楼层的五行正是自己命理最需要的喜用神，那么这样的楼层哪怕在风水气场上并没有处于生旺运，但对自己来说也是吉的。

如果某层楼为凶，是否就意味着住在这个楼层的人都不走运？答案是否定的，根据个人不同的五行属性，即使原本为凶的楼层，对某些人来说也可能是吉的。

楼层的五行是由河洛五行来定的，一六水、二七火、三八木、四九金、五十土。

也就是说，一楼、六楼、十一楼、十六楼，等等，五行都属水。单数为阳水，双数为阴水。

二楼、七楼、十二楼、十七楼，等等，五行都属火。单数为阳

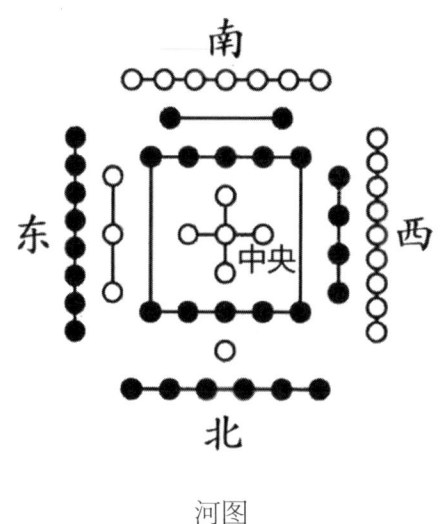

河图

火，双数为阴火。

三楼、八楼、十三楼、十八楼，等等，五行都属木。单数为阳木，双数为阴木。

四楼、九楼、十四楼、十九楼，等等，五行都属金。单数为阳金，双数为阴金。

五楼、十楼、十五楼、二十楼，等等，五行都属土。单数为阳土，双数为阴土。

一个命理缺水的人，或者用专业命理师的话说，命理喜用神为水的人，最适合住在一楼、十一楼、二十一楼，或者六楼、十六楼、二十六楼等。

2. 低层与高层对家宅风水的影响有哪些？

一般来说，五层以下的建筑才能吸纳到地气，所以楼层越低越好。

一幢大厦中最值钱的一定是一楼的商铺，富有的人往往倾向于居住在独栋且建于地面之上的房屋中。

现在很多楼房是高层电梯公寓，这些高层建筑离地太远，地气不足，所以其风水状况存在较大的不确定性与变数。

同一栋楼房包含多个单元，那这些单元的风水都一样吗？答案是肯定不同。一栋楼存在多个单元，各个单元对面的道路情况或许不同，对面小区的景物也可能不一样。并且，由于楼体形状各异，这就使得不同的单元门的朝向可能存在差异。而朝向不同，它们所吸纳的方位五行八卦之气也就不同了。

3. 同一栋楼、同一个单元，不同的住宅，风水会相同吗？

现代小区每栋楼都有多个单元，每个单元都有独立的大门，进楼之后，楼内又有上下的电梯和楼梯，每一层楼又有几个单位住宅，每一单位又有各自的大门，进入住宅后每个房间的朝向和布局均有所差异。如果以每个单位的入房大门为此宅的朝向，每个单位的风水都会有所差别。

因此，每层楼的每个单位都会基于楼宇的五行以及居住者自身的五行之间的相生相克关系，从而呈现出各不相同的风水态势。

第十一节　小心二手房里的凶宅

二手房对新宅主的风水影响。

一般来说，只有新房能维持初始的磁场。只要住过人，房子都会受到原居住者五行气场的影响。

一间发生过凶案，或有人在此病重并死亡的房屋，就会在房子里留存下与该凶案或者重病死亡者相关的阴阳五行痕迹，此痕迹实则是一种风水气场。针对这种情形，可以凭借六爻卦、梅花易卦、奇门等预测手段展开剖析，从而推断出其严重失衡的气场印记。

所以说，二手房中原先居住者的气场会给新宅主造成影响。要是原宅主遭遇过重大凶事，此类极为不利的气场同样会给新宅主带来不良效应。但这并不意味着二手房就不能入住。

在购买二手房时，首先要注意这间房屋是否有对人体严重不利的风水气场。可通过拜访周边邻居、咨询物业等途径，了解房子的情况。若该房屋原主人曾经历重大不利事件，最好不要购买。如原房主未曾有此类情况，则可以考虑入手。购买后，较为妥当的做法是更换一次地砖，将墙面重新粉刷一遍。不要使用前任屋主的床铺，应购置新的。其他旧家具，都要进行全面清洗，其中空调尤其需要重点清洁。

租住房屋应该注意哪些风水因素？

租赁房屋也是要讲究风水的，毕竟是要在里边住一段时间。因为租住的房屋都是旧房,其中必然残留有前任房客所留下的磁场信息,因而要注意不要让那些不好的磁场信息影响到自己。

选房时切记不可贪便宜,价格低廉的房子必然存在不适宜居住的因素;其次切勿入住年代过于久远的房子,以防其承载过量的怨气进而对自身产生不良影响;再就是不能挑选屋内有符纸张贴的房子。当房中有病人居住时,千万不要搬进去,以免招惹秽气上身。

住宅楼附近的庙

屋内有神坛或房屋靠近庙宇,最好不要租住。神坛、庙宇的阴煞之气会使人运势低落,严重的会导致大病,甚至死亡。

第十二节　换天心为房子改运

当一套房子多年无人居住,又或者搬进了一套他人住过的旧房,就应该换天心。所谓的换天心,其实就是要设法提升房屋正中心位置的阳气,将房子里的坏运气驱散。

在过去,房屋多为平房,因此进行换天心操作时,只需在房屋的中心点上方开凿一个孔洞,使得房屋的中心点能够接收到阳光的照射便可以了。一般而言,会依据房屋的新旧状况,来确定晒太阳的时长，可能是晒三天、五天、七天，或者七七四十九天不等。

而在现代，楼房构造使得我们无法按照房屋的中心点开天窗来实现换天心。在这种情况下，就需要把房屋中央的地板撬起来并全部予以更换，另外，也可以前往郊外那些风水最为旺盛的宝地取来新鲜的泥土，用红布遮盖好之后放置在房屋的正中央位置。

换地板就是换天心，也是换房运。这是一种简便的换运、旺运、改变气场的方法

第十三节　光线对风水旺衰的影响

俗话说"阳光不到，毛病就到"。

如果一栋住房光线暗淡，缺乏照射进屋的阳光，就会导致阴气过盛，使房间阴冷，不利人体健康。

缺乏阳光也不利于空气的流通，使室内外的空气交流不足，空气恶劣。因而看风水要注重阳光，凡是采光好的住宅，都有较好的风水。

光线不好的房子，必然阴重而阳衰，这种阴阳失衡的气场，会影响人的健康、事业、财运、婚姻等。

光线阴暗，会让人精神不振，长期下去就会影响人的健康。

卧室没有窗户，没有阳光照入，只靠灯光，这样的房间阴气重，空气也不流通，容易滋生细菌与螨虫等，阴盛阳衰，对居住者的健康状况以及运势产生不利影响

阳气不振，则进取之心很弱，工作自然得过且过，做不出成绩，就无法取得进步，无法升职，也就与官运无缘。事业受影响，不能发展，自然财运也不会好。

阴盛阳衰，就会造成人的阳气不足，性格内向，不能吸引、结交异性，总是与桃花运无缘，自然就不利于婚姻。

针对采光欠佳的住宅而言，客厅可以选用天然材质的家具以增添阳气，诸如采用实木或者藤制的家具等。

此外，住宅最好施行挑高设计，同时搭配香熏、盆栽、鲜花等物品的陈列布置，促使住宅的气场趋于活跃，有效地提升住宅的阳气。

第三章 家居室内风水

第一节 户型风水

1. 住宅内存在不方正的房间怎么办?

在风水学上,只有方正的房屋才能很好地采纳四方之气,一旦房屋是狭长或不规则的就是凶相。然而现代建筑中,部分大厦出于设计的特定需求,构建了诸多此类房。对于这样的房子,在房间的布局规划上要用心考量,对空间加以调整与修正。

狭长的房屋是指长超过宽一倍的房屋,这种房屋会让人感觉不舒服。改造的方法是用隔断将狭长的房子改为两个空间,例如客厅可以隔出一个饭厅或休息间,卧室可以隔出一个书房或换衣间。

但此类隔断应当以通风透气为佳,若使用高大的家具或建材将空间完全分隔成两间房是不适宜的做法,而选用一些较为矮小的家具来进行隔断则相对更为理想。

不规则的房屋是指不呈方形的房屋,这种房屋形态怪异。其改造的途径是定制专门的家具,借助能契合倾斜边角的家具来将空间塑造得近似方形,尽可能地给人以方形的观感。要是面积较大,则想办法将其分隔成两个区域,同时确保主要的空间能够维持方形的状态。

室内空间过于狭长,可以采用镂空隔断的办法

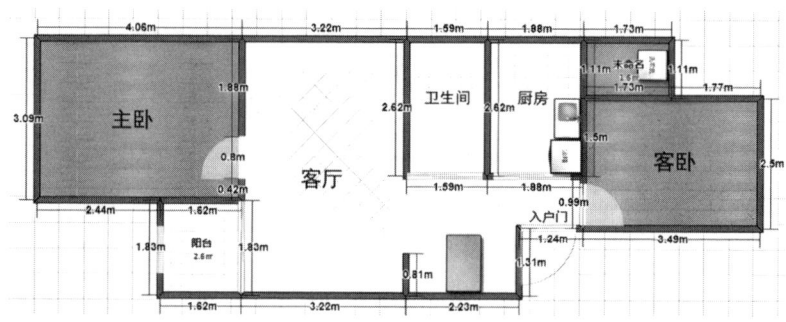

狭长的户型

缺角，不规则户型

2. 住宅缺角或凸出时怎么办？

住宅以四方的形状最为理想，因为它可以吸纳来自四方的气场，以确保家中磁场的稳定平衡。但现代建筑当中很少有符合四方的，大多不是缺角就是有凸出。

在风水中，如果某一边有小于二分之一的部分凹陷，即为缺角。缺哪个角就代表着哪个方位的成员将受影响，应当竭力将缺角补齐。比如建造阳光房或者栽种能够向外伸展的植物等。

若某一边有小于二分之一的部分向外凸出，这便是凸出。凸出

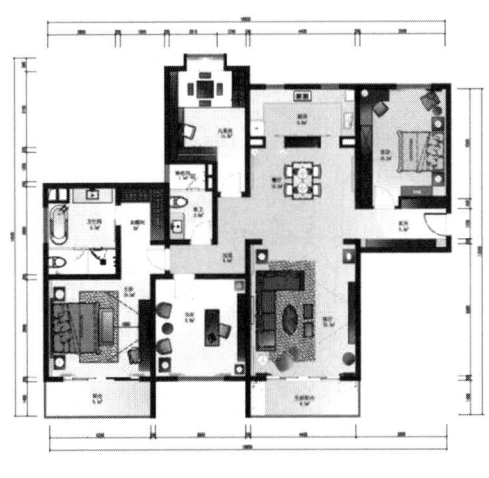

缺角的户型

凸出的户型

相较于缺角来说情况稍好，有时还代表吉祥。但从理想状态来讲，还是消除这种凸出为好，要么拆除，要么填补。如果实在无法进行修改，那么就在凸出的外侧种植常绿阔叶植物，以此来阻挡煞气。

根据后天八卦的方位，所缺方位对应卦象所代表的人，就是表示家中该成员的运势不好，应该有所补救。

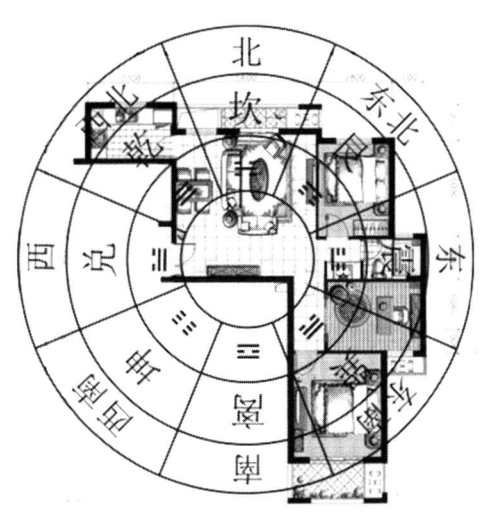

户型缺西南坤卦，缺正西兑卦，缺部分正南离卦

如缺西南角，代表对家中的老母和女主人不好。补救的办法是

和谐环居

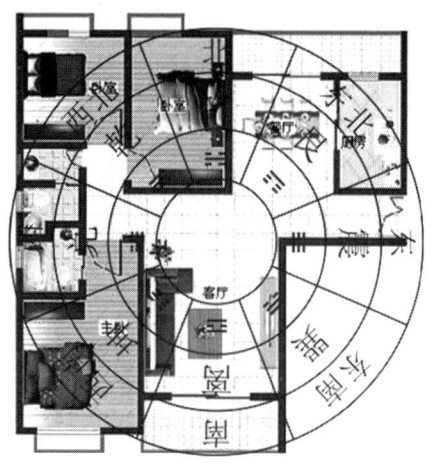

房子缺东南角

摆放一个方鼎或者摆放一个陶瓷缸放满水,再配一个铜龙龟。

如缺正南,代表对家中的中女不好。补救的办法是在此方摆放一对铜大象和一块泰山石。

如缺东南角,代表家中的长女不好。补救的办法是摆放一条铜龙和一个高60公分的文昌塔。

如缺正东方,代表对家中的长男不好。补救的办法是在此方种大叶绿植,再摆放一个铜三足圆鼎,加配一个铜龙龟。

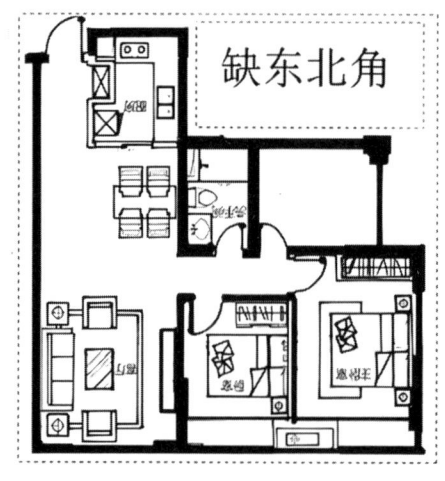

房子缺东北角

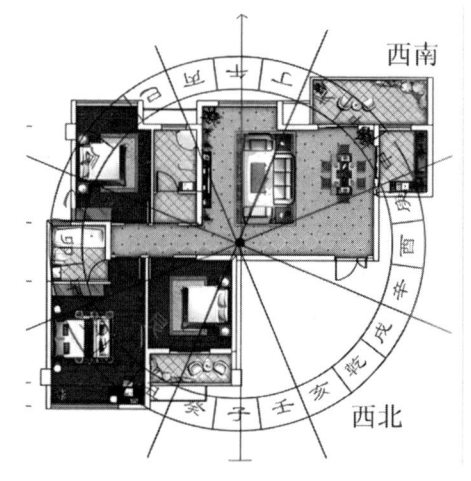

房子缺西北角

如缺东北角,代表对家中的少男不好。补救的办法是用一块大的山形泰山石,再摆放两个铜龙龟。

如缺正北方,代表对家中的中男不好。补救的办法是在此方位摆放鱼缸,里边养鱼,或挂一幅山水画,如北方是阳台,可摆放三块泰山石。

如缺西北角，代表对家中的老父不好。补救的办法是摆放泰山石和一个大铜龙龟，最好是加放一个铜三足圆鼎。

如缺正西方，代表对家中幼女不好。补救的办法是摆放一个铜方鼎、一块泰山石和一对铜麒麟。

3. 如何保持室温？

风水讲究藏风聚气，其目的就是制造一个温度宜人的居住环境，若室内温度过高或者过低，均会对日常生活造成不利影响。

保持室内适宜温度，首先选用优良保温性能的建筑材料；其次为每间房屋开设窗户，以此促进空气的流通。室内的绿植布置、遮阳设施以及围护结构均具备隔热的功效，而风扇与空调则是调节室温的好帮手。

还可以更多地运用木质材料，具有良好的保温效能的同时，还让人产生亲近之感。木质材料热量散失的速度缓慢，夏天能比人体温度略低，冬天也不会太冷，对于人体而言，其触感温度相当舒适。

4. 如何保持湿度？

房屋内湿度过大容易导致阴气过重，会让人患上各种疾病，但太过干燥的房屋也不利于人体健康。湿度适中能够使人肌肤舒适、呼吸畅快、心情愉悦。

在潮湿的季节应使用除湿机、空调等设备去除湿气；在干燥的季节，则用室内植物、喷水、加湿器等方式来提升湿度。特别要注意在冬天使用空调时，容易造成室内过于干燥，这个时候应重点增加湿度。

第二节　大门风水

大门是一所房屋中生气的主要出入口。大门的好坏关系着吸纳生气的好坏，是影响住宅兴衰、宅主的人际关系以及居住者能否得到贵人相助的重要气口。

传统中式大门

小区大门就像城门

大门的朝向、大小、颜色及正对面的是何种事物，这些因素都关系着住宅的吉凶和宅主的兴衰。故而在建房、装修时，对大门应当给予特别的关注。

大门不能比马路低。

大门如果比马路低，不仅马路上的灰尘会轻易地进入房屋，在风水上也不利。

虽然理论上水往低处流，气流应该更容易进入房屋，但事实上，气流更多的是顺着马路的方向流动，而进入房屋的，只是从马路上溢出的污浊之气，是不利于宅主发展的。

大门高于地面，为进财风水

大门若低于地面，财运艰难，低的程度越厉害，就越发容易出现退财的状况。因为门前是坡，才会出现门前地面高于大门的情况，这说明出门遇阻，事业难以进展，还会败退。

大门低于马路，实质上是节节败退之相，若在这样的住宅中居住，生活将会一年不如一年，家族也会一代不如一代。

大门对着电线杆怎么办？

如果大门正对着电线杆，则是犯了悬针煞。

这电线杆就如同一根悬于眼前的针或者棒子，一直正对着住宅，非常凶险。会导致家人患上脑部疾病以及口腔舌部的疾病。

太极八卦镜

悬针煞

化解的办法：在门框上方悬挂一面太极八卦镜，或在门内设置内玄关，并用屏风遮挡，避免煞气长驱直入。

大门口有杂物不利风水。

大门是气流的主要入口，凡是那些会阻碍气流通畅进入的各类物品，都不适合放置在大门口，如大石、假山、土堆、水缸、大树、旗杆等。

另外一些污秽、丑陋的物品也不适合堆放在大门外，如瓦砾、枯树、垃圾堆等。

即使大门朝向是最为吉利的方位，但如果门前地面不平，或靠近垃圾堆、公厕等污秽之地，这些不利的气息被带入到房屋之中，会让家运变差。

家居门口是否可以摆放石狮镇宅？

风水上石狮是用来镇宅化煞的，因此有人会把石狮放置在自家住宅的大门口。不过实际上，在古代，也只有大户人家才能够在门口摆放石虎或者石狮用于镇宅，普通住宅的门口并不适宜摆放石狮。

住宅出现门对门对家宅风水有什么影响？

如果住宅的大门正对着房门，这样的格局容易影响健康和财运。

如果两个房间门直接相对，就容易营造出一种互相攀比高低的氛围。遇到这种情况，可以选择在门上加装一道门帘，避免两门直冲。也可以时刻留意把房门关起来，两种方法都可以达到化解的作用。

门的大小与屋的大小比例相配才有利于家宅风水。

屋大意味着能聚财，但如果门太小的话，进入屋内的气流就会比较少，致使室内与室外的空气流通和交换不够充分，所以难以聚财。

如果屋小门很大，尽管会有大量的气流进入，但是这些气流无法在屋内停留，会很快就流出去，这象征着财来得快去得也快，无

住宅大门正对卧室门

珠帘挂在门上，可以化解两门或两个空间相冲的煞气

法聚财。

　　门的大小理应和屋子的大小相适配。单层住宅面积在一百平方米左右的，单开门比较合适；面积在一百平方米以上的住宅或者双层住宅，双开门更为适宜。

　　无论住宅有多大，也不应该让门高过大厅，或高于二楼的墙壁，这样的门主散气，破产、败家，还可能会引发牢狱官司。

大门形状对家宅风水吉凶的影响。

住宅的大门通常不适合采用拱形门。拱形门虽然有利于将门的开口设计得比较大，但是由于它的形状类似牛轭（套在牛脖子上用来挂犁耕种的拱形木具），象征着宅主自找苦吃，一生如牛般劳碌。

拱形门

大门的门罩不适合向上翘起，否则容易形成一个倒置的锅盖形状，这叫仰天屋。这样的门容易使宅主烦心事增多，事倍功半，常常会产生一种无助之感。

大门的高度要适中。太高的门虚有豪华之表，实为散气之门，容易使宅主遭受他人诋毁。

大门如果由两扇构成，左右两扇门的大小应该均衡，要是两扇门的大小不一致，形成失衡之态，容易致使夫妻关系失和，婚姻不顺。

另外，大门也不适合太狭窄，容易导致宅主变得心胸狭窄，从而降低人缘和财气。这样的门给人以压抑感，不利事业发展。

大门选择什么材料对家宅风水有利？

通常大门可以由石材、木材、金属等材料来制作。在选择材料时，应以材料持久耐用、质地坚固为首要原则，切忌松动、破损。

木质的大门,一旦出现了腐蚀或断裂的情况,就应该及时更换。不要选择塑料门,塑料门廉价而不够牢固,不适合做大门。

老宅院的石头大门

钢筋混凝土的大门也属于石头大门

拉闸式防盗门是否利于风水?

对于五行属金的人来说,拉闸式防盗门是可以令其开运的。但是金属会屏蔽一部分的电波,因此,住宅便也屏蔽掉了一些良好的气场。

由于这种拉闸式防盗门不能将门彻底敞开,所以致使纳气的成效大幅降低。更为糟糕的是,有些金属门所用的材料,会使房内的磁场发生改变,如果磁场因此偏向凶的方向,则会给家人带来大的灾祸。从视觉感受来讲,拉闸式防盗门还容易给人一种身处囚笼的感觉,所以对人的心理健康也是不利的。

门槛在风水上有什么作用?

古代的房屋常常会设置门槛,门槛不仅可以防止风沙和雨水灌入房屋,还能起到趋吉避凶的效果。

风水上为了达到趋吉避凶的目的,对于门槛的高度是有一定要求的。要是门前是一片空旷的平地,为了使气能够汇聚在屋内,那么门槛应该设置为五寸高。

如门前有条很长的路直冲而来,则是犯了枪煞,为了挡住煞气,应将门槛设置为三寸六分高。如果门前没有煞气,门槛设置为一寸二分高即可。

当代家居公寓大门大理石门槛

大门如何影响家庭成员的性格?

大门是住宅中最重要的纳气口,蕴含着较为强烈的能量,这种能量足以对家中的成员造成影响。当家中某个成员所居住的房间处于大门所在的方位时,则有可能导致这个成员有外心,在一些事情上更倾向于帮助外人而非亲人,并且喜欢在外面逗留而不愿早早回家。

鞋放在大门外，则意味着家中有人经常出门。

如果门外放着小孩的玩具或自行车，则表示这个家庭以孩子为重，整个家庭有着很强的家庭凝聚力。

张贴对联代表人们对未来美好生活的向往，并能带动家人为目标而努力。如果在门上贴吉祥的对联，则有利于家庭对外方面的发展。

大门对面不能摆放镜子？

许多人喜欢在大门处摆放镜子，方便在出入时检查穿着是否整齐。

但是，镜子有反射作用，将其摆放在大门的对面，属于退财格局，会使得家人不管怎样努力，都没办法积累财富，就算有财路来临，也会很快流失掉。

大门正对镜子，败财风水

镜子与大门同侧，利于风水

如何根据方位选择脚踏垫的颜色？

不同的方位有不同的颜色属性，配合方位颜色来选择大门的脚踏垫，有助于开运。

大门如开在正南方，适合使用红色的脚踏垫。

开在北方，适合使用黑色、蓝色、金色、银色的脚踏垫。

开在东方、东北方，适合使用黑色的脚踏垫。

开在南方、东南方，适合使用绿色的脚踏垫。

开在西方、西南方，适合使用黄色的脚踏垫。

开在北方、西北方，适合使用乳白色的脚踏垫。

另外，脚踏垫的颜色也可以依照命理五行的喜忌来进行选择。谁是一家之主，就根据谁的命理五行来选。如五行木为喜用神，则选用绿色的踏脚垫。

门口杂乱主做事无头绪。

大门是住宅风水的关键，一定要注重整洁。如果大门口放满了乱七八糟的鞋，对风水是极为不利的，所以设置鞋柜存放就很关键。

门口乱堆放鞋子，既不收纳起来，又不经常清洗，臭味弥漫，主家人易得皮肤病、痤疮，呼吸系统出问题，并且求财艰难，容易破财

大门如果与屋顶的大梁相对，就犯了大忌。主头痛之症。

大梁是承受一栋房屋重量的重要构件，有强大的力量，但当人处于大梁下方时，这种力量就会变成压迫。

横梁压床

把家中客厅与阳台打通后，空间变得宽敞了。但客厅与阳台之间的横梁形成了压顶之势，如果客厅座位正好处于经常被压的位置，主事业受阻，压力大。如果每天一进家门就感受到压力，家便成为一个让人不想待的地方，极为不利，并且还会引发头痛等疾病。

墙角对房门，主家中伤人。

尖锐的墙角与房门相对，就会构成比较强烈的峦头形煞，进而给宅主造成诸多不利的影响。轻则宅主会在工作方面陷入困境，而且容易受伤、生病；重则甚至可能出现伤残乃至生死之灾。

要是套房的门对着楼内所形成的内墙角，因其露在外面的较少，所以通常情况下不会引发特别大的问题。但这种墙角迎面劈来，意味着在工作和生活中会处处不顺，一直处于困境当中。

如果墙角是由室外邻居的房子形成，且该墙角对着大门，则被视为会引发较大疾病或重大事件的不利之象。可能会导致伤灾、流血、手术等血光之灾，并且较为严重，程度相当于重病、重伤需住院治疗之类。

化解的办法是将门改在墙角不能对着的地方，或将尖锐的墙角磨圆，或将墙角装饰成圆柱形。如果无法做到的话，可以在门上悬挂太极八卦凸镜。

室内墙角冲床

大门正对着房门也会制造煞气，如果任由大门的气流直入房门，会导致进入房屋的煞气极其凌厉。不利婚姻情感，不利财运。

化解的办法是在大门与房门之间设置屏风或博古架。但如果大门正逢流年五黄凶星飞临，则需要在门左右两边挂六帝铜钱来化解煞气。

大门对窗户主散气破财。

一进大门就看到窗户，这样的屋子被称作漏气屋，意味着从大门进来的气会很快从窗户流走，这就极不利于聚气，难以聚财。

若要化解这种情况，可以在门与阳台之间设置间隔物。玄关是一种选择，此外，屏风、珠帘、高大的植物都能够起到间隔门与窗的作用，就连矮小的柜子也可以加以利用。

大门正对着卫生间怎么办？

大门正对着的方位，是住宅的坐山、靠山方位，这一位置关联着人的福、禄、寿，代表人的运气、工作情况、官运、贵人运以及健康状况。当这个靠山位置是卫生间时，代表"靠山"又臭又像垃圾一样，意味着没有靠山或者靠山不得力，也代表没有官运，无贵人相助，事业受阻，难取得进步。而且工作状态就如同卫生间的状

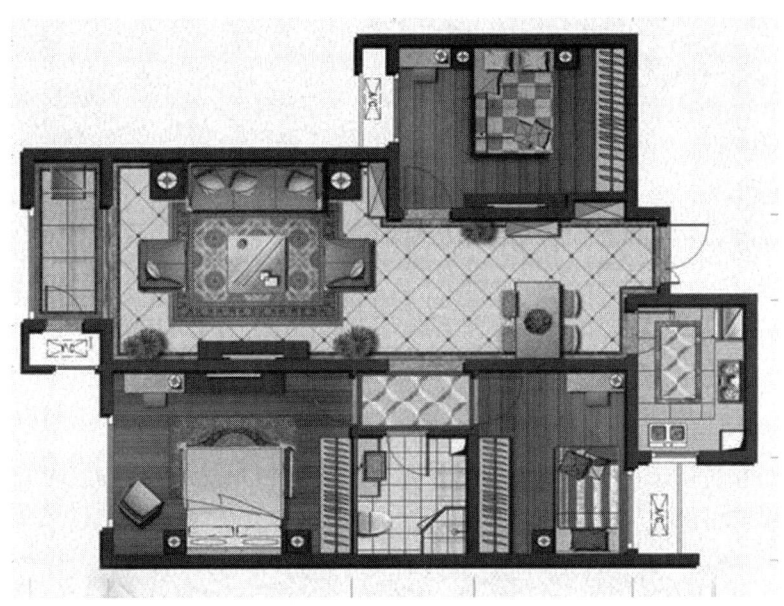

大门正对阳台，不聚气

况一样糟糕，同时还会因为被门直冲而影响家人的身体健康。

大门若正对着卫生间，宅主往往容易患上泌尿系统方面的疾病，同时会遭遇烂桃花，身体精气虚弱。为何会有这样的说法呢？在"天人合一"的风水理念中，卫生间被视为排泄系统，其风水状况会反映宅主的情况。由于卫生间与宅主的排泄生殖器官存在感应关系，一旦被门相冲，就会导致阴阳失衡，从风水角度来看，宅主这方面的功能也会因长期受此影响而失衡。此外，卫生间在风水上代表人的性器官，所以与桃花运相关，若被门冲，则意味着会出现烂桃花。

大门直冲卫生间，也说明肾虚，也易使身体感觉疲劳、四肢酸痛，进而缺乏活力。

化解的办法是在大门和厕所之间设置一个隔断。这个隔断起到了缓冲和隔离的作用，改变了原本直接相冲的气流走向。

若无法设置隔断，可以在卫生间门上挂珠帘，减缓大门气流对卫生间的直接冲击。另外，卫生间门要常关，如果有窗户，打开窗

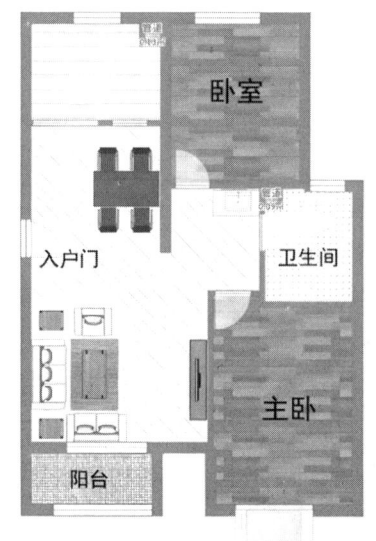

大门对卫生间，设置隔断进行阻隔

户可以让污浊的空气排出；如果没有窗户，安装排气扇进行换气，减少不良气场的积聚。另外，还可以在大门和卫生间上方左右两侧挂五帝铜钱，调和大门直冲卫生间的不利气场。

不过大门正对卫生间的格局都是不利健康、事业、家运的风水。所以最好避免购买或居住这种格局的房子。

房门正对厨房的风水格局怎么样？

房门正对厨房属于不佳的格局，不利健康，人易得胃病，尤其家庭成员的女性，易受伤。如果是新婚夫妇，妻子容易流产。并且，如果住宅中同时存在其他导致阴阳失调的风水布局，如某些区域采光过强或过暗、空间布局严重不对称等，会进一步破坏家庭气场的和谐稳定，妻子容易有外遇。

大门正对着厨房门，会使气流直接侵入厨房，容易对家人的健康产生负面的影响。如果不经常在家里做饭的话，这种煞气则对家运的影响会小一些。但经常在家中做饭，就可能导致家人出现健康问题，患上慢性疾病，

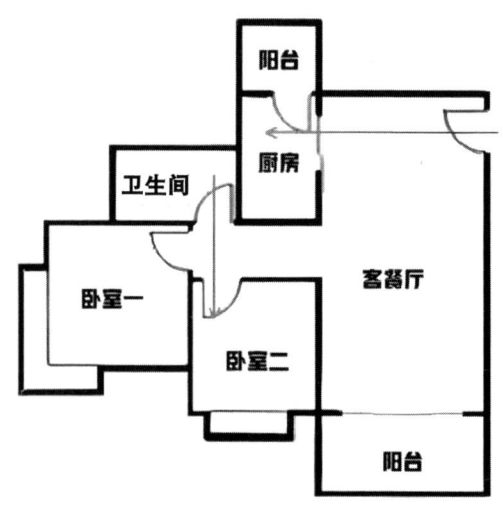

大门对厨房门，厕所门对卧室门

例如胃病或者皮肤病之类的。

化解的办法就是把冲来的气口堵住，堵住了自然就不冲了。可以在两者之间做隔断，用屏风、柜子，也可以摆观赏植物，总之，就是让这一直线上的气流受阻变缓，从而达到化解的目的。还可以在厨房门上方悬挂一个风水罗盘或在厨房门左右两边各挂一串六帝铜钱。

大门正对阳台是漏气屋、破财屋，也是事业受阻屋。

大门正对阳台，这就形成了所谓的"穿心"，容易导致家中难以聚集财富，还会让居住者更容易生病。最好的解决方法就是在大门和阳台之间打造一个玄关柜，这就能在一定程度上阻挡住那种直接贯通的气流，起到改善风水的作用。

另外，可以将阳台隔开，或者在阳台上种植一些盆栽、绿植。与大门正对的位置，摆放一排大叶观赏植物，用这些绿植形成半面植物墙体，既能缓解气流直进直出，也能美化环境。

还可以把阳台全部用玻璃窗包起来，在与大门正对的窗子的位置，设置成固定玻璃来挡住。这样做既能保证室内有良好的采光，又能很好地解决气流穿心而过的问题。

大门被直长走廊直冲，犯枪煞，主伤、病手术。

所谓"一条直路一条枪"，当住宅的大门正对着一条又直又长的走廊时，就被称为犯"枪煞"。

另外，窗外的晾衣杆，还有径直对着住宅的笔直道路和河流等均属于枪煞的一种，容易引发车祸、手术等血光之灾，或遭受其他伤灾。

化解的方法：

直路冲来，就是要阻挡。可以

大门正对阳台

大门被直长走廊直冲

加装门槛，让地面直来的气流遇到门槛受阻变缓，削弱煞气。

另外，还可以在门的上方悬挂太极八卦镜。这是由于八卦涵盖五行，具备众多卦象与角度，而太极又可调和阴阳。故而，当冲来的煞气遇到八卦太极时，其力量将会被消解掉一部分，从而起到一定的化解作用。

在大门的内侧设置玄关、屏风，让冲入大门的气流在遇到玄关、屏风之后受阻变缓，接着迂回进入客厅明堂，使直煞之气转化为聚财之气。

还可以在门上挂珠帘，或者在夏天的时候安装纱网门，既可以防蚊虫还可以起到化解直煞的作用。

如果客厅较大，可以在进门玄关处摆放一盆较大的绿色植物，既美化环境，又可以让直冲到门内的气流遇到植物形成的"砂"而曲缓变吉。

大门正对着电梯犯白虎煞。

大门正对着电梯是反冲，因为电梯门在开启与闭合之时，像一把剪刀，这种格局易使家人有病灾、血光之灾以及手术等灾祸。

大门若正对着楼梯，出门受到阻挡，事业发展受阻。若开门便见下楼梯，漏气、泄气，钱财不聚、事业下滑。

如果屋主从事理发师、医生等这类在工作中常常需要动刀的职业，不但不会形成煞气，如果电梯所在的位置正好是旺位，反而生意兴隆。但一般人，最好不要选择居住在电梯频繁开合的地方。

化解的方式是在自家门的下方设置门槛，收住内明堂之水。在大门口内侧增设一道屏风，又或者打造一个玄关柜，将大门和电梯有效分隔开来，空气便会在两边拐弯后才进入屋内，进而削减了因直接冲射而产生的不良影响。此外，还可以在门楣上悬挂太极八卦镜，并加装门帘，进一步抵御可能存在的不利因素。

大门正对着油烟机风口，犯欺人煞。

如果有排油烟机位于大门口，是一种极为强劲的凶煞。从排油烟机风口排出来的污浊之气，就会径直进入房屋，给屋主造成极为严重的影响，易有官非及疾病。这种情况即便挂上化煞镜也起不到什么作用，因为这种煞气是味道与油烟，不能轻易被阻挡。所以大门或窗对着别人家的排油烟机，主有官司、破财或伤病灾。最好在大门内设置玄关、屏风，使污浊之气不能长驱直入。

进大门看到后门的房子易患腿部疾病。

一些自建房或别墅房，除了前门外，通常还会配备一个供人出

大一点的小区常有两个门出入，有的是前后门。一般小楼、别墅都会有前后门

入的后门。

当大部分的客人来拜访时先看到后门,则屋主患脚疾的可能性会很大。比如出现风湿、跛脚或者腿部受伤之类的。

要解这个煞,最好就是不再使用这个后门了,或者利用墙体把后门隐藏起来,使得客人无法看到它。正所谓"眼不见为净",只要客人看不到后门,也就不会有犯煞的问题了。

大门风格对宅主行事风格的影响。

大门风格如果庄重、实用、美观、均衡,说明宅主人做事稳重,能够遵循社会主流价值观,并且大多从事正统行业。

如果大门风格过于华丽、豪华,说明宅主好面子、重外表、虚荣、好胜之心较重。

如果一栋豪宅的大门过于寒酸、简陋,说明宅主为人较为苛刻、低调,并且是个表里不一的人。

如果一家人的住宅,大门不在正方位(正前、正左、正右),而在偏侧的位置,说明宅主人从事的是偏门行业,此类行业往往具

庄重的大门,紫禁城的风水文化

有争议性，这种行业的思想观念以及相关行为模式均游离于主流思想体系之外。

如果家中大门因为房子构造的原因，门向歪斜不正，说明纳气的财气也不正，其所得之财往往属于偏门之财，甚至可能是邪门歪道而来的财富。

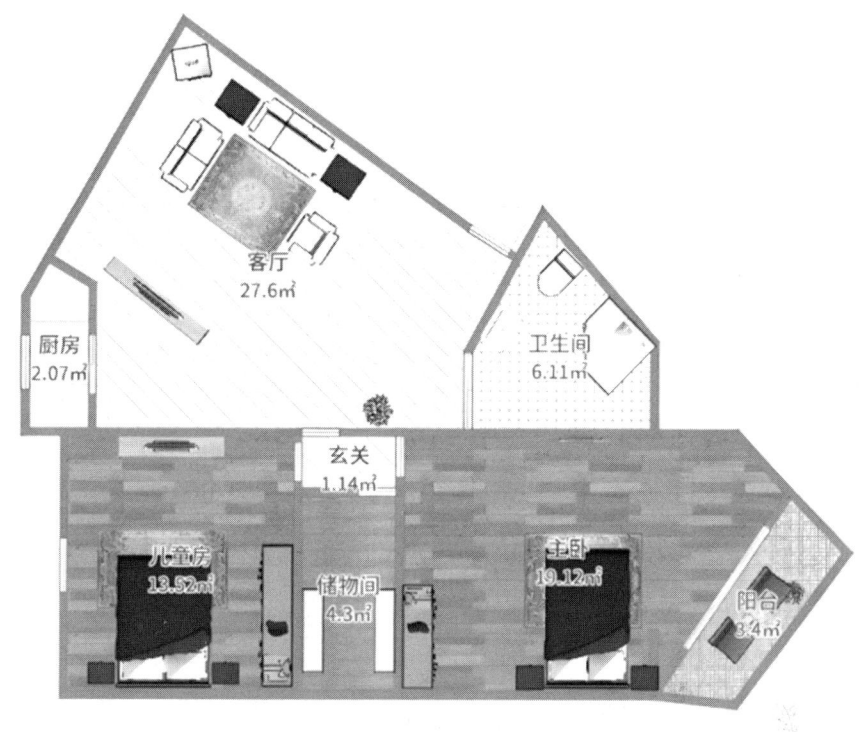

门不在正位而在偏位，主家人多做偏门生意，时间长了，心术不正，没有是非观念，只有利益得失

门过多会有怎样的风水问题？

一套房屋如果在四方开门，就会有气流从四方涌入，虽然纳到了四方之气，却因为气流相互冲撞反倒成为有害风水。

一套房屋中如果门开得过多，也会致使气流杂乱。面积在一百平方米以下的房屋，房门数量最好不要超过五个。

如果房内的门数量太多，则应随时将卫生间和厨房的门都给关上，避免让卫生间里污秽的阴气以及厨房中燥热的阳气留在房内，从而让房内的气息保持清纯，更有利于宅运的平稳。

第三节　玄关风水

从大门外面进入室内的空气，就相当于"山水"当中的水流一样。

正所谓"山管人丁水管财"，山以秀气、稳固为吉，破碎、冲射为凶；水以曲折、缓绕为吉，直冲、反弓、污染为凶。

如果大门径直与处于同一条直线对面的另一气口相互连通，像阳台、窗户或者厨房窗之类的，就会形成穿堂煞。气流有动而无静，有急而无缓，造成阴阳失衡，主失贵、破财、伤病等。而玄关的作用是可以让进入大门的气流先遇到玄关，而后转弯进入客厅，形成"曲水入明堂"的利财风水格局。

大门内侧设置玄关

风水上认为大门外和大门内的气流性质不同，如果径直对冲，则形成不佳的风水格局，只有让它们相互交融才是好的风水。因此在大门后方设置玄关，对大门外的公共区域和住宅中的私密区域起到缓冲作用，有效地融合室内外空气。

现代住宅为了有效利用面积，通常没有设置玄关，这时就需要利用鞋柜、屏风、隔断制造一个类似玄关的小空间。一来避免气流的长驱直入，二来营造一个与室外缓冲的温馨空间。

玄关应该如何装修？

玄关的天花板颜色应以浅色为主，且不应比地板的颜色深。玄关的色调上浅下深，才能上轻下重。如果上深下浅，会给人一种头重脚轻的感觉，是天翻地覆的格局。如此格局可能导致家人之间出现长幼失序，上下不和睦。

玄关处有横梁会使人一进门就感觉到有压迫感，主家中财运不好，家人易患上喉部、呼吸道或气管方面的疾病。其化解的办法为，在装修时，用天棚吊顶的巧妙设计将横梁隐藏起来。

有些人认为玄关是生气进入住宅的第一个通道，相当于人的咽喉，如果此处长期杂乱肮脏，那么人的喉咙、气管则容易出现问题。

如果玄关处地面不平整，不仅不利于行走，还会导致宅运不顺畅。

如果玄关处光线黑暗，或者本来采光欠佳，且色调又选取了深色系列时，将会使家运陷入停滞状态，财运会逐步走向低迷。若玄关光线偏暗，为借助地板来提升其明亮程度，可以选用深色的石料在四周进行镶边处理，中间部分采用较为浅的颜色。

玄关的间隔选材对家运的影响。

由于现代住宅可以当作玄关的空间通常狭小，因而适合采用较为通透的隔断来避免玄关的狭窄感，如利用玻璃或木架。

玄关隔断在设计上通常遵循上虚下实的原则。如在间隔的下部宜采用砖墙或木板，以示扎实稳重，上部则适合用玻璃或镂空雕刻。

如果觉得墙体显得过于呆板生硬，可以用底柜来代替，然后在底柜上方镶嵌玻璃或者通透的木架。底柜当作鞋柜或杂物收纳柜使用。无论是墙体还是柜子，高度均不能超出两米，否则就会有压迫感。

玻璃玄关　　　　　　　　　　　　上虚下实储柜玄关

如果一进门就见高大玄关压迫而来，就说明宅主在安装玄关之后，做事不顺畅，而且心情郁闷，承受着极大的压力，却找不到缓解的办法。

玻璃隔断透亮，与鞋柜二合一玄关

玄关宜采用吉祥图案提升家运。

玄关的图案最好能配合装修的风格，尽量做到美观大方，并注意使用带吉祥寓意或有辟邪功能的图案。

如采用牡丹图、莲花图、九鱼图、福字书法等，也可以摆放与这些图案有关的饰品。

玄关的天花板若高度不足，色调过暗，会给家人的运势带来压抑之感，所以玄关的天花板宜高不宜低。玄关的空间是空气流通的关键，宜宽敞，才有利于家中的气场运势流转。

福字书法挂玄关，有开门见福、福气满门的美好寓意

有些人家为了增加玄关的亮度，在天花板上安装镜子，但在玄关上安装镜子会使人一抬头就看见自己的倒影，给人天旋地转的感觉，故而是风水的大忌，要避免这种情况。

玄关灯具对家运有着不可忽视的影响。

玄关处的灯具以圆形为佳，有着圆满的美好寓意，能增添和谐圆满的家庭氛围。

灯光宜采用白色，白色灯光所蕴含的特质是理性，赋予家庭成员在处理钱财事务时具备果决且理性的判断能力，从而助力家庭在经济管理与决策上更为明智合理。黄色的灯光则代表感性，感性让人犹豫不决，不利于判断。

为了让玄关明亮，当有几盏筒灯或射灯安装在玄关顶部的时候，应将它们排列成方形或圆形，方形象征着方正、平稳，圆形则象征着团圆，均利于家运。切忌将它们排列成三角形，如果有三盏灯悬挂在玄关顶部，会形成三支倒插香的局面，主家中出意外凶事。

玄关顶部三角形图案，三角形是风水中的形煞，所以居家装修图案忌用三角形

玄关明亮、规整，有助于提升财运。

玄关是进入大门后的第一空间，合理运用其空间能为家庭招来财气。需注意避免在玄关处安置风扇，防止气流被扰乱，同时也不能将其打造得过于闭塞，以免阻碍气流的顺畅通行。可在玄关位置安置一盏长明灯，让此处始终保持光亮，财神便会更倾向于眷顾此处。

利用玄关的收纳柜存放鞋子、挂放衣物，保持空间整齐干净，方可对财运有所助益。如果玄关处堆满杂物，就像人咽喉被脏物淤塞，易引发咽喉炎。若煞气过盛，甚至可能诱发喉癌、肺癌、食管癌等顽疾，久治不愈。

因此，玄关处不要堆积杂物，杂物过多的话，会令家运不顺，纷扰与麻烦不断。各种物品规整有序，才利于风水。

玄关摆件招财几种方法。

玄关处是财气的通道，可以放置一些招财之物，以利于财运。

三脚蟾蜍是较为灵验的招财物，置于玄关，招财效果甚佳。

此外，黄色水晶球置于玄关，凭借黄色与水晶球自身特质，亦能吸纳财气。而黄色水晶碎石同样不容小觑，将其置于鞋柜之上，既能招财，又可驱散鞋柜所散发的污秽之气，护佑财路畅达。

摆放鱼缸也能招财。在此处摆放流水盆，利于让财气顺着水流进屋，水流的方向应朝着室内或厨房为宜。

在玄关处供奉财神以招纳财气，供奉财神要十分讲究。财神分文财神和武财神两种，各有不同的供奉方式。

武财神为武圣关公及伏虎元帅赵公明,他们均有挡煞的作用,因而应对着门供奉。

文财神包括福禄寿三星及财帛星君,可以引财却不能化煞,因而不适合对着门供奉,否则可能导致钱财外泄。

如果要在玄关处供奉文财神,可使其面向宅内,以引财气入宅。但不能让文财神对着鱼缸、厕所等属水之处,否则会导致财神下水而破财。

文财神比干

武财神关公

在玄关处供奉地主神护宅、纳财。

地主神是居家常见供奉的神祇,它是住宅的守护神,能将鬼怪拒之门外,还能吸纳四方财气,促进财运提升。

地主神必须供奉在玄关处,并面对大门。

然而现代家居环境下,门口设置神龛难以与整体装修风格契合,故而可将地主神的神龛安置于能够接触地面的柜子之中,如此既能达成供奉之目的,又能兼顾美观与风格协调。

玄关挂画旺宅运。

地主神

玄关是财气的通道，因而适合在此悬挂具招财寓意之画作。黄色是招财的颜色，因而可以悬挂以黄色为主调的油画，如向日葵之类。

水是带财的象征，悬挂有水元素的油画也能助力财运提升。但水流的走向也关乎风水运势，如果其流向朝外，则不利于招财。为了避免这些麻烦，最好选择无水流方向的画作。

在玄关处摆放吉祥动物工艺品旺宅。

有些人喜欢在玄关处摆放一些工艺品，在摆放动物工艺品的时候，应根据家人的生肖来选择。避免摆放与家人相冲的动物，否则每次进出都会被其冲煞，极为不利。

生肖属鼠的，忌马；生肖属牛的，忌羊；生肖属虎的，忌猴；生肖属兔的，忌鸡；生肖属龙的，忌狗；生肖属蛇的，忌猪；生肖属马的，忌鼠；生肖属羊的，忌牛；生肖属猴的，忌虎；生肖属鸡的，忌兔；生肖属狗的，忌龙；生肖属猪的，忌蛇。

并不是所有冲自己年支的生肖就不好，也不是所有生合自己年支的生肖就对自己有利，所以单凭生肖的合、冲来论吉凶，来选择摆件，是错误率非常高的一种方法。因此在摆放动物生肖工艺品时，

招财铜牛

要分清人的八字五行喜忌,这时候,最好请教一下专业的命理风水师,以免其发挥出五行的作用力对自己不利。

第四节 窗户风水吉凶断

阳光通过窗户照进室内,房屋里面才会有阳气,生机活力。如果没有阳光,房屋光线昏暗,就会形成阴盛阳衰的气场环境。过于幽暗的房屋极易滋生各类病菌,不利健康,还会让人精神消沉,运气逐渐衰退。

在现代家居中,门主要用作家人进出的通道,而空气的循环流通几乎依靠窗户来完成,所以,从窗户进出的气流对家居风水具有相当大的影响力,不可忽视。从窗户进出室内的空气,是流动的,即为风水概念里的"水",这"水"无论是流入还是流出,都以曲缓为吉,都以动静相兼、流蓄并存为吉。若径直急促地进出,又或者停滞积聚而毫无动静,都是不吉的。径直急促进出会形成煞气,属于阳煞,而停滞积聚不动则为死气,也就是阴煞。

阳煞往往预示着伤灾、突发的剧烈意外以及各类不利情形;阴煞多,主长期积累的慢性病、内脏疾病或非创伤性的不利事件。

和谐环居

挂帘遮挡强烈西晒的阳光

大落地窗有风水弊端。

大多数人喜欢宽敞明亮的落地窗,但落地窗并不符合风水之道。落地窗四面虚空,犯了膝下虚空的大忌,容易给人不安全感。在风水学中,这种格局容易招致钱财外泄、人丁单薄。

其化解的办法是,将靠近地面的三分之一区域修筑为实墙,而位于其上的三分之二部分采用玻璃幕墙,以此来调和风水,趋吉避凶。

但是,由于许多开发商预先就安装好了落地玻璃幕墙,改造起来颇具难度,因而可以用一排矮柜来替代实墙。矮柜既可以增加储物空间,又能消除因看到膝下虚空而产生的恐惧感。

窗户直线相冲会形成贯穿煞、穿堂煞。

在一所住宅,如果前后方位或者左右方位,有窗户正对,形成前后一线贯穿或者左右一线贯穿,使空气气流以直进直出的方式快速流过房屋,气流不停蓄,直而急,主宅主人性子急躁,容易冲动,从而出现过度消费、浪费钱财、耗财过多的情况。也主处事不够灵活,总是采用直硬方式解决问题,导致事情的处理结果对自己不利。

常言道："前后相通，人财两空。"两扇窗户相对是极为忌讳的。容易使住宅内生气流失，对人的身心健康及财运都不利。

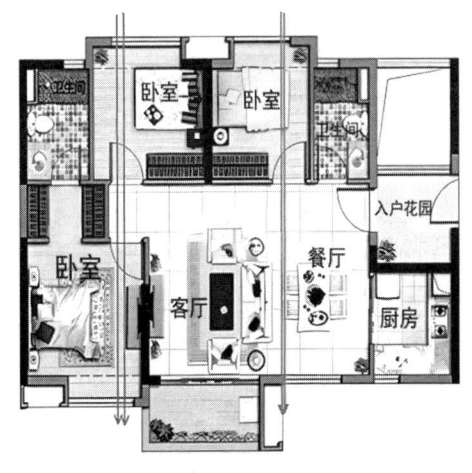

侧面穿堂煞气风水

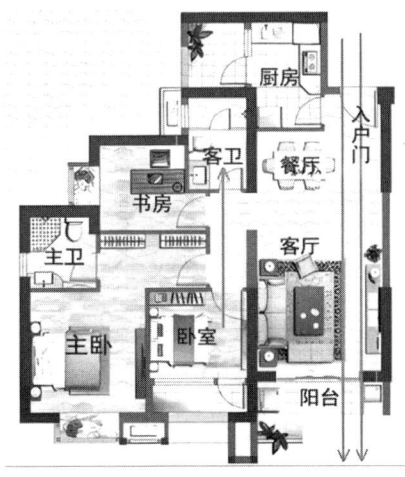

大门对阳台，前后穿堂煞

窗户过多，不利财气汇聚，财气易散失。

有些住宅为了采光，开设了过多的窗户。如此一来，就会有大量的阳光照射进室内，虽说阳光有消毒杀菌的作用，是增加阳气的方法，但如果阳气过盛导致房屋中阴阳失调，则不吉利，因而应在房屋内适度开窗。如果已经开设了过多的窗户，不妨利用窗帘进行遮挡。

过多的窗户还可能造成风水中的凶气入侵。因为朝着过多的方向开窗，使得窗开在凶方的概率大大增加。对此，可借助宅命盘以及命卦五行来判定房屋中的吉凶方位，并据此关闭或封闭凶方的窗户。

利用窗户的采光、纳气功能调节住宅的阴阳气场。

窗户的设计不但决定气的流通，更能调节住宅的阴阳平衡。

首先，窗户最好能向外或向内打开，不宜向上或向下斜开，其中向外开的窗户最佳。这种设计，可使大量新鲜的空气进入室内，并有利于室内浊气向外排放，使住宅阳气增加，达到阴阳平衡，促进家人的财运与事业运。

另外,东、南两方对光线的需求较大。因此,住宅中朝东、朝南两个方向的窗户应尽量比其他两个朝向的窗户大。但是,也要避免窗户与门,或者窗户之间直线相对。还有,应当给每一扇窗户都设置厚薄适宜的窗帘,如果窗帘太薄,无法遮住光线,则失去了调节阴阳的功能。

居家最常见的外开窗

窗户污浊不堪,易得眼病。

窗户是房间主要的光线来源,如果窗户污浊,可能导致光线不能顺畅地照入房间,更无法利用阳光对室内进行消毒。

从风水角度来讲,窗户象征着人的眼睛,窗户干不干净,也意味着眼睛是否洁净。中医上认为眼球属火,眼白属木,在身体上,心脏属火,肝脏属木,故而眼睛的健康与心脏和肝脏的健康状况是有关系的。因而窗户的干净与否,不仅关系着眼睛,还关系到心脏和肝脏。应保持窗户的干净,这是利于身体健康的方式。

开窗通风换气有利于提升人的运势。

窗户是住宅的纳气之口,可以吸纳外界的吉祥之气,使居住者保持身心的舒坦,令其安居乐业、财运平顺。

因此,房间的窗户要经常打开,保持气流的通畅,有助于提升家人的运势。但要注意避免窗户前后直线，或者左右直线对流相冲的方式开窗，门与门之间、门与窗之间也是如此。当然，如果两个直对的通气口之间如果有隔断，使气流曲绕之后进出，就会好很多。

窗台向水，摆龙吸水局提升运势。

如果窗户正对着环绕的河流，更是上佳的风水之相，有助于提升居住者的名利及财运。

窗外见水的临水别墅

在窗台上摆放铜龙，并将龙头向外，可以加强人的运势。因为龙为辰土，是水库，水为财，而龙吸水，库藏水财，就是把外面的财吸到家里来，所以窗台摆龙，可以大旺财运。

窗台上应如何摆放物品？

窗户是房屋与外界进行交流的一个通道，窗台上放的物品，关系着房屋的风水。

将适合的风水物品放置在窗台上，能起到开运或化煞的作用。反之也可能给自身带来不利。因此在摆放物品的时候要谨慎。

另外，窗台上不能堆放杂物，一些不常使用的物品的杂气和困气会被窗户上的气卷入屋内，进而对房屋的风水产生不利影响。

窗外的形峦会对家居风水产生影响。

铜龙摆件

招财貔貅

从家中的窗户向外面看去,邻屋、道路、生活设施、公共设施等形峦,都会对家宅产生外环境的风水影响。因为外环境的形峦都是大型的形峦,所以风水场的能量都比较大,所以一些外环境形峦形成的煞气,往往会引发较为重大的吉凶事件。

窗外下面的道路与窗户形成斜向的夹角,这是风水当中的斜飞水,不利财运。一条反向弯曲如弓的道路被称为反弓煞,锋利的屋角被称为刀煞,有很多分支的排水管被称为蜈蚣煞。

化解形煞最好的方法就是尽量避免让自家的门、窗、阳台正对着这些形煞,如果无法避免,就一定要请懂行的风水师傅化解。

窗外视野开阔

反弓河

天斩煞正对着住宅的窗户、阳台、大门等，都主凶。

当两栋楼之间的距离很近时，它们之间的空隙会变得很窄，从而形成一道极宽的缝隙。远远看去，仿佛有一把巨型斧头将楼房劈成了两半，这种外观即为天斩煞。

如果从窗户能看到天斩煞，容易使家人遭受血光之灾，或患有需要动手术、非常危险的疾病。

天斩煞与小人探头　　　　　　　阳台外面正对天斩煞

要化解天斩煞，需要在能看见煞气的窗台放置一块泰山石敢当。如果情况比较严重的话，就摆放大铜钱、五帝铜钱或一对麒麟来挡煞。在窗户上方挂上太极八卦镜，可以化解一部分煞气。

铜麒麟可化天斩煞　　　　　　　太极八卦镜可化天斩煞

在窗台外面做户外防护栏，防护栏要做出宽度可以摆放花盆的

和谐环居

从窗户向外看，正看到对面楼角冲射本宅，主被地运流年引发时有手术灾、伤灾

架子，在天斩煞正对的窗前摆上一排绿植，可以有效抵挡天斩煞急速气流对自家窗户气口的侵袭。

被天斩煞正对的窗子，尽量少开。如果考虑到通风换气，可以在这面窗子装上铁网做的纱窗，可以做成两层纱的纱窗，这样既可以通风换气，又可以让纱窗有效减缓天斩煞气流的冲击。

窗户正对面楼房墙角冲射，主受伤、生病，且其影响迅速而猛烈。

如果从门窗能够看到一些类似尖角形、刀形的物体正对着自家房子，即为犯刀煞。一座大厦的墙角呈九十度的尖角直对着自家的窗户或大门，也是刀煞。

要化解刀煞，需要用铜貔貅口冲煞气，或在能看到刀煞的门窗上挂太极八卦凸镜，让煞气扩散。

窗户正对火形煞的化解方法。

在风水上把尖锐的物体称作火形煞，如对着房屋的屋角、亭角，或呈尖锐角度的艺术雕塑，或三支以上的烟囱，或正对着分叉的、三角形的尖锐道路。

从自家客厅阳台看到的尖形房顶就是尖形煞，也叫火形煞，如果是红房顶，煞气更重。

火形煞对人的影响十分猛烈，容易导致人患急性疾病，或受到伤害。化解火形煞需要将铜貔貅正对煞气方，用貔貅的口来吞煞。

火形煞五行属火，黄颜色的水晶球五行属土，圆球形状五行属

三角形房顶，火形煞

金，圆形也为乾卦，所以黄水晶球可以从颜色、材质、形状的五行方面，综合地化解火形煞气。把黄水晶球和一对铜貔貅摆放在窗台上，就可以较好地化解火形煞的冲击。

当然，如果窗台上可以摆放植物，还可以再摆放一排盆栽植物来挡煞，前提是摆放植物不影响室内的采光与通风换气。

对于尖角的冲射，可以在窗户上挂八卦凸镜来抵挡、反击。

在阳台上放一排绿植，可以挡住墙角煞或劈刀煞，摆放泰山石可以化火形煞

窗外蜈蚣煞的化解方法。

现代的住宅外墙通常都会安装一些排水管，因为每根主管道旁

都会有分入各家的分管道，所以看上去就如同蜈蚣一般。

洗手间的管道、一排排的栏杆也是蜈蚣煞。一些住宅外面墙体上的电信线路、电话线路、有线电视线路，如果在某一部位出现多条杂乱地排在一起，也形成蜈蚣煞。

对面原破屋形成破屋煞，对面的栅栏形成蜈蚣煞，前方有此两种煞，主生意破财、身体疾病、伤灾、是非不断，衰运连连

窗户或大门的对面、上方有蜈蚣煞的住宅，屋主容易患肠道类疾病，特别是小孩，最忌讳看到蜈蚣煞。

高压电线的蜈蚣煞

房顶天线是蜈蚣煞，更是火形煞

化解蜈蚣煞的办法，就是用一只铜公鸡对着煞气方，或者挂太极八卦镜。

当然，如果可以和邻居进行协商的话，在对方装修或改造时，将这些杂乱的管线重新规划，安装整齐，或者收进一根大的管线当中，又或者用木板将其遮挡。如果无法通过改变形峦的办法化解煞气，那只能采用被动的化煞手段了。

窗户正对着医院的化解方法。

如果窗户正对着医院、殡仪馆等，对人的健康、事业、财运和情绪等都不利。

在面对医院的窗户上挂一个真的葫芦，或者用一对铜葫芦摆放在窗台两侧，这样就可以收服怨煞和污秽之气了，使医院的不利风水气场不进入家中。

铜公鸡专破蜈蚣煞

真葫芦

太极八卦铜葫芦

化解来自窗户的光煞的办法。

白天阳光照射房间利于增加阳气，但是如果光线通过反射进入房屋，就成了反光煞。水边的房屋还可能因为水面反光而制造不断变幻的金色光，一些商业大厦的玻璃幕墙也会因光线变化产生不同反光。这类反光的不停变换，会使人头晕眼花，居住者易出现血光之灾或遭遇交通事故。

还有，城市中常出现各种各样的户外光源。比如，夜间亮着的路灯、行驶中汽车的车灯、商业宣传用的霓虹灯以及探照灯等，这

葫芦五帝铜钱挂件

些光线代表着不断侵入的不安分磁场，经窗户照进室内，给房屋风水带来诸多变化，这就是"日夜凶光煞"。这种不断闪动的光线会使人的情绪处于躁动和不稳定中，影响人们正常休息，长期受此侵扰，易使人患上神经方面的疾病。

解决方法：在窗户上安装磨砂贴纸或磨砂窗，及时拉上厚厚的窗帘遮挡光线，使光线变得柔和，从而减少反光煞的影响。或者在窗户外部种植树木或绿植，遮挡反射过来的光线。这种方法不仅能化解反光煞，还能解决采光过强的问题。与此同时，还可以在窗户左右两边挂葫芦五帝铜钱进行化解。

窗帘的风水作用。

窗帘在风水上可以用来解决火五行过多的情况。命中缺火的人，需要大量的火属性物质，因而需要大量的阳光照射，所以可以选择较薄的可以透光的窗帘，当下午光线较强时，拉上窗帘，既可以得到阳光的照射，让室内明亮，又可以避免过于强烈的光线使室内过于燥热。

按照风水的观点，人造纤维材质的窗帘五行属火，利用"火克金"的原理，可以用来挡住来

百叶窗具有挡煞的作用，尤其是西晒或者反光之类的光煞，并且它不会影响室内采光，还有一定的降温作用

自西面和西北面属金的煞气。

百叶窗常采用铝质材质制成，其五行属金，利用"金克木"的原理，在东面和东南面的窗户上悬挂百叶窗，可以抵挡木煞。

罗马帘既能够分成几段向上拉，也可以整块拉起来，从风水的角度来看，其五行属土，能够挡住来自北方的属"水"的煞气。

水波帘由于呈波浪形，利用"水克火"的原理，正好可以用来挡住来自南面的火煞。

如果想要挡住来自西南面、东北面的土煞，可以在这两方悬挂木质的百叶窗，或是纸质、布质窗帘。

第五节　走廊风水吉凶断

走廊是连接各个房间的通道，如同房屋的脉络一般。其不仅是气流畅通的关键，也关系着一个人的社会地位和信用。

要想房间气流顺畅，必须随时让走廊保持干净整洁的状态，才不会阻碍气流，才能提高宅主的社会地位和信用。

走廊要设置合理，不能为了节省空间而安排人从比较私密的房间通行，也不能太过奢侈地利用空间，浪费走廊面积。

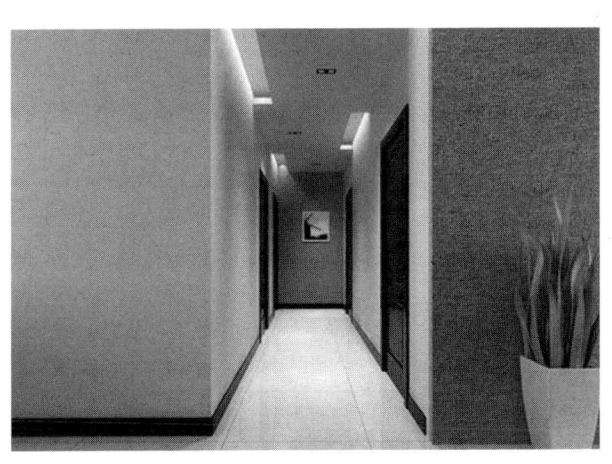

家居走廊过长，连接过多的房间，主耗财

家中的走廊不宜设计得类似宾馆或饭店，让一条长长的走廊连接多个房间。这样的结构特别容易过度消耗掉赚来的钱。

走廊将房屋分成两半，不聚财，赚钱也越来越难，很容易出现破财的情况。

走廊的长度也不宜超过房子长度的三分之二，这样利于聚财，也避免出现错误投资或过度耗费的情况。

回字形走廊是绝对要避免的，因为这种风水格局会令宅主做事时遇到更多的困难，产生特别多的麻烦。

什么是回廊？上图为传统的回廊。回廊一般只在园林设计中才出现，很少能在家居设计中出现，除非是面积很大的豪宅才有可能

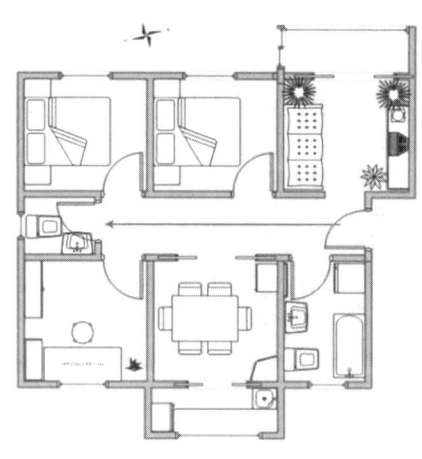

走廊尽头是卫生间

卫生间设置在走廊的尽头，这样的风水最易让家人得泌尿系统的疾病，应尽量避免。

走廊或过道的明暗影响宅主的事业、财运以及心理状态。

明亮而通风的过道，会使宅主具有积极向上的心态，行事较为主动，利于事业的发展，也有利于财运的获得。

阴暗而憋闷的过道，会使宅主做什么事都提不起精神，做事拖拉，没有上进心，想得多做得少，导致事业难以取得进展，财运艰难。

走廊与过道是空气流通的通道，也就是财气流动的通道，宜明亮而不燥烈，通风而不直冲，行走无阻碍，干净整洁，才有利于家运的兴旺。

现代住宅的公共走廊上通常都是物业公司统一安装照明灯，并负责维修。如果灯坏了而一直无人修理，会损坏宅主的运气，尤其是自家大门外的这一片区域，这块明堂区域代表自家财运与事业的前景，如果处在黑暗当中一段时间，就会使宅主的运气变衰，阴阳失衡，出现许多影响财运的烦心事，所以要及时处理。

家居走廊或过道安装过于炫目的灯，会令人产生意外失误而破财。走廊虽然需要长时间的光亮，但如果在家中过道的天花板上加镜子反射灯光是不可取的，它会制造眩晕感，不利人的行走，同时还会让人在生活或工作中出现被别人坑骗而破财的情况。

五颜六色的灯光并不能改善风水，反而会因为色彩的杂乱而影响风水，代表宅主极易被利益蒙蔽了双眼，而导致破财的情况出现。尤其是红色、蓝色、紫色等灯光，容易让人产生梦幻感，不利于正常思维，让人结交过度放纵的朋友而损害到自身的利益。宜采用浅淡的色调，例如白色和黄色的灯光。

灯光的目的是照明，因此不宜采用昏暗的颜色，如果不能令人看清周围的环境，则为不利。

走廊最好设置一到两盏灯，过多的光源不仅会晃花眼睛，还会制造过多的火气。

走廊上方的假天花板可以遮挡横梁煞气的压迫。

一般来说，在风水层面上是不建议做假天花板的，但走廊例外。因为走廊往往跨度大，容易出现横梁。而横梁容易让人产生压抑之感，人若行走在下方不利家运。家人易得头痛、颈椎病，工作压力大，遇到的困难较多，生活中的烦心事不断，而且一旦有了心结就很难解开，甚至还容易使人长期陷入抑郁的状态。这时候就可以设置假天花板，化解横梁给人的压迫感，从而减少家运中出现的阻力。

第六节　客厅风水吉凶断

阳宅风水里的客厅相当于地理风水中的明堂。

地理风水中的明堂，是蓄水、蓄地气的地方；阳宅风水中的明堂是空气蓄积的地方，所以客厅就是聚水、聚财气的地方。

客厅就是地理风水中的明堂

客厅不仅是接待客人的地方，也是全家人一起活动的地方，因而适合位于开门可见的位置。它在整个房屋中的地位如同人的心脏一般。客厅风水的好坏，影响着整体家运的好坏，也影响着家中男主人的事业。

如果客厅位于餐厅、厨房或卧室之后，一有客人到来，就会先经过这些较为私密的房间，最后才进入客厅。这样不仅有令客人登

进门是客厅与餐厅,但内里房间位置有风水问题,比如大门冲主卧室门等,要在装修时加以改造

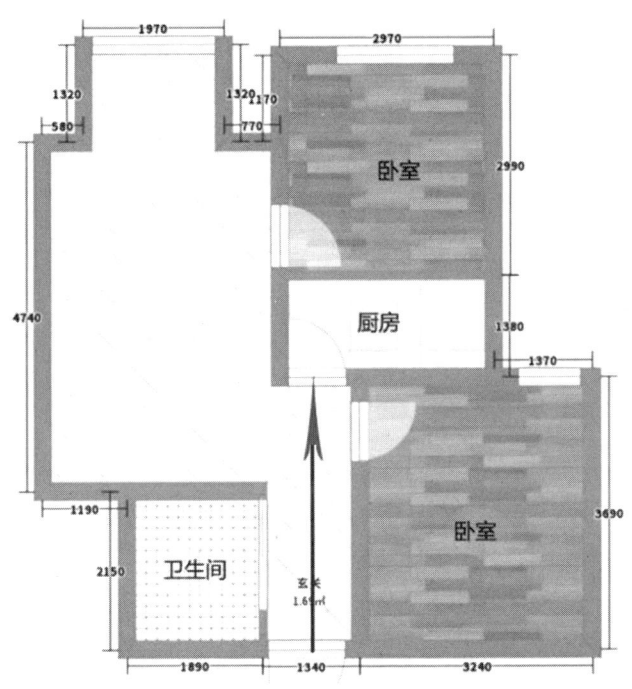

进门旁边是厕所,且大门冲厨房门,居住者多数会出现气管、喉部、食道以及呼吸系统方面的疾病

堂入室的感觉，还可能会犯财露白的禁忌，同时让人有大门开在房屋后面的感觉，进大门反倒变成走后门。这都是非常不利的。

如果一人居住，客厅的风水就只与宅主有关。如果多人合租住房，并同时使用客厅，谁的命卦与客厅的方位最合，就应以对他有利的方式进行布置。一旦这个人将住宅的好运带旺了，其他人的好运也会跟着来。

方形的客厅是最好的形状。

客厅是住宅中家人聚集、接待宾客的空间，其风水关系着整个家运。

客厅形状狭长或是不规则，会给人一种心胸狭窄的感觉，风水欠佳。方形和长方形的客厅比较理想，它象征着主人胸怀宽广、光明磊落，同时也能提升家运。

客厅三角形会使处事不周全，注意力不集中，极易有意外飞灾横祸。

有些客厅为了顾及整体的大楼设计，从而形成了 L 形。L 形的客厅无论是前宽还是后宽，都会给人狭窄且有变形的感觉，所以无形中也会让人的心胸狭隘。

客厅呈 L 形的人家嫉妒心强，见不得别人过好日子，客厅呈方形或长方形才是最吉利的。这种情况可以借助柜子或者屏风来进行分隔处理，将 L 形客厅划分成两个不同的空间区域。

宽敞的客厅才能有更好的财运。

客厅应该是整所房屋中面积最大的一间，它不仅需要承载全家人在此共享幸福时光，还需要能够接待一定人数的客人。

不够宽敞的客厅势必令家中成员不愿久留，令客人感觉拘束，进而致使家人不和、人际关系失衡等。

但不是每一户人家都能拥有宽大的客厅，如果客厅不够大，就尽量减少客厅中的家具，注重简洁、明快、通透，这样才不会给人以压抑和憋闷的感觉。

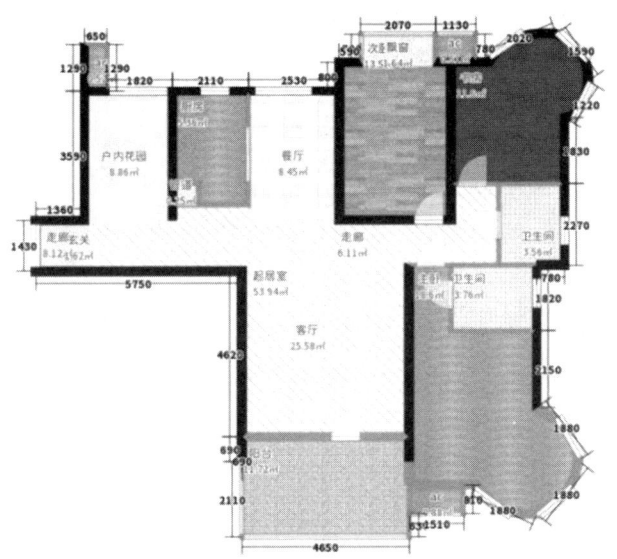

客厅 L 形，房型也是 L 形

客厅通过镂空屏风分隔为两个空间，一个会客厅，一个书房

客厅里的梁柱形成的风水煞气。

客厅中的梁柱是住宅中重要的承重部分，不可或缺。如果梁柱设计在很显眼的地方，会对客厅的风水造成影响，要设法进行化解。

　　室内梁柱墙角尖角凸出冲射，如果在背后冲射，代表会经常有小人捣鬼。在左后侧为男的，在右后侧为女的；在左前为男的，在右前为女的。室内的尖角冲射还代表会经常有小伤灾，因为室内墙角没有室外的墙体大，所以只代表小的伤病。如果是室外楼宇房屋的大墙角冲射家宅，则代表是危及生命的手术与伤病灾

　　柱子的直角切记不要正对着沙发或者座位所处的位置。要是被这种角冲射、劈砍，则意味着家人会时常受些小伤，并且家庭成员之间还会因为利益纷争而明争暗斗。

　　横梁一定不能压在头顶部位，不管是沙发上方、餐桌上方、床的上方，只要是家人常待的空间上方，都不能有横梁压顶的情况出现。如果有这样的格局，这家人容易走败运，面对巨大的困难而无法克服，生活与工作遇到巨大的危机，破财、精神疾病等情况都容易发生。

　　如果柱子连着墙体，可以通过酒柜的摆放将其遮掩，或是利用柱子与墙体间的空间做成陈列柜，便可自然地化解冲煞。

　　要是柱子是独立存在的，并且离墙壁距离较远，无法通过摆放柜子使其与墙壁连接起来，那么就可以在柱子上下功夫来化解。

　　若客厅的面积比较大，不妨以独立的柱子作为分界线，在柱子的两边分别铺上地毯和石材，让柱子变成一条自然的分界线，这样整体的观感显得更加自然和谐。也可以在柱子的四周装上木槽，种

室内墙角梁柱有尖角凸出冲射，为煞，如何化解？就是把梁角包起来，或利用边角柜挡住，或避开其冲射的位置，或者把它削圆满了。

室内有梁柱时，在设计装修主座位时，要避开梁柱尖角垂直冲射，也就是说被冲射的位置可以是放物品的地方，但不能是待人的地方

植易于室内生长的植物。为了节省空间，同时也使客厅的绿化呈现出立体的效果，可以将花槽装在柱子中部，既美观大方，又化解了突兀的柱子带来的不利影响。

如何化解尖角对客厅风水的影响？

由于建筑设计方面的原因，客厅存在的尖角不仅影响视觉观感，也会对居住者构成压力，影响到整个住宅的风水。想要化解尖角的影响，可以用木柜将尖角的地方遮挡住，或者做一道木墙将尖角处

把柱子设计装修成一棵树　　利用柱子与墙体围隔成新的空间

填平，并悬挂一幅"华山日出"图，可以起到很好的解煞之效。

对于空间较大的客厅，还可以在尖角的中间做一个弧形的木质花台，养上绿叶的植物，并用小射灯照射，这样不仅可以消减尖角对客厅风水的影响，也增加了客厅装饰的立体感。

另外，在尖角处摆放常绿植物和鱼缸，也是消除尖角压迫的简单易行的办法。

客厅地面是否适合做高一层？

有些家庭为了使客厅特别，在客厅中设计了某一块高出一个台阶的效果，并且还可能是曲线的造型，这样的客厅行走不方便，容易忘记梯步的存在而摔跤。每天在客厅上上下下行走，势必感觉辛劳，进而导致家运坎坷，事业不顺。

客厅地面在一个水平面、在同一个层次为好，如果不在一个水平面，高出或低出一层，均主财运起伏不定，事业艰难。

同理，客厅的地板也不适合安装凹凸明显的石料，不平整的地面，可能会带来不平顺的家运。

如何利用天花板弥补客厅光线的不足？

在住宅风水当中，客厅天花板代表着"天"，有着极为重要的地位。因为"天"是光的源头，所以当客厅光线欠缺的时候，适合在天花板上安装灯具。灯具的光要射向天花板，利用反射的原理，把光播散到客厅的每一个方向。特别是日光灯的光线与太阳光最接近，从天花板反射后，能增强客厅的阳气。

另外天花板不宜采用深色，宜使用浅淡的颜色。这就如同在自然环境中，天在高处为蓝色、白色，地在低处为黑色、褐色，在家中也如此布置符合自然之道。

客厅设置假天花板是自裁风水的一种做法。

房屋本是一体的，如果装上了假天花板，就意味着把房屋中的某一部分给裁掉了，这样的装修方式在风水上叫作自裁。

有些人更在假天花板中开凿灯槽，将灯藏到里面，这就致使所有的灯槽都变成了压顶的横梁，给人压迫感。

客厅假天花板，给天花板挖灯槽，结果挖出了横梁，形成横梁压顶，自己做出了风水煞气，这叫自作自受风水，也叫自裁风水

风水上说"逼迫自裁困滞事"，也就是说如果房屋出现逼迫或自裁的情况，就会导致做事变得艰难，难以进行下去，从而带来困扰，属于风水不佳的表现。

客厅在正东方代表健康运。正东方位五行属木，喜绿色。

要想增旺健康运，可以在此方位采用绿色作为主色调。在这个方位放置属木的物品，如茂盛的植物，可以促进健康和长寿。水能生木，可以在此方位放置一个圆陶瓷缸，缸内放一个铜龙龟，再放满水。

客厅在东南方代表文昌运。东南方的五行属木，喜绿色和蓝色。

如果家中有小孩，或自己正在学习或即将参加考试，都应注意这个方位的布局。

要想增旺文昌运，可以在此方位采用绿色和蓝色作为主色调。在这个方位放置属木的物品或植物盆景；还可以在此方位摆放文竹、四个铜兔和文昌塔，如家中有公务员的可放铜龙印。

客厅在正南方代表名声，对家庭名声产生重要影响，可放置牡丹花，主女儿学习好，还可以放置铜龙龟，主贵。

和谐环居

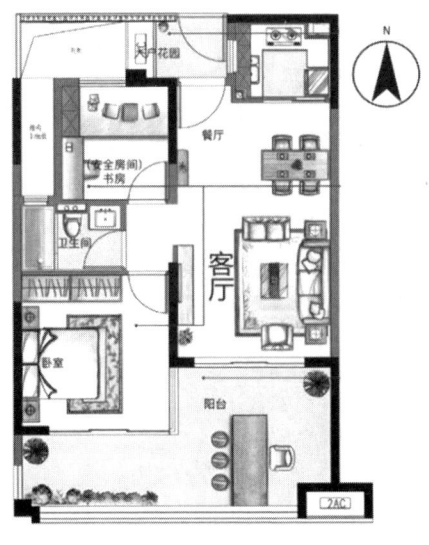

客厅在正东方

客厅在东南方

要想增旺名声运,可以在此方位摆放铜招财象、铜麒麟等。

客厅在西南方代表桃花运,如果想增加婚姻或恋爱运,则需要将此主位作为客厅的重要方位。在这个方位挂全家福照片,再放置铜方鼎和白水晶,能促进夫妻和谐。

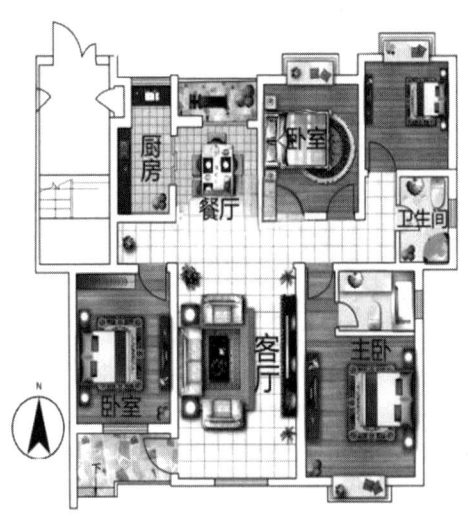

客厅在正南方

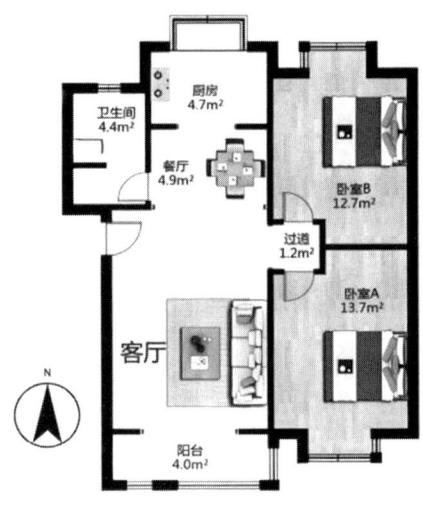

客厅在西南方

客厅在正西方代表小女儿位。

正西方的五行属金，喜白色、金色和银色。要想增旺小女儿运，可以在此方位采用白色为主色调。在这个方位放置五行属金的物品，如金属风铃，摆放白色的陶瓷花瓶和天然黄水晶，还可挂牡丹画。

客厅的西北方代表了贵人运，关系着贵人相助与否和人际关系的好坏。西北方的五行属金，喜白色、金色、银色。要想增强贵人运，可在此方位采用白色为主色调。在这个方位放置五行属金的物品，如大铜三足圆鼎、铜龙龟、铜文昌塔、铜龙和铜马，寓意着福禄寿喜财可从天门来，提升贵人运。

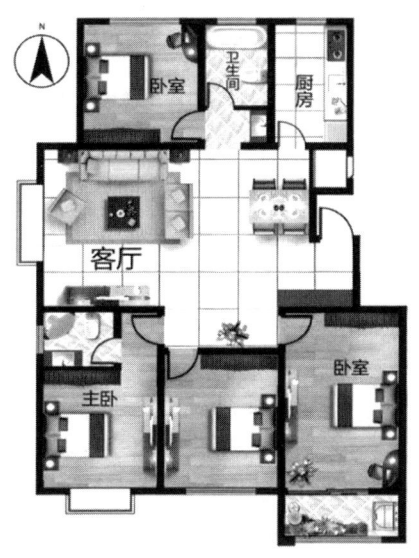

客厅在正西方　　　　　　客厅在西北方

客厅在正北方代表事业运。正北方五行属水，喜黑色和蓝色。

要想增旺事业运，可以在此方位采用黑色或蓝色作为主色调。在这个方位放置属水的物品，如鱼缸、水车、山水画等。还可以供奉黄财神，摆放聚宝盆，招财金蟾助旺财运。

客厅在东北方为家中少男，即小儿的方位。主人丁和家庭运势，也称为子孙山。

东北方五行属土,喜黄色、咖色、棕色。

要想增旺家庭的未来发展和子孙运势,可在此方位摆放陶艺制品或泰山石来增强这个区域的能量。

客厅在正北方　　　　　　　　客厅在东北方

客厅进门的对角线方位。

在此摆放一些寓意吉祥的招财物品,例如要想增旺财运,可以在此方位供奉福、禄、寿三星或财神像,也可以挂山水画,吉上加吉。

福、禄、寿三星

客厅家具宜摆放成什么形状?

作为全家人团聚的场所，客厅应该更有凝聚力才行。

因而在摆放客厅家具时应注重围聚感，宜将家具围绕在客厅的中心位置摆放，进而形成一种类似八卦的形态。中央的摆放方式可以使一家人坐在家中时，能够相互面对面，容易看到对方的表情，利于促进家庭和睦团结。

环抱围拢，才能形成家居山环水抱的风水气场

如何选择客厅的家具？

客厅是经常有人使用的地方，因而应选择材质坚实的家具。

沙发和座椅尽量使用高背款式的，不但坐起来舒适，也象征着家庭生活有依靠和保障。家具要保持干净整洁，防止秽气聚集。

客厅的座椅如何区分主客？

客厅具备接待客人的功能，为了体现主客有别，可以对座椅进行区分，以此来彰显主人尊贵的地位。主人的位置应靠屋内，比客人椅子略高，有靠背，背后最好是墙壁，前方避免有高大的家具。客人的位置应在主人位的左右两侧，应较为简单，不要盖过主人座椅的气势。

沙发应摆放在什么方位？沙发背后宜怎样处理？

沙发是家庭成员共享客厅时最常待的地方，故而应摆放在吉祥的方位，才能为家庭成员之间的和谐相处创造有利条件，有助

和谐环居

座椅的主客位，主人在中间，客人在两边，主人位要背靠墙，客位则不必后背靠墙。主人前方要开阔家运。

人的座椅背后有靠山最为理想，就如同住宅之后适合有高大的建筑或山体做靠山一般。沙发背后宜为实墙，才能令坐在沙发上的人有踏实的感觉。不过，需要注意的是，外墙以及背后是卫生间、厨房的墙壁，则不宜摆放沙发。

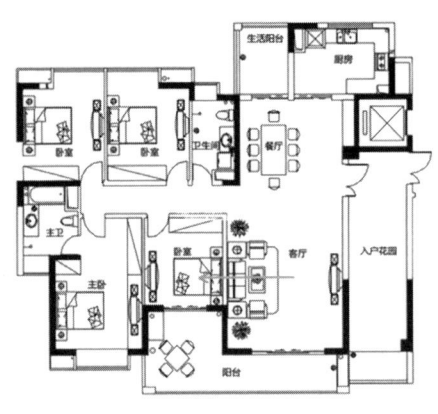
客厅沙发主位背靠墙体是卧室

沙发背后空虚的不利风水

若沙发后方是门窗或者通道，当人坐在沙发上时，会有后背空虚之感，不仅可能被人窥视，还有被袭击的危险。这在风水上为泄财之兆，守不住财。

然而，在居家布置的时候，常常会因为要考虑别的一些因素，而把沙发摆放在没有墙体依靠的方位，致使后背空虚。解决的办法是给沙发打造一个人造靠山，例如设置屏风、摆放博古架、安置矮柜，或者选用高大的绿植等，通过这些来让人觉得背后有依靠，以补救其不足。

特别要提醒的是，切不可在沙发背后放置像鱼缸、风水轮这类属水的物品，它们只会让背后的虚空感更强烈，容易出现见财化水的现象。

镜子也是绝对不能放置在沙发背后的物品，它容易让人看到坐在沙发上的人的后脑，增加了背后的虚空感，自然而然地会使坐在沙发上的人有不安之感。

沙发背后放镜子，没有任何实用价值，是风水上的重大缺陷，是人为制造的靠山不稳

沙发有横梁压顶怎么办？

横梁压顶对人的心理有极大的损害，普通的座位和床上有横梁，只会对座位和床上的个人产生影响，但如果沙发上有横梁，将对全家的运势产生影响。

沙发上方横梁压顶，是非常严重的风水煞气，容易出现精神压力过大而失眠，处处不顺，时间久了还会有脑血管方面的疾病。唯

大门冲沙发位，为青龙位受冲，主失去助力

有通过安装假天花板来隐藏横梁，从而减少其对气流和视觉的影响。如果实在无法安装假天花板，可以尽量通过调整沙发的朝向或使用高背式家具来减轻横梁的影响。

沙发与大门呈一条直线怎么办？

当沙发与大门呈一条直线时，沙发与大门就形成相冲的格局，会对家人运势产生不利影响，还可能导致家人流失、财气外泄。

化解的办法是将沙发挪一个地方，如果无法办到，可在沙发和大门之间设置一道屏风或打造一个玄关柜。如果沙发是朝向大门的，则没有什么损害。

沙发上方是否适合安装灯具？

为了照明，有些人家在沙发的正上方安装灯具，将灯光直射在沙发上。但坐在沙发上被灯光直射，就如同直接被太阳炙烤一般，

沙发上方不宜安装射灯

令人感觉头晕目眩。

如果上方的灯为射灯，其打出的光柱，更像一把利剑从天而降，令人坐立不安。这种风水会让人在不知不觉当中做出错误的决策，使家庭运势衰退。

如果想增强沙发周围的光线，可以采用将光打向房顶或墙壁的做法，用柔和的反射光照明就可以了。

客厅的沙发应采用什么样式？

沙发通常有很多的种类，从座位数上，通常有单人沙发、双人沙发、三人沙发；从形状上，有方形沙发、曲尺形沙发、圆形沙发；从材料上，有皮质沙发、布艺沙发、藤编沙发以及酸枝椅。

别出心裁的设计师把沙发背后设计成空地过道，形成了成而后败、先富后贫的风水格局，这是让人破败的风水设计

无论使用哪种沙发，切记要成套使用，不能将不同材料和不同形状的沙发混用。沙发的数量也不宜过多，家具沙发以能容纳五至六人比较适宜。

如何利用沙发提升财运？

沙发不仅是客厅中休息的地方，它的材质、颜色更是与家庭的财运息息相关。

客厅欧式沙发设计，但天花板设计按风水观点来说百年板形成田字形的横梁压顶，时间长的话会引发工作压力大、脑神经、脑血管方面的疾病

纤维类、棉麻类等都属于阳气的材料，用其做成的沙发具有开运招财的作用。在颜色上，金色、鲜黄、翠绿、银色等亮丽的颜色属于吉祥色，也具有开运招财的作用。无论是沙发本身，还是靠垫、坐垫等，都要多选用这些颜色。

沙发摆放要提旺财运，一与格局有关，二与色彩和命理配合有关。格局要遵守峦头法，即山环水抱，前有明堂与朝案，命理要看喜忌，用喜用神的颜色。任何颜色的沙发只要色彩不符合你的命理，都不可能在色彩方面助你招财的，所以那种说某种颜色比如黄色、金黄色招财的说法是错误的

组合沙发应呈什么形状最好？

沙发是供家人聚会、休憩的场所，如同船只的避风港，因而最

适合采用能藏风聚气的 U 形，这样才能够汇聚足够的气。组合沙发的摆放方式通常是将三人沙发摆放在中央，单人沙发摆放在两边。单人沙发就如同向前伸出的左右臂膀，给人带来安全感。

如果因客厅狭长而将沙发摆成直线形，则缺少了纳气的空间。

组合沙发有龙无虎即有左无右，右侧无关拦

如何选择茶几大小？

茶几通常是与沙发相配套的物件，是待客、休闲时放置茶水的地方。

在风水上，沙发为主，茶几为宾，茶几就如同沙发周围低矮的案山一般，不宜太大，也应比沙发矮小。

放置在沙发前方的茶几高度最好与坐在沙发上时的膝盖高度相当，其长度和宽度都不应超过所对沙发的长宽。

放置在沙发左右的茶几，应比沙发扶手略矮，其大小以填补组合沙发放置间的空隙为宜。

茶几是风水中的案山

客厅应选择什么形状的茶几？

通常茶几应选择方形或椭圆形，以给人稳定的感觉。

圆形虽然过大，但只要在空间上允许，也可以采用。

三角茶几还是有的，但现代设计都是把锐角变圆形，所以这种茶几只能围坐三人。一些创意部门或轻松的休闲场合，要充分放松、放飞思想的地方可以用这种形状的茶几，但居家客厅最好还是别用了。

树根茶几适合休闲场合，不适合居家与办公场所。

最忌讳的是采用菱形的茶几，这种茶几的尖锐棱角会冲射坐在沙发上的人。

如何选择茶几的材质？

实木和石材材质的茶几象征着稳重和权势，被称为开运茶几。摆放在客厅的西北角，可以使家庭的男主人事业稳固；摆在西南角，女主人就能在家中掌握大权。

对一些年轻人创业的氛围来说，在休息区放一个这样的三角形茶几，可以在紧张的工作之余放松一下身心。不规则形状的茶几，具有自然轻松的氛围，但不适合正式的会客场合

客厅组合柜有怎样的风水作用？

客厅中的组合柜主要是用来放置电视、音响和各种杂物的，虽然它在风水中的重要性比不上沙发，但却是与沙发相配套的一个

组合。

前方组合柜过于高大、沉重，装满了物品，形成朱雀压明堂的风水格局，时间长了，不利事业发展，财运会变差，夫妻关系变得冷淡

前方组合柜以简洁为好，前方显得轻盈开阔，视野宽，有利于事业的发展

组合柜两边较空旷怎么办？

当客厅宽敞时，选用了较为短小的组合柜，其两边如果没有放置物品，就会有大片空出来的空间，让人感觉空旷。如果客厅的家具太过稀疏，气就不容易在此聚集，故而应增加组合柜两边的家具。在组合柜两边放置茂盛的大圆叶绿植是能有效改善空旷的办法。它们就如同组合柜的青龙、白虎，有生气聚气、纳财聚气的双重作用。

和谐环居

客厅绿植填空补缺，美化环境，补充木五行

能否用文化石做电视背景墙？

用文化石做背景墙已经成为很多家庭的选择，它不仅可以吸音，避免电视、音响对其他房间的影响，还能形成强烈的质感对比，增强家居的现代感。

背景墙多采用纹理较为平滑的石材，如果采用的是带有尖锐边角的文化石，则会形成"煞"相，要尽量避免。

用文化石做的电视背景墙

为了避免心神不宁，不要对电视背景墙进行凌乱的分割。无论采用何种石材，其造型要以圆形、弧形和线形为主，方能使家庭幸福和睦、平安和谐。

饮水机应如何摆放？

在客厅摆放饮水机要注意避开人来往过多的地方，如大门口，门直接对着饮水机，对财运不利。

最理想的位置是在客厅比较安静的角落，这个角落是人们经常饮水、休息的地方，方便人们喝水，也便于给客人泡茶。

有些家庭将饮水机放在厨房是不可取的，应让饮水机远离火口。

饮水机放在不同方位有何作用？

单纯就方位来说，饮水机放北方是最符合风水之道的，利于提升财气。放置在西南方，利于女性的财运；放置在东南方，也可以提升财运；放置在东方，对男性的帮助较大；放置在南方，则容易出现好坏交替的现象。

在客厅摆放神位应注意什么？

神位是一个很神圣的地方，容不得有丝毫的不敬，因而家中要么不摆放神位，要么就一定要十分讲究。

首先神位的坐向应该与房屋的坐向一致，神位也不可朝着墙摆放。神位不适合摆放在梁下，不可以有柱子、墙角、屋角、水塔、电线杆冲射，不可对着卫生间、厨房、卧室，其背后的墙不可使用炉灶或马桶。

客厅的一角设置为佛堂，但上方不宜有横梁压顶

选择好安神位的方位后,应选择好吉日吉时安设神像,并恭敬地摆放。设好神像后,宜每日诚心烧香,初一或十五为其擦拭清洁,但不要任意移动其位置。供奉的神像不可太多,如果有破损应及时修补。

把一间单独的屋子划出来作为佛堂、神堂

神像前切忌有吊灯遮住视线,也不能有日光灯直射。其前方不可放鱼缸、镜子,其下方不可摆放音响、电视、座位及垃圾桶。神桌上不适合摆放药品和杂物。

时钟有怎样的风水作用?适合悬挂在什么方位?

时钟既有八卦的功能,也有风水的感应。尤其是带钟摆的时钟,钟摆的摇动和指针的走动,可以给生活带来节奏和规律感,也可以清新和提振家中的气场。时钟是时常在动的物品,如果不小心放在了宜静或凶险的方位,将对风水不利。

总的来说,时钟最好不要挂在客厅正中,也不要挂在大门的正对面,容易让人产生不吉利的感觉,所以最好挂在进门的侧面,而且不要向着其他形状与八卦类似的东西,否则会起到压制的反作用。

根据风水学上的方向定位,时钟可以挂在客厅的朱雀方和青龙方。朱雀方是客厅的前方,是视线容易到的方位,能使人方便地看到时间。青龙方是客厅的左方，是吉祥方位，可以放置动的物品。而客厅的后方为玄武方，宜静，故而不应悬挂时钟；客厅的右方是白虎方，为凶方，也不适合悬挂时钟。

时钟挂在客厅侧方，人坐在主沙发位的时候可以很容易地看到时间，这才是客厅钟表的最正确挂法

如何根据方位选择时钟的颜色和形状？

客厅的各方位有其自己的属性，如能与之相配合悬挂时钟，能增强该方位的吉祥程度。

北方属水，适合悬挂或摆放深蓝色、黑色为主的时钟，形状以圆形为最佳。

东北方和西南方属土，适合悬挂或摆放黄色、咖色为主的时钟，形状以方形为最佳。

东方和东南方属木，适合悬挂或摆放绿色、青色为主的时钟，形状以方形为最佳。

南方属火，适合悬挂或摆放深红为主的时钟，形状以八角形为最佳。

西方、西北方属金，适合悬挂或摆放米白、金色为主的时钟，形状以圆形为最佳。

如何利用时钟补金？

时钟在五行中属金，如果家中有五行缺金需要补金的人，则

和谐环居

2024年九宫飞星图

可利用时钟的金能量对其进行补充。首先要找出家中谁是最需要金的人，再找出八卦中与此人相对应的方位，在此方位悬挂时钟即可。如家中最需要补金的是父亲，在八卦中父亲的卦位为乾位，乾位为西北方，即可在西北方悬挂或摆放时钟。

如何利用时钟化泄飞星煞气？

时钟虽然是动的物品，但却有化泄五黄二黑的功能。如果将时钟放置在流年二黑星和五黄星飞临的方位，即可化泄凶星的煞气。如2024年的流年星为九紫星，据此推断二黑星所在方位为东南方，五黄星所在方位为正西方。如果这两方有形煞时，宜将时钟摆放在此处，以化解飞星带来的巨大煞气。

客厅鱼缸应摆在何处？

鱼缸象征的是财，鱼缸是否摆放对了位置，对财运很重要。大的原则是，鱼缸需放在水的生旺方才吉利，如果放在了凶方，不吉反凶。所以如果不了解飞星，最好不要在家中养鱼。

根据九星飞布情况，鱼缸应该摆放在流年的财位上。如2024年的流年星为九紫星，第一财星八白星位于正北方，因而宜在正北方位摆放鱼缸。如要更准确，还需根据每个人的命卦进行调整。

如流年的财位正对着炉灶，则不适合在此处摆放鱼缸。鱼缸属水，炉灶属火，水火相冲会对家人的健康和财运带来损害。

确定了摆放的位置，还应注意鱼缸的水应向着屋内流动，而鱼缸中鱼的数目最好根据命卦决定。

如何挑选适合养在客厅的鱼？

以鱼缸做客厅的空间隔断是一种不错的布局设计,此处鱼缸在左侧青龙位为格局吉水,为得朋友相助、得财之象

在风水学中有"风水鱼"一说,因为水流具有催动其所在方位的吉气的作用。尤其是对生辰八字中缺水的人来说,在客厅中养鱼对提升运势有非常大的帮助。但鱼的品种的选择也有很多的讲究。

色彩较暗、外形尖利、生性凶猛的品种,如黑牡丹、黑摩鲤、龙吐珠等,都适合养在煞方,不仅可以挡煞,还有增强财气的作用。罗汉鱼、七彩神仙、锦鲤、红龙等色彩鲜艳、性格温和的品种则有旺财的功效。

但如果发现病鱼、死鱼,要及时捞出并补充新鱼,这样才能达到旺财改运的效果。

客厅应该如何摆放植物?

面积较为宽敞的客厅,适宜放置一些大型绿植。但摆放植物的多少要以客厅的面积来决定,太多会使客厅显得太过沉闷压抑,太少又会让客厅缺失生机活力。

一般来说,八平方米的空间能够放置一盆绿植,十平方米的空间适合摆放两盆绿植,二十平方米的空间则可安置三盆绿植,还可以额外搭配一个小型盆栽。

哪些植物适合摆放在客厅里?

客厅摆放大型植物可有效利用墙角空间,起到绿化和美化环境的作用。如图,放了这盆发财树之后家中的女主人财运变好,工作还有提升

植物与住宅的风水有着密切的关系,尤其是对于客厅来说,植物的摆放对风水有着重大的影响。

一般来说,叶子较大的常绿植物适合摆放在客厅的旺位,有生旺的作用,富贵竹、宽叶榕、虎尾兰、散尾葵等都是比较适合的选择。如果想要化煞,可以在不利的方位摆放带刺的植物,如仙人掌、仙人球、玉麒麟、玫瑰、棘杜鹃、龙骨等。

富贵竹

散尾葵

客厅的装饰画不适合有哪些图案？

在客厅的墙上挂画，一方面是美观，另一方面也有化解不良风水的作用。

客厅不宜悬挂颜色太深或是黑色过多的图画，会让人产生沉重感，导致家人意志消沉。意境萧条的画也不适合悬挂，如深山古刹、夕阳余晖、大漠孤野、枯藤老树等，容易给人暮气沉沉、孤僻高傲的感觉，不利于人际关系和小孩人格的发展。

客厅的装饰画不适合有各种猛兽，它们太过凶险的戾气不利客厅风水，容易引起血光之灾。客厅中也最好不要悬挂过多的人物抽象画和以红色为主的图画，会影响家人的健康。

悬挂山水画时，画中的水流方向切记不能朝向门外。风水中一向有水主财的说法，如果水流朝外，会导致财气流失。

在选择客厅的挂画时，宜选择寓意吉祥的画作，比如"源远流长山水画""九鱼图""百鸟朝凤""百骏图"等。

源远流长山水画

客厅摆放物品有哪些禁忌？

客厅的物品陈设需遵循一定规则，才能趋吉避凶。如各种柜子紧贴墙壁，才能既安全又节省地方；水景布置不宜过多，以免客厅阴气过重。

植物或石头最好为其绑上红丝带或点上红漆，使其特质转阴为阳。

石山摆件

石元宝摆件

对于那些来历不明的古老神佛造像，不宜摆放在客厅中。奇形怪状的木偶以及各类艺术品最好不要放置在客厅。表情凶神恶煞的雕像和动物的首级，不适合摆放在客厅；鬼木偶更不宜摆在居家客厅当中，会给家中带来阴邪之气，对人的精神产生不利影响。

如果要摆放铜雕或石雕的狮子，务必要成双成对，一雄一雌，并且必须使其朝向门外，才能起到镇宅、辟邪的作用。

铜狮摆件

保险柜、金柜也不适合放在具有公共性质的客厅。

客厅是住宅的心脏，如果杂物成堆，就如同心脏中有杂质，对风水极为不利，致使居住者诸事皆不顺遂，因此禁止在客厅中随意摆放垃圾杂物。坏了的灯泡需及时更换，破损的地板也应及时进行修补，等等。

只有营造一个整洁和谐的客厅环境，才有利于增强家庭的凝聚力，促进财运与事业运的提升。

客厅茶几摆放物品宜简洁，不宜杂乱

茶几往往是摆放物品最多的地方，茶几的面上尽量少摆放物品，一个果盘、一盒抽纸、一套茶具就够了，别的东西应收到茶几的下面。

电线应如何收纳？

电线五行属火，因外形像蛇，因而被称为火蛇煞。

电线繁多且交错杂乱，是不利的风水格局，容易使人心情烦躁、神经紧张，干扰人的生活与工作，最终对人的运势和财运造成不良影响。

然而现代居家生活中，不可能避免使用电线，所以应该在装修的时候将电线尽量藏入墙壁，避免插座不足而使电线横跨整个房间的情况。日常用的插座也最好放在电器旁或后面，尽量将电线藏在看不见的地方。

什么形状的物品适合家居？

家居装修特别忌讳尖锐的物品，如家具呈直角的棱、锋利的刀形装饰物、三角形的花边等。

圆形物品给人的感觉是饱满，代表着正面的力量，因而最好采用更为圆润的形状。

梁柱的边角冲射形成煞气主小的刀伤、伤灾或手术意外之伤等

哪些杂物会严重影响风水？

杂物是家中最大的煞气，只要它们堆放在能看得见的地方就会制造不好的风水效应。其中有三类杂物对风水的负面作用尤为突出。第一种是坏掉的电器；第二种是已经发霉、变质的物品及存放的垃圾；第三种是从未用过或只用了一次便被闲置的物品。

这三类杂物会散发出浓重的秽气，严重影响家庭运势。

杂物应该如何处理？

如果家中杂物四处堆放，不但影响美观，还会对风水产生不利影响。最好的办法是把杂物都收纳进柜子里，眼不见为净。

日常频繁使用的小物件可放置于小篮子内，放在柜子上、桌面或茶几下。对于那些会严重影响风水的杂物，应该尽快扔掉。在皇历上写有"除"的日子，将杂物扔掉，能改善家中风水。

垃圾桶应放在什么位置？

垃圾桶是污秽之物的集中地，不适合放置在吉利的方位。

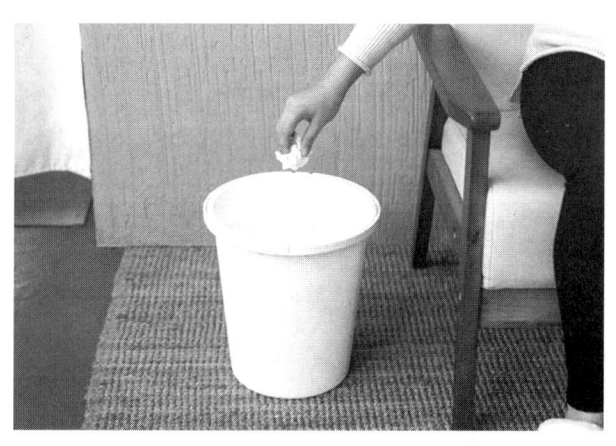

从使用方便的角度考虑，垃圾桶放在厨房以便及时处理做菜时产生的垃圾，在客厅的茶几旁也可放置一个垃圾桶，用来丢弃废纸之类的物品。卫生间里也要放置垃圾桶用来扔厕纸等脏污物品，这都是以方便使用来安排的。但要注意的是，这些放垃圾桶的方位不能是一个人命理的喜用神五行方位

在二十四山方位中，辰、戌、丑、未四个方位是适合摆放垃圾桶的。如果每间房都有垃圾桶，应注意它们在每间房所在的位置，如果不能将它们都放到合适的方位，至少家中收集主要垃圾的垃圾桶应该位于适宜的四个方位。

第七节　餐厅风水吉凶断

餐厅的风水布局对家人的健康状况以及彼此间的和睦关系有着极为重大的影响。鉴于饮食与人们的健康紧密相连，所以餐厅风水在健康方面的影响力不容小觑。

餐厅是一家人聚餐的地方，是促进家庭成员和睦相处的关键。良好的餐厅风水，能促使身体健康、家庭和睦、财源广进，凝

聚家庭成员的向心力。因而不但要在家中规划出餐厅区域,而且全家人还应当经常一同在此聚餐,这样一家人的感情才会越来越融洽。

房门正对餐厅、冲餐厅,不利健康,易得胃病,也不利婚姻

大门正对餐厅、冲餐厅,易使人饮食失调,体质变弱,小病不断,应设置一道屏风挡住

如果一进门就是餐厅,外界进入室内的气流径直冲向餐厅,在风水理念里,冲意味着散,这样直接冲射的气流属于阳煞之气,它会致使餐厅的阴阳气场失去平衡。导致家人在饮食上出现问题,不利身体健康,身体体质差,相比他人而言更容易患病,诸如感冒、

发烧这类小病症会频繁发作。

大门直冲餐厅，也会让宅主积蓄变少，存不下钱财。

餐厅是进食的场所，是为人体补充能量的地方。这个地方受到冲击，家人的能量供给出问题，导致健康出问题，这其实就是能量供给不充足，相当于生命的源头出现了状况。从生活角度来讲，生活的源头就是财，所以，财源也会出问题。

所以，大门直冲餐厅，也会使得居住在这个房子里的人彼此之间感情变得冷淡，没有热情、友爱的环境氛围。

餐厅的最佳位置在哪里？

餐厅应该在客厅和厨房之间，最好是位于住宅的中心，这样的布局不仅是备餐和进餐的最佳路线，也有利于增进亲子间的和谐。

厨房与餐厅之间用玻璃推拉门隔断，既各自有独立的空间，又紧密相关，当饭菜做好后，去餐厅用餐很方便，进而营造出家运兴旺的风水格局

如果是跃层或多层的住宅，餐厅切记不能放置在上一楼层卫生间的正下方，否则会导致好运受到压制。

餐厅最好位于住宅的东面、南面、东南面和北面。南面五行属火，充足的光线可以使家道兴旺，如火焰熊熊升腾，运势旺盛。东方及东南方属木，清晨从此方位升起的太阳象征希望，可以提高活力和生机。北面属水，能调和厨房中水与火的关系，使它们达到水火既济的最佳状态。

如果将餐厅设置在宅主本命卦的四凶方,利于压制凶方的煞气。

餐厅与厨房连为一体,容易致使家庭在理财方面出现混乱,家人也可能出现不理智消费的情况,负债和投资失利的概率会大大增加。

餐厅和厨房最好能各自形成独立的空间,虽然有些人家为了方便,将餐厅和厨房打通,或直接将餐桌摆在厨房里,但这在风水上是不利的。

厨房在风水上代表财源和财库,是堆积财富的地方;餐厅则是一家人共享食物、消耗财富的地方。两个地方有本质上的不同,如果连为一体,在风水上就会感应家中过度耗费钱财的情况出现。如果餐厅与厨房已经连为一体,应使用半镂空的屏风或玻璃制造出一个间隔来,把它们分隔在两个空间当中,这样就可以达到化解的目的。

开放式厨房,与餐厅连为一体,在同一个空间

方形是餐厅最好的形状。

餐厅最好呈方正的形状,能令在此进餐的家人感觉安稳、踏实。

餐厅有横梁压顶,主因投资失误而破财,心理压力大得几近崩溃。因此,要尽量设法避免将餐桌摆在横梁下。如果实在无法避免,做天花板吊顶，将横梁隐藏起来化解。

在风水学中，横梁和尖角都是忌讳，均会损害家人的健康。因此，对于不规则的餐厅，可以通过在屋角摆放家具和常青植物来化解。

餐厅屋顶倾斜，将导致宅主因非常规消费或不正常消费而引起破财。

倾斜的餐厅屋顶会对在餐厅用餐的人产生压力，如将餐厅设置在跃层式建筑的内楼梯下，更为不利。就餐时的紧张情绪会连带身体出现问题，从而影响健康。如果餐厅必须设置在有倾斜屋顶的房间，就尽量将餐桌搬到没有倾斜面的一边。如果无法搬离，就用天花板将屋顶吊平。

如果餐桌在楼梯下，就在楼梯最底部种植开运竹。

明亮的色彩装饰能增加餐厅的旺财功能。

客厅沙发和餐厅座位如果都在横梁的下方，对家人极为不利。谁长期坐在横梁下方谁就最倒霉，就算不坐在横梁下方，因为家中有这个风水形煞存在，家人的运气也会受到影响而变差，压力变大，精神状态和睡眠质量也会不好等。

在进行住宅的装修时，应尽量以明亮、轻快、素雅的色调为主，如以白色、浅黄色、浅橙色等为宜，并适当增加餐厅的照明（不能反光或太刺眼），这样可以增加火行能量，为住宅蓄积更多的阳气。

另外，在餐厅摆放一些富有生气的植物，可以增强住宅的阳气，提高财富运势。

卫生间对餐桌令宅主运气衰败、财运不好，还容易得各种小病。

餐桌在正对卫生间的地方，一方面，卫生间散发出的气味会影响进餐的心情；另一方面，在风水学上卫生间是"出秽"的不洁之地，聚集在此的阴气会影响家人的健康。

若住宅面积较小，致使餐桌无法摆放在别的位置，那就在卫生间门和餐桌之间放置一扇屏风，用以阻挡从卫生间散发出来的污浊之气。

方形或圆形的餐桌是吉祥的样式，而三角形或其他奇怪形状的餐桌会带来煞气，对家人产生不利影响。

卫生间的门正对餐厅或餐桌，不利宅主运势，应放置一扇屏风隔开

餐桌形状应规则，以圆形和方形为佳，这样更符合"天圆地方"的阴阳学说理念。圆餐桌从外形上看像十五日的满月，家人围坐时更能体现团圆的氛围，有利于人气的聚集和家庭成员之间关系的和睦。方形的餐桌四平八稳，四角无杀伤力，有稳重、公平之意，再加上又有四仙桌和八仙桌的说法，因此更加吉利。

若家中成员较多，可选择长方形或椭圆形餐桌。切记不要选择有尖角的餐桌，如三角形、菱形等。

不建议使用三角形餐桌

餐桌材质的风水。

在选购餐桌时,方便清理是首要遵循的前提。如果选玻璃、大理石等材质的餐桌,它们虽各有璀璨华丽与晶莹剔透之感,与现代简约时尚风格相得益彰,但从风水层面来讲,这类"凉性"材质会给人冰冷的触感,不适于饭后久坐闲聊。

因此,这类材质作为餐桌时,只适合于快餐厅、酒店等处,毕竟顾客用完餐便离开。但若是居家日常使用,会让餐厅充斥过多阴冷气息,时间一久,不利于健康,也不利于感情。

木质的餐桌拥有环保、亲和的特点,再加上来自山林的自然气息,更有利于吸纳。另外,从风水上说,木质餐桌性质温和,无论是家人围坐用餐,还是闲暇品茶畅谈,都更容易产生亲近感,使家庭和睦。

餐桌的尖角对着座位会成为一种煞气,主伤病。

无论身处何种场所,就座之时,都要尽量避开桌角正对着自己的位置,毕竟这样的情形从寓意上来说,仿佛意味着霉运将至,可能会遭遇受伤的情况,又或者容易碰到小人使绊子,就连要做的事情也会变得麻烦重重。

客厅中的供桌。家中吃饭的地方最好不要有供桌,餐厅也不要正对着供桌。供桌最好单独有一个空间

餐桌每天都要使用,方便及安全性是首要考虑因素。如果桌角太尖,容易撞伤或刺伤小孩。另外,尖角在风水学中被认为是禁忌,越尖的角,杀伤力越大。若餐桌有尖角,则会伤及家人的健康,容易导致家人之间的口角矛盾。

餐桌过大的风水形态:用餐人数少而桌大,会让人确立过高的、不切实际的目标,做事浮夸,光说不练,缺乏执行力与持久力,做事不量力而为,对财运和事业的发展极为不利。

有的人因追求奢华大气的效果而购置大餐桌,如果餐厅空间宽敞,则没有什么坏处,但厅小桌大,就会导致通行不便,影响风水。

如果家中日常用餐人数不多,坐在大餐桌旁也会营造出一种人丁不够兴旺的氛围。

较为理想的是那种家人入座后最多空余两个位置的餐桌,如此便能营造出家人齐聚一堂的欢快氛围,也为可能到来的客人预留了空间。

餐桌设置在过道主家财不聚,家中的人乱消费,钱存不住。

餐桌是一家人享受美食的地方,因而此处适宜安静且充满温馨之感。一旦此处设置了过多的通道,就会出现过多的气流。在多股气流中就餐，就如同身处旋涡之中，令人产生紧张之感。长期在此环境中进食，势必影响健康。因而餐桌周围要尽量少布置通道。

客厅与餐厅之间没有隔断，形成一个长长的过道空间，在这个空间当中设置餐桌就相当于餐桌受到道路路冲的影响，对家人健康不利，易得肠胃疾病，小孩子容易拉肚子，时间长了孩子会过于消瘦

餐桌对着神台会有什么危害？

餐桌最好不要对着神台。神台上供奉的都是神仙和祖先，仙凡有别，人鬼殊途，故而不宜与现实生活中的人有太多亲近的空间。

如果神台上供奉的是佛祖、观音等佛教人物，却每日看着一家人在餐桌上大鱼大肉，实为不敬。两相犯冲，必定对人的健康有所损害，因此还是让神台远离餐桌为宜。

餐桌使用烛形吊灯容易让家运变差。

有一种吊灯是将灯做成了蜡烛的形状，如同古老的欧式城堡中的蜡烛吊灯一般。

但在中国，白色的蜡烛通常用于丧事，如在餐厅中悬挂烛形吊灯，无疑是将一堆白蜡烛放在了餐桌上。就餐时与白蜡烛相对，会不停地在潜意识中对人的健康产生负面影响。

但如果烛形吊灯不是白色，而是别的颜色，则没有这方面的顾虑。

和谐环居

家庭的餐桌上方不宜使用这种烛形吊灯。因为蜡烛尤其是白色的都是在办丧事时使用的，而且这种灯光会招来阴煞之气，并同时给人的心理造成不利影响，夜间会对人的精神产生不利的刺激，会让人做噩梦，对身体健康与事业等带来不利影响

吊灯位于餐椅正上方会压制人的运程。

餐厅常使用吊灯做灯饰，但要注意吊灯千万不要位于餐椅的正上方，否则就餐的人会被灯压，但是在餐桌正上方则无碍。

餐厅的灯为了增加食物的效果，灯光的方向多是向下的，这就如同有把火剑从天而下。如果就餐的人坐在灯的下方，就会有悬剑在头的感觉。长期被灯压会影响人的运程，化解的办法是改变座位的位置，即使稍微移开一点也是有效果的。

餐厅摆设鱼缸和植物可以旺运。

在餐厅摆设鱼缸和盆景有助于增加餐厅的活力，令在餐厅就餐的家人心情愉悦。

吊灯位于餐椅上方，压在哪个椅子上方就压制谁的运气

鱼缸中的鱼最好选颜色鲜艳的，数量应为单数。

如果家中女主人的命卦水多，则应种植绿色的阔叶植物，以示生命旺盛、生生不息，助旺财运。

刀叉做饰物最容易变成煞气导致伤灾。

近年来流行一些刀叉形状的装饰物品，虽然造型别致，但刀叉的形状始终具有煞气，应小心对待。

刀叉是利器，在五行中属金，如果正好摆放在西方或西北方的

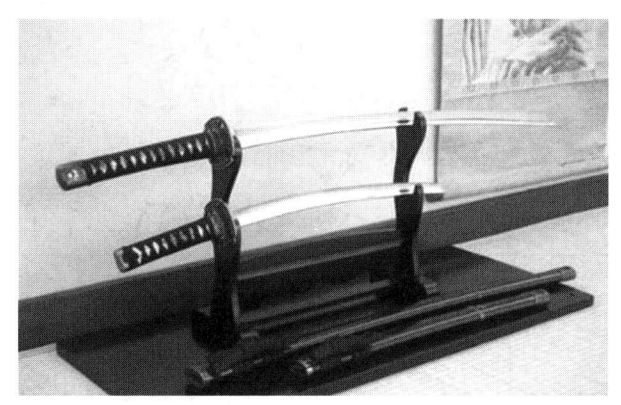

刀架与刀，刀不入鞘则成为煞气，时间长了会给家人带来血光之灾

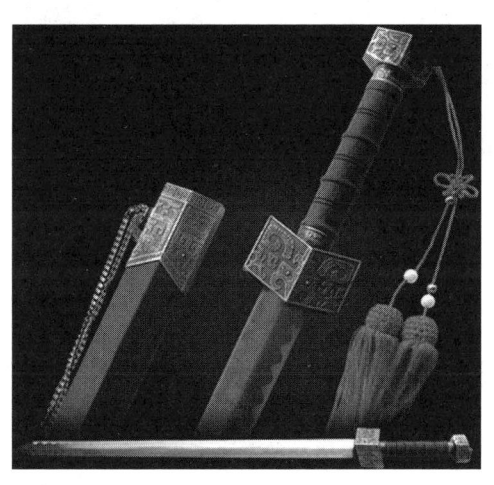

宝剑为杀戮之器，又为君子配饰，五行属金，其锋锐无双，可镇邪祟。如果有木土两种五行的邪煞之气，此宝剑之威可化解

位置，因为西方为兑金，西北方为乾金，这两个方位会助长金气的力量，增加刀叉的煞气程度，所以可能导致家人受伤。

而南方为离火，如果南方悬挂刀叉饰品，则对金五行有克制作用，所以能减轻这种刀叉的煞气。

第八节　厨房风水吉凶断

如何根据五行确定厨房的方位？

按照五行观点，厨房属火，西北方和正西方五行属金，如果厨房设在这两个方位，就是火金相向的格局，会使运气反复。

厨房在西北位，厨房为火，西北为乾卦为父亲、丈夫，火克金，厨房在西北位，不利家中父亲、丈夫，且不利于事业的发展。因为乾卦为事业，受克则事业不顺利多挫折

西南方属土，土泄火气，不利厨房。且西南方又是病符所在的方位，厨房是烹制食物的地方，容易导致病从口入，不利家人健康。

正东方和东南方五行都属木，如果厨房设在这两个方位，为木火通明的格局，利于贵人运，能得到他人的扶持和帮助。

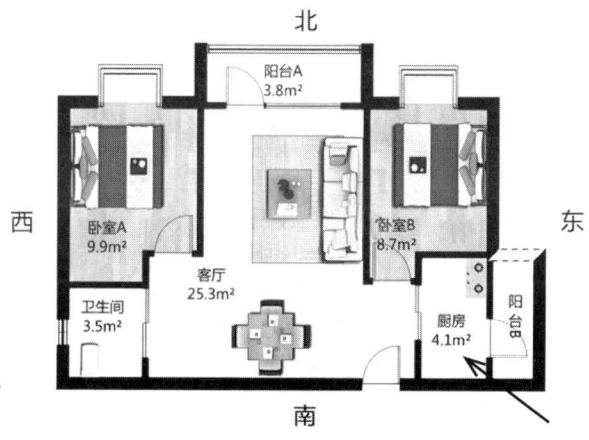

厨房在东南方位

北方属水，虽然水能克火，但在此处却为水火既济，厨房在此能保家人平安。

厨房在正北方

东北方属土，厨房在此为火土相生，是祥和融洽之兆。

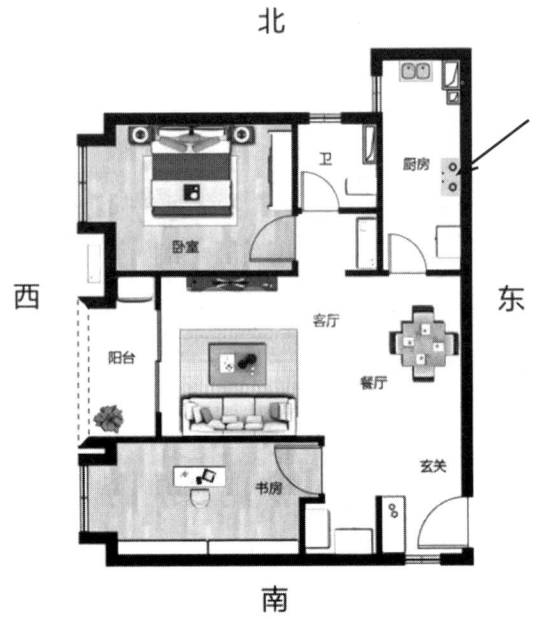

厨房在东北方位

南方属火,虽然助旺厨房,却是火上加火,只能算是小吉。

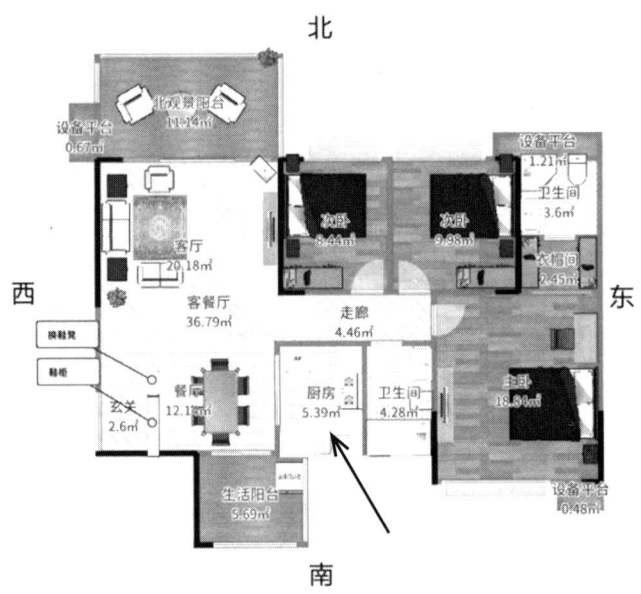

厨房在正南方

如何利用厨房压制煞气？

厨房原本是火气重的区域，有压制凶方煞气的功能，因而宜将厨房设在宅主命卦中无关紧要的方位或四凶方。经常使用厨房的灶火，能增强厨房的阳气，以调和凶方煞气，起到改善风水的作用。

厨房位于西北方有什么害处？

西北方为乾方，代表天，如果厨房位于西北方，就形成了火烧天门的格局。火烧天门对健康不利。而西北方代表的家庭成员是父亲，这就可能导致家中的男主人患上肺部或肝脏部位的疾病。

同理，炉灶也不能放在厨房的西北方。从宅命盘来看，山星六出现的方位也不能设置厨房或炉灶，这也是火烧天门的格局。

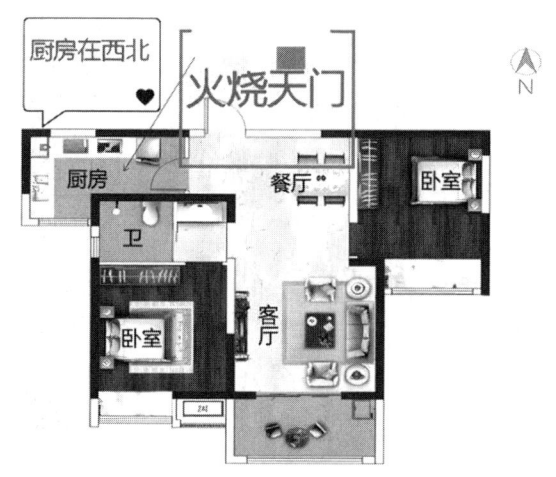

厨房在西北方位，为火烧天门的不利风水

厨房改造有什么禁忌？

房屋最忌封闭，无论是窗户、阳台，还是天井，至少应该有一面要对着空旷的地方。

在进行厨房改造时，切忌将厨房的位置放在住宅的中间，或是在厨房后自行加盖房间，这样原本靠后的厨房位置就变成屋子中间，不仅妨碍厨房的通风换气，还会对屋主的家运造成影响。

厨房门的朝向有什么忌讳？

和谐环居

《阳宅三要》中说："开门见灶，钱财多耗。"因此，厨房门如果正对住宅大门，会有损健康，并导致运气反复，不易聚财。

大门正对厨房门，长期居住不聚财，家人有肠胃疾病、婚姻不和睦。厨房门正对着卧室门，油烟易进入房间，使人头昏脑涨，脾气暴躁。

灶台是财库，厨房门如果正对着灶台，在风水学中就被称为财露白。要是厨房门长期敞开，而且一眼就能看到灶台，那就代表钱财流失，应尽量避免。

如何化解厨房正对阳台形成的"穿心"格局？

厨房正对阳台就形成了风水学上的"穿心"，不仅会导致家中财气难以聚集，还会有破财之事，严重的还会对家人和谐产生负面影响。

为了化解这种"穿心"的格局，在不影响行动的前提下，可以在阳台与厨房门之间的合适位置安置柜子、屏风等来化解。还可以在与厨房门相对的阳台位置摆放几盆大圆叶绿植，并放置一块景观石，如此便能有效化解这一"穿心"格局。

厨房能否和卫生间同门进出？

厨房是住宅的口福之源，所以必须多吸纳吉气。卫生间则是住宅的污秽之地，会散发不吉之气。另外，厨房属火，而卫生间却是属水，两者同用一道门进出，会导致水火不容，引起家中夫妻关系不和。另外，从卫生上

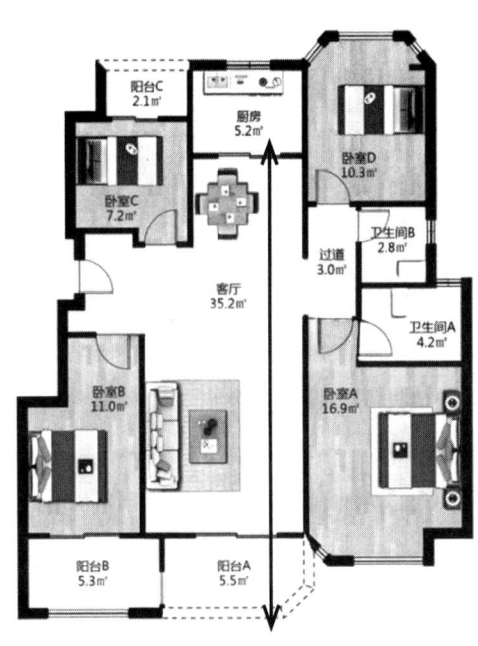

厨房正对阳台，形成"穿心"格局

说，卫生间紧邻厨房，也容易造成各种细菌、病毒的污染。

厨房与卫生间共用一个出口犯了风水大忌。出厕所门就进入厨房，厨房与卫生间连在一起是衰运的风水，求财艰难，时间长了，破财、失业、生意失败、婚姻情变、离异等。这种格局的房子，如果无法重新装修改变，就不要再住了，建议换房子

厨房与卫生间应尽量隔开，否则卫生间的污秽之气会全部冲到厨房，钱财当然也留不住了。另外，就算卫生间暂时不能用，也千万不能把衣服脱光了在厨房里擦身子，这是对灶神的大不敬，会影响到财运。

卫生间冲厨房、大门冲床、大门冲阳台形成穿心煞

为什么厨房的地面要比其他房间低？

从风水学的观点看，住宅的房间是有主次之分的，厨房不能高于客厅和其他房间。这样，从厨房到其他房间，意为步步高升。

另外，从房间的使用功能上说，厨房地势低于其他房间，可以有效防止污水倒流。

厨房该用什么样的色彩进行装饰？

在进行厨房装饰时，选择适当的色彩可以有效地解决视觉和心理方面的问题。

如果厨房空间较小，宜选择亮度高、色调淡的颜色，这样可以产生舒适宽敞的感觉。反之，对于宽敞的厨房来说，选择暖色调的颜色进行装修，可以去除厨房的空旷感。

厨房朝北，可以选择偏暖的色彩，可以提高室内的温度感，使空间显得热情活泼，也可以增强食欲。

为了避免夏季时阳光直射带来的炎热，朝东南的厨房可以尽量多采用冷色调来装饰，既显得宽敞舒适，又达到了降温凉爽的效果。

朝南的厨房选择冷色调会使家庭在炎热的夏季时有一股清凉的气息，使家人心情舒畅而不急躁，有助于事业与家运，这对于南方的住房来说尤其合适

为什么说厨房以白色最好？

依据风水理念，厨房颜色选用白色最为适宜。

首先，白色能够彰显良好的卫生状况，一间洁白无瑕的厨房会令人对食物的品质充满信心。

其次，厨房的色调和人的食欲有着密切的关系。色彩能够在潜意识中调动起人的情绪，在用餐过程中，无论哪种情绪被调动起来，都会对食欲产生抑制，从而影响到进食。

白色是所有色彩中最简单的，有助于情绪的平复。不管是端菜还是盛饭，当人走进厨房时，厨房四面的白墙能够使饭前各种激动的情绪渐渐平复，使人的注意力转移到饭菜上，从而唤起食欲。

炉灶不适合设在什么地方？

作为烹制食物的地方，炉灶不宜设在横梁下方，会让人有种受压制的感觉。

横梁压灶

炉灶不要位于上一层卫生间的下方，卫生间的秽气会影响炉灶。炉灶也不能位于水管的下方，水火相冲，会影响财运。

在安放炉灶时，背后一定要是实体墙，不能安放在玻璃墙或其他没有依靠的地方。否则，灶后虚空无所依靠，会影响宅主的家庭健康、婚姻和功名等。另外，也不可在抽油烟机和炉灶之间开窗，否则会漏财。

炉灶不适合设置在厨房的中央，否则容易导致厨房中心火气过旺，进而影响家人情绪，导致家庭失和。

灶台设置在哪些方位最为吉祥？

厨房代表居住者的财帛、食禄及健康状况等，其方位会影响到家庭的健康与发展。从总体原则来说，将厨房设在东方、北方、东北方和东南方，最为吉祥。

将灶台设在厨房的北方或者东方最好，不仅可以使家人健康、长寿，也能让家中的小孩儿茁壮成长，精神十足。将灶台设在厨房的北方，避免水灾、火灾以及诉讼纠纷等意外，寓意着家庭平安。把灶台设在厨房的东方，可以聚集财气，有助于形成勤俭持家的氛围。如果灶台设在东南方，则可以防止祸害。

应该如何安排炉灶的朝向？

在风水学中，传统炉灶的朝向是以进柴火的入口为向，现代炉灶的朝向是以炉灶开关为向。

如果单就厨房而言，在厨房门斜对角的位置安置灶台，可使炉灶不与门相冲，又能接收从门口进来的生气，利于宅运。

炉灶的朝向是以炉灶开关为向

具体安装炉灶，还应根据整个房屋的情况来定。炉灶的朝向切忌与住宅朝向相反，此为背宅反向的格局，属不吉之象，容易招致是非口舌，家人不和，钱财外流。如果因为厨房布局的关系，将炉灶对着宅主的任何一个吉方，以促进家庭和谐。

北方属水，为防止水火攻心，炉具不宜坐南向北设置，也不宜正对着门窗等风口，否则容易引发火灾。

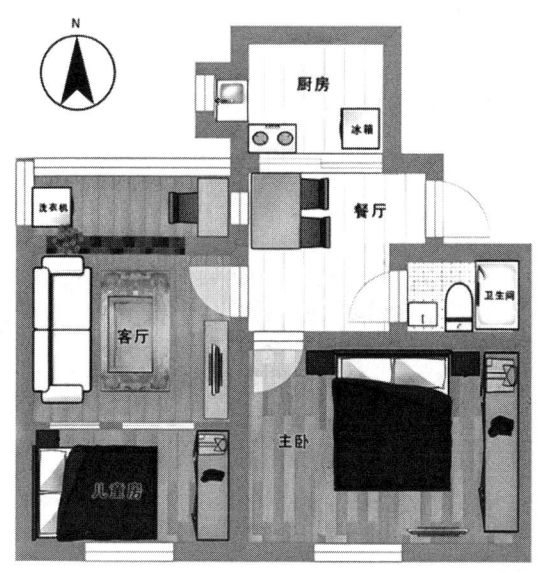

厨房在北方位，但厨房当中的炉灶是坐南朝北的，炉灶的坐向是不利的风水

炉灶不能靠近哪些物品？

炉灶代表了五行中的火，为了避免水火相冲，应使其远离并略高于五行属水的洗碗池。炉灶与洗碗池呈垂直摆放是最好的，如果顺排摆放，至少中间要留一个可以切菜的缓冲带。忌将炉灶放在水槽和冰箱之间，双水夹火，可能导致祸事不断。

洗碗机、洗衣机等电器也属水，也不宜紧邻炉灶摆放。冰箱的属性比较复杂，它既有水的属性，也有金的属性，因而炉灶至少应与它保持三十厘米的距离。

炉灶与水槽的位置搭配要符合风水原则，不能正对相冲，而要隔离开来，位置不能紧挨着，也不能正对相冲，因为炉灶属火而水槽属水，两者紧贴或者正对就会造成水火相克的风水煞气，可能引发夫妻间的矛盾，甚至导致多种疾病的发生。

炉灶在床前有什么害处？

如果炉灶墙后是卧室的床头，可能导致患上眼睛疾病。炉灶在五行中属火，其性质燥热，是燥火；眼睛的五行也属火，两者相加，如同火上浇油，过犹不及，使眼因火气过重而得病。即使炉灶和床之间间隔有一堵墙，如床头靠着的墙后就是炉灶，也有同样的风水弊端，应尽快将床搬到远离炉灶的地方。

床头对着厨房的炉灶，睡此床靠山为凶，为不利风水，对健康有严重影响

厨房能不能只用电磁炉而不要煤气灶？

厨房风水的好坏直接影响到整个住宅的风水，而炉具又是厨房中最重要的物件，日常生活中依靠它们来烹饪美餐，因此炉具也是创造力和贡献力的象征。

在进行炉具的选择时，最好选择明火炉具，如煤气灶等，熊熊的火苗一方面可以弥补某些厨房由于先天格局造成的黑暗；另一方面可以提升厨房的能量，增加财运。

现代家居厨房以燃气灶为主、电磁炉为辅，最好不要用电磁炉作为唯一做饭做菜的主灶，尤其对于命理或卦理需要火五行的人来说，一定要有一个厨房，并且经常亲自下厨做饭做菜，这样运气才会越来越好。

现代家庭对电磁炉的使用较多，普遍认为它干净、方便，而且没有废气排放。但是，电磁炉释放的磁力会对住宅的磁场造成破坏，要尽量避免用它作为主炉。

灶神应供奉在何处？

灶神掌管一家饮食烟火之事，厨房是其主要的"工作场所"。通常会选择在炉灶附近的墙上设置神龛供奉灶神，这象征着灶神与炉灶紧密相连，便于其监督和保佑家人的饮食平安。

厨房是灶神的栖身之所，可将灶神供奉在厨房的南面。灶神五行属火，正合适于属火的南方供奉。

供奉灶神的位置高度也有讲究。神龛应放置在较高的位置，高于人的视线水平，这样表示对灶神的尊重。一般离地面1.5米至1.8米左右比较合适，让灶神能俯瞰厨房的一切活动。

如何利用电饭锅做成旺运风水？

灶神爷

电饭锅在煮饭的时候会冒出大量的蒸汽，其巨大的能量能有效地催旺所在方位的飞星，起到改造风水的作用。

要想改善家人的健康，可以将电饭锅放在天医位；要想财源滚滚，可以将电饭锅放在财位。如果想改造整体家运，需要按照住宅的宅卦来分析吉星所在方位；如果想改造个人命运，需要按照个人的命卦来分析吉星所在的方位。

厨房的冰箱该怎么放？

冰箱五行属水，而炉灶属火，两者相

遇必定有一方会被削弱。因此，冰箱不宜摆放在正对或紧邻炉灶的位置，容易导致家人身体不顺。

在避开炉灶的情况下，冰箱最好是朝北摆放，既可以纳北方的寒气，又可以避免因水火不容而产生的家庭口角

冰箱的位置应该在凶方还是吉方？

冰箱是冰冷而笨重的电器，不少人认为用它来压着凶方是再合适不过的了。但风水中对凶方的禁忌是，宜静不宜动，而冰箱是家中运转时间最长的电器，几乎二十四小时不停歇，将其放置在凶方，无疑会扰乱凶星，刺激它肆虐横行。再者，冰箱是家中储藏食物的地方，为家中的财库，将财库放置在凶方，怎么想都是不好的。故而冰箱应放置在吉方，而非凶方。

如何根据五行选择冰箱颜色？

现在的冰箱有很多种颜色，不过最多的还是白色。白色在五行中属金，五行需要金的人就应该选择白色的冰箱，而忌金的人则建议选择别的颜色。

五行需要水的人，适合选用蓝色的冰箱；五行需要木的人，适合选择绿色的冰箱；五行需要火的人，适合选择红色的冰箱；五行需要土的人，适合选择黄色或咖啡色的冰箱。

如何利用冰箱招财？

在传统的家庭观念中，一个储备丰富的冰箱，就像过去装满粮食的粮仓，代表着家庭的富足和安稳。

冰箱作为食物的储存之地，象征着家庭的富足与稳定，在风水中被视为"财库"。要想招财进宝，首先就要让冰箱内始终保持充实，就像真正的财库需要满满当当的财富一样。建议定期检查冰箱内的食物储备，及时补充新鲜的蔬菜、水果、肉类等各类食品。这不仅能让家中生活物资丰盈富足，从风水的角度来看，更寓意着财富源源不断，生活富足美满。

米缸应该如何摆放？

米缸是储藏粮食的地方，通常四方一致，故而没有朝向的问题。不过米缸五行属土，把米缸放置在土气旺盛的西南方或者东北方是最为理想的。需要注意的是，因为木会克制土，所以最好不要把米缸放在木气很旺的东方和东南方。

米缸作为粮食仓库，有财库的意味，米缸充实，则家中富有，米缸缺粮，则家境窘迫。其实很多家庭不是没有钱，只是疏于对米缸的重视，而时常出现米缸缺米的现象，这就会对家运带来不利的影响。最好的办法是时常关注米缸的存米，及时补充，才能让家有富足的感觉。

如何摆放厨房用品？

尽量安排好厨房用品的摆放位置，有序地摆放不仅方便使用，也能使厨房保持干净整洁的状态，令人心情舒畅。

置物架、搁架、搁板之类的物品，最好选用带有圆角或圆边的款式，以此规避因尖角而产生冲煞。像各种菜刀、水果刀，还有筷子、刀叉等用品，均需收纳进橱柜的抽屉内，而不适宜插放在刀架之上或者径直挂在墙壁表面。

厨房中能否安装镜子？

有些厨房较狭小、阴暗，为了增加厨房的亮度，有些人会在厨房中安装镜子，殊不知这是风水中的大忌。

风水中忌讳镜子照到炉灶,尤其是当镜子安装在炉灶之后,照到锅中正在烹饪的食物,则是大忌。在风水上,这种格局为"天门火",大大地增加了厨房的火气,容易招致火灾或不幸。

厨房餐厅合一,厨房中的镜子。镜子是整理妆容时用的,主要的功能就是看脸,其次就是看衣着是否得体,而厨房是做饭的地方,这个地方是处理食物材料、加工生产的地方,有油烟、水汽、血污等物,根本不是与整理妆容有关的地方,所以在厨房安放镜子实为多此一举,此风水会感应家人做事不专注,三心二意,没有过硬的本领,所以事业、财运都不好

在通常情况下,家中大多数都是女主人入厨,因而炉灶也代表了家中的女主人。如果镜子照到炉灶,则代表女主人脾气暴躁,还有可能出现第三者破坏家庭。

什么植物适合摆在厨房里?

厨房的环境湿度比较高,非常适合植物的生长,而植物的色彩和生命力,也能为厨房带来更多的生气。

在选择植物时,应该排除那些娇贵难养的品种。另外,厨房的油烟多、温度高,也不适宜摆放大型的盆栽。因此,像吊兰、凤仙、吊竹草之类的小型盆栽就很适合。尤其是吊兰,它可以有效地吸收厨房内的一氧化碳、二氧化碳、二氧化硫以及氮氧化物,过滤空气中的有害气体。

厨房中的植物应放在窗口或窗外的平台上。厨房是炒菜做饭的地方,油烟与污染较多,实在不是摆放较大花木与藤蔓花木的地方。花木易着油烟,而且落了油烟之后极难清理,导致植物难以存活,因此在厨房内部区域,尤其是炉灶旁边实在不适宜摆放花木

另外,不同方位的厨房也有不同的植物摆放讲究。如果厨房位于南方,则适合摆放观叶植物。因为此方位会受到太阳光的强烈照射,会使人产生乱花钱的倾向,而观叶植物可以缓和太阳气,有助于储蓄。

炉灶旁边摆花,为华而不实,虚浮的生活当中蕴藏着未来的不幸。是女人当第三者最后被抛弃的风水。丈夫花心或夫妻都不顾家、都有外遇的风水

厨房摆放植物的最佳方位是在东方，也可以在冰箱附近摆放红花植物，有利于保持身体健康。尤其是当厨房位于西方时，在窗户边摆放三色紫罗兰、水仙或其他金黄色的花，一方面可以抵挡恶气，另一方面也能带来财运。

第九节　卧室风水吉凶断

1. 卧室有怎样的风水作用？

科学研究表明，人体本身产生的能量流不断流动会形成一层"气场"，相当于给人体穿上了一层盔甲，而这种"气"在人进入睡眠状态时最弱，也最容易被外界不良因素所侵入。

人每天在卧室中停留的时间大约是六到八个小时，是停留时间最长的空间，因此，卧室的布置应当受到重视。

2. 如何根据需要安排卧室的方位？

住宅的西南和西北两个方位的卧室能够提高居住者的责任感和成熟度，对家庭中的成年人非常有利，使其更容易在生活和工作中得到他人的尊重。

对于有失眠现象的人来说，位于住宅北方的卧室可以使其安静下来，使失眠的情况得到缓解。

家中年轻人的卧室位于住宅的东部或东南部，而夫妻的卧室则适合位于住宅的西部。

3. 卧室是不是越大越好？

风水理论指出"屋大人少，是凶屋"，认为大房子会吸"人气"。因此，即使是皇帝的寝宫，面积也不会超过二十平方米。其实风水中所说的"人气"就是"人体能量场"。人体是一个能量体，无时无刻不在向外散发能量，就像工作中的空调，房屋面积越大所耗损的能量就越多。因此，卧室面积过大会使人体因耗能过多而导致抵抗力下降、判断力下降、精神不振。所以卧室面积控制在十至二十平方米最为合适。

4. 如果卧室是刀形怎么办?

卧室的形状像刀把一样。通常这种布局在空间的一侧会有较长的墙壁，而另一侧相对较短，形成刀的形状。卧室的主要区域可能是宽敞的部分，不过越往内部延伸，空间变得越来越狭窄。

若要化解此类刀形卧室所蕴含的煞气，可采取在刀把位置构建衣柜或者收纳柜的方式，以此竭力让卧室的主要区域大致呈现出方形的轮廓。

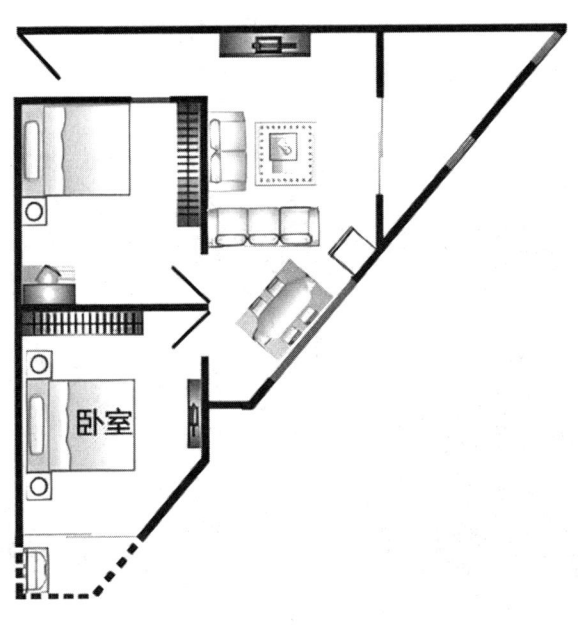

刀形卧室

5. 卧室适合采用什么形状?

一般来说，卧室的形状最好是方正的，有利于通风，但是也不宜太狭长。

卧室的格局与感情有着密切的联系，如果卧室不是方正的格局，不仅恋情发展不稳定，还会导致恋爱双方脾气暴躁，缺乏耐性。特别是狭长的卧室，会让人变得孤僻、冷漠。

为了化解这种影响，设法将卧室变得规则。对于较为狭长的卧室，可以隔出一个更衣室、储藏室或者专门的工作空间。如果卧室有尖角或者斜边，可以在尖角的地方用布帘加以掩饰，还可以利用斜边设置搁架或书架。

6.卧室有横梁怎么办？

卧室最忌讳有横梁存在，它会令居住者承受巨大的精神压力，始终处于紧张不安的状态中。

尤其是当横梁压床的时候，会对居住者产生很大的危害，如果是夫妻，就可能导致夫妻间争吵不断、处处猜忌；如果是老人或小孩，就可能导致他们身体虚弱，发展受限。

横梁压床正上方，这样的布局住的时间长了，身体有病，事业受阻，速速将床移位，以避开此煞带来的不良影响为妙

化解的办法是用天花板将横梁隐藏起来，如果房间不够高，可以用布将横梁包裹。如果横梁在床头部位，最好在床头两边放置床

头柜,并多放枕头、靠枕。

7. 卧室颜色的选择原则是什么?

卧室是休息的场所,所以应优先选择能让人放松的颜色。例如米白色、淡蓝色、浅灰色等,让人的身心得到舒缓,减轻焦虑情绪,有助于提高睡眠质量。

过于鲜艳、明亮的颜色,如大红色、鲜黄色等,一般不太适合作为卧室的主色调。大红色容易让人兴奋、紧张,可能会影响睡眠;鲜黄色虽然活泼,但也可能会让人产生视觉疲劳,在卧室这种需要安静氛围的空间里,会显得过于喧闹。

8. 如何根据卧室的朝向决定其颜色?

卧室颜色的选择可以根据卧室的朝向决定。

坐北的卧室,可以用灰白色、米色、浅粉红色、淡红色。

坐东北的卧室,可以用浅黄色、铁锈色。

坐东或东南的卧室,可以用浅蓝色和浅绿色。

坐南的卧室,可以用浅紫色、浅黄色或灰色。

坐西南的卧室,可以用浅黄色、浅棕色。

坐西的卧室,可以用浅粉红、白色、米色。

坐西北的卧室,可以用灰色、白色、浅粉红、浅黄色、浅棕色。

9. 如何根据居住者的五行决定卧室颜色?

卧室是一个人每天待得最久的地方,一般至少为六到八小时。利用卧室的颜色来补五行所缺,是再合适不过的了。

五行需要补水的人,适合住在淡蓝色的卧室中。

五行需要补木的人,适合住在浅绿色的卧室中。

五行需要补火的人,适合住在浅粉色或浅紫色的卧室中。

五行需要补土的人,适合住在浅黄色或米白色的卧室中。

五行需要补金的人，适合住在白色或灰色的卧室中。

10. 如何恰当设置卧室的光源？

阳宅风水上有"明厅暗房"的说法，意思是客厅的采光要尽量明亮，而卧室则需要相对柔和的光源。因为卧室是人们休息的地方，太强的光线会使人心神不宁，影响到休息和睡眠质量。

在选择卧室的光源时，应尽量少用日光灯，最好采用白炽灯来照明。

若需要设置夜间的照明光源，切忌光源直接照在脸上。正确的做法是将光照向天花板，利用反射的光线达到照明的效果。

卧室的吊灯不宜安在床铺的正上方，容易引发肠胃问题

11. 卧室窗户有怎样的讲究？

尽管有"明厅暗房"的说法，但要是卧室完全漆黑一片，总归不会让人感觉舒适。

卧室最好能有一扇通向室外的窗户，好让室外的新鲜空气与室内的混浊空气进行交换，保持良好的通风效果，这对健康有益。

当窗户朝向东边或西边时，早上和下午会有强烈的光线射入，影响休息。相比之下，窗户朝南或朝北更为理想。

阳光是阳气的重要来源。尽管卧室主要用于夜间休息，但白天同样需要阳光照射。如果卧室在白天没有接收到阳光，一片阴暗，即便夜晚有灯光照明，也难以改变室内阴盛阳衰的气场。长此以往，卧室的阴气会越发浓重，进而引发一系列风水问题，对健康、事业、财运等都将产生不利影响，导致运势衰退。所以，卧室设置窗户采光是至关重要的

卧室窗户数不宜过多，它在带入新鲜的空气和明亮的阳光时，也可能会带入煞气。

在窗户上安装厚窗帘是最好的选择，厚窗帘具有三大作用：一是能够阻挡煞气，二是可以保护隐私，三是可以减弱强光，有效减少窗户带来的不利影响。

12. 卧室窗户是否可以挂风铃？

窗户挂风铃好不好取决于挂风铃的目的。若不存在风水问题，只是单纯为了美观或聆听风铃声音而挂风铃，可能会产生不利影响。

若窗户朝阳，阳光充足，由于阳光之火能克风铃之金，这种情况下挂风铃无妨；若窗户朝北，光线较暗，就不适合挂风铃，因为在阴暗处挂风铃容易招来阴灵或阴煞，对体质弱、阳气不足之人的精神会产生不良影响。如果住宅窗户在某个流年处于五黄煞或二黑煞气所落之地，且窗户需经常打开通风，窗户的开合会引发五黄、

二黑煞气，给家庭带来疾病或灾祸。这时要用发动的金五行来化解发动的五黄与二黑，那么这个时候，摆动的风铃就是最好的化煞物与装饰物，挂上一串风铃就能将风水煞气悄然化解。

13. 卧室是否能设置落地窗？

卧室的功能主要是用于休息，落地窗虽然能看到更多的景致，但巨大的窗户可能在夜间变成一面大镜子，而且落地窗的悬空感也会给人带来紧张感。尤其在半夜睡醒后，落地窗容易让人产生错觉和不安全感。

大落地窗的海景房

卧室落地窗在一楼有安全隐患，除非是安保非常好的小区，否则不宜在一楼卧室设落地窗。如果是高层住宅，卧室落地窗外要有阳台空间作为缓冲才可以设置，否则落地窗与外墙一起，给人危险的感觉。

另外，由于玻璃结构不容易保暖，这就致使处于卧室的人需要消耗更多的能量。同理，卧室的阳台也有这样的问题。因而有落地窗和阳台的卧室都不宜居住。

如果卧室里已经有落地窗和阳台，应安装上不透光的厚窗帘，并在睡觉前拉严窗帘。

14. 卧室门有什么禁忌?

卧室是让人休息的场所，营造一个安静且舒适的休息环境十分重要。门是隔绝卧室与其他环境的重要屏障，一定要有较好的密闭性。

卧室门最好不要对着人来人往的大门，也不要对着产生污浊的卫生间或油烟四散的厨房。

大门冲卧室门形成风水煞气，要在两者之间摆放屏风隔断

因为卧室门是经常打开的，如果对着大门、厨房或卫生间，则应在两者之间设置屏风或门帘，以将它隔开。

浴室门、厕所门与卧室床相对形成风水煞气，在它们和床之间设置屏风隔断来阻挡煞气，以此来改善卧室内部的气场环境

15. 卧室有两扇门会有怎样的危害?

如果卧室有两扇门，则如同房屋既有前门也有后门一样。这不是"藏风聚气"的好格局，它会令从一扇门进来的生气，从另一扇

门流走，不利于财运。再者，卧室是夫妻的私密空间，如果有两扇门则如同给了更多的人进入的可能。这种漏气的格局，不仅可能导致夫妻不和，严重的还可能会招引烂桃花，进而对家庭造成破坏。

16. 床的位置怎样摆？

正确的安床方位不仅可以提高睡眠质量，还能防止梦魇的发生，避免产生不安和心慌。

在安床时，床头要紧靠实墙，同时也要避免靠在住宅的外墙一侧。如果床头与后面墙壁之间存在空隙、有窗户或者正对着门，流动的空气便会冲向人的头部，使人极易感到头部发凉，对睡眠质量造成不良影响。此外，还会令人产生背后有人的错误感觉，导致睡不安稳。

对于有落地窗的卧室，要避免将床紧靠落地窗安放。否则，不仅会引发呼吸系统感染、偏头痛之类的疾病，在风水上也会导致漏财。

17. 如何根据东西四命摆放床？

床的方位如果能跟人的命卦相配，那是最合适不过的了。风水学认为，东四命的人，应该配东四床；西四命的人，应该配西四床。也就是说，东四命的人可以将床摆在东方、东南方、南方、北方；西四命的人可以将床摆在东北方、西北方、西南方、西方。

具体来说，坎命的人，床最适合摆放在东南方，其次是北方；

艮命的人，床最适合摆放在西方，其次是东北方；

震命的人，床最适合摆放在南方，其次是东方；

巽命的人，床最适合摆放在北方，其次是东南方；

离命的人，床最适合摆放在东方，其次是南方；

坤命的人，床最适合摆放在西北方，其次是西南方；

兑命的人，床最适合摆放在东北方，其次是西方；

乾命的人，床最适合摆放在西南方，其次是西北方。

18. 床的不同朝向有什么风水讲究？

每间卧室都存在五气，即生气、旺气、泄气、煞气、死气。床朝向不同的气，则有不同的吉凶效果。吉凶的判断，是以五气的吉凶而定的。五气中，生气、旺气为吉，泄气、煞气、死气为凶。

风水中最喜的是床坐吉向吉，如坐生向生，则能名传中外；如坐生向旺，则能富贵双全；如坐旺向生，则能先富后贵；如坐旺向旺，则能财源广进。坐凶向吉也有较好的风水效果，如坐煞向生，能威震八方；坐煞向旺，能八方进贡；坐死向生，能绝处逢生；坐死向旺，是先贫后发；坐泄向生，是先贱后贵；坐泄向旺，是先破后兴。

风水中最忌床坐凶向凶，那只会带来灾祸。

19. 如何挑选床品？

床铺是每天接触最多的家具，如果它能与人的五行相协调，则大利人体健康。

五行属水的人，适合选择能生旺水的铜床或水能生旺的木床，卧具宜选择蓝色、白色或绿色。

五行属木的人，适合选择与自己相同属性的木床，卧具宜选择绿色、黄色或蓝色。

五行属火的人，适合选择能生旺火的木床，卧具宜选择红色、绿色或黄色。如果使用黄色，则需注意黄色是属土的颜色，虽然火能生土，但土也会招来五黄和二黑凶煞，因而使用黄色时，应该在床头加少量属金的物品，以化泄土的力量。

五行属土的人，适合选择木床，因为旺土的火是由木来生旺的。而卧具宜选用红色或黄色。

五行属金的人，适合选择与自己相同属性的铜床，卧具宜选择蓝色、白色或黑色。

20. 床适合怎样的高度?

床的高度应该是以方便人上下为宜,选择的标准是略高于就寝者的膝盖,一般为四十至五十厘米。如果床过高,会造成上下困难,而过低的话,则容易受潮,使寒气和湿气轻易入侵人体,难以安睡。

21. 哪些画不适合挂在床头?

床头不宜挂山水画

许多人会在床头的墙上挂画,但悬挂不适宜的话,反而会不利健康。最好只挂一幅画,否则会影响就寝者的情绪。

床头不能挂人的照片或抽象画,这就好像是日日有个人骑在床头,容易令人感觉没有出头之日,也容易导致神经过敏,财运被劫。

床头也不宜挂山水画,这

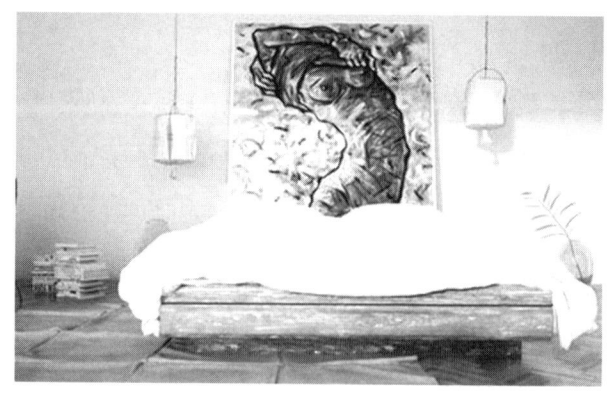

床头挂抽象画,像人体、像树根,还像鬼怪,不利于卧室风水,不利睡眠

就如同随时有大山压顶，大水淋头，使人无法安眠，招致疾病和厄运。

猛禽的图画也不适合摆放在床头，它们凶恶的形象容易让人心生恐惧，影响睡眠，容易出现头痛、失眠、精力涣散等状况，严重的还可能有血光之灾。

22. 床头有裂纹怎么办？

床头的墙壁就如同房屋的靠山一样，山稳则家吉，墙稳则床吉。如果床头的墙壁出现了裂痕或渗水的现象，无论情况严重与否，都会严重影响人的神经。

化解的办法是尽快对其进行修补，如一时半会儿无法修补，应先将床头移到安全的墙前，有问题的墙面用画、屏风、布帘等进行暂时的遮盖。

23. 床后无靠怎么办？

如果床的后面没有坚实的墙壁，就等于没有靠山，人在这样的床上通常都睡得不踏实，在工作上也不自信，关键时刻亦无人相助。

床头靠着窗户，靠山不实，身后有空虚之感

床头靠着窗户,靠山不稳固,身后有空虚之感,这种摆床的风水会让人工作经常变动,财运也不稳定,破财,存不住钱,并且在生活与工作当中遇到困难没有人帮,甚至会有小人在背后蓄意破坏。这类房间常见于出租屋,所以打工一族在租房时要重视床的摆放。

化解的办法是人为地制造一个靠山,如在床头设置一排柜子。

床头要靠着坚实的墙壁,这在风水上表示有靠山,也代表身体健康,如床头无靠,时间久了会严重影响人的运气,事业受挫、失业、生病等。

24. 为什么不能把床底当成储物空间?

在现代家居中,有的家庭为了有效利用空间,常将床底当成储物空间,用来堆放压缩的棉被、鞋子和一些不常用的物品,认为这样既节约空间,又不会妨碍视线。其实,这样做容易导致灰尘的积聚和害虫的生长,时间一长就会演变成晦气的源头,不仅影响健康,还可能致使恋爱中的双方在沟通方面出现障碍。

25. 卧室吊灯为什么不能在床的上方?

卧室床头上方安装射灯是不好的风水,对人的睡眠不利,令精神过于紧张,时间久了,会患上神经衰弱等症

许多家庭卧室的顶上都有吊灯，但如果吊灯正好位于床的正上方，则对人不利。当人睡在床上时，会出现被灯压的感觉，不利健康。化解的办法是将床移到吊灯不能压着的地方，或干脆不安吊灯。

26. 卧室灯的数目不宜是什么数字？

许多家庭都会在床的两头安装一对壁灯或放置一对台灯。但这样的布置代表了二黑煞，对健康不利。解决的方法是用一排灯光来照明，但灯的数目不能是二、三、五。

27. 应如何选择卧室灯？

卧室的灯光最好是温暖而柔和，因而不宜使用过亮的灯泡，灯光颜色也最好为黄色，灯罩应较为圆润。

为卧室整体照明的灯，最好是从卧室的四个角射向天花板，利用从天花板上折射的柔和灯光来照明。

如果整体光线过暗，应增加台灯来加强局部的光照效果。光线暗淡的卧室，即使白天，只要有人在就应该把灯打开。

28. 空调有怎样的风水作用？

空调的五行属金，当它运转的时候，会从风口吹风制造风水磁场。但如果让空调的风对着人吹，会不利于健康。应让空调的风口向上吹，使气体从天花板旋转而下，是最好的气流流动方式。

空调有催旺飞星的作用。如果空调所在的方位是旺星所在，就能兴旺家运；如果是煞星所在，比如二黑五黄等，就会引起疾病伤灾与破财，如果不方便移动的话，就要及时摆放适合的风水吉祥物化解。

气体的流动是催旺飞星的关键因素，所以只要有风的地方，就能催旺飞星。当空调运转时，会有风不断吹动，它的作用有时比一扇窗户还大，自然能够催旺飞星。同理，风扇在运转的时候，也能催旺飞星。

29. 为什么空调不能对着床头摆放？

科学研究表明，人体本身产生的能量流不断流动会形成一层气场，相当于给人体穿上了一层盔甲，防止外界不良因素的侵袭而导致疾病。

空调不宜挂在床头上方，也不宜对着床摆放

在传统风水学中，空调的送风口和出风口都属于"理气"的范围。如果空调对着床摆放，人体"气场"原本的平衡就会被这种"理气"冲破，影响到人体正常的新陈代谢功能，导致人体免疫力下降，容易引发感冒或关节炎。

正确的做法是，将空调设置在卧室进门的左手边位置，同时避免空调的风直接吹向床铺。尤其是老人和孩子的卧室，更应注意。

30. 卧室中电器过多有怎样的危害？

电器多五行属火，如果在卧室中摆放了过多的电器，就使卧室成为一间火宅。卧室通常空间比较狭小，这些电器不宜摆放在卧室中，否则容易有触电和引发火灾的危险，其使用时的辐射也对人体不利。如果想在卧室中多摆放电器，最好的办法是在不用的时候将电源拔掉。没有通电的电器，五行更多属金，而非属火。

31. 卧室中摆放电视有什么危害？

许多人为了看电视方便，将电视放进卧室。电视在五行中属火，电视越大其火气也就越大。如果夫妻俩都需要火，可以将电视搬进卧室，否则就需要谨慎。虽然五行不需要火，但还是想在卧室中看电视，可以选择超薄的电视机，以减弱其火气。

家居的卧室不是旅店，是专门睡觉休息的地方，所以家居的卧室当中不宜摆放电视。家居的电视只适合摆放在客厅当中。把电视与卧室分离开，有助于形成良好的生活习惯，按时休息睡觉，这样才能保证维持良好的运气。如果电视放在卧室当中，经常在睡前看电视，就会不自主地延迟睡觉的时间，结果造成沉迷并因此影响睡眠，而休息不好，会对健康产生不利影响，进而影响人的工作事业，结果导致运气变衰

电视通常是卧室中最大的电器，因而在辐射上对人造成的危害是最大的，特别是电视对着床头或床尾，对人体的健康影响特别大。而且当电视位于床头或床尾时，电视就如同墓碑一样，十分不吉利。

除此之外，电视也是一面暗镜子。当电视不使用的时候，电视的屏幕就是一面较为模糊的变相镜子。通常电视屏幕都是对着床的，关闭的电视屏幕上会映出床上的景象。这不仅不利于夫妻的和谐，更可能会招致第三者或失败的婚姻。

如果必须在卧室中摆放电视，应不让电视正对着床头或床脚，而应让其位于床的侧面，且越远越好。在不看电视的时候，不仅要拔掉电源，还应给电视罩上电视罩。

32.梳妆台的摆放有什么讲究？

在摆放梳妆台时，尽量不要使镜子冲门。镜子冲门的布局不仅会形成冲煞态势，而且当人踏入卧室时，极易被镜子反射的影像惊吓到。同时，梳妆台的镜子若正对着床头，容易引发噩梦，影响睡眠，所以也要尽量避免。

卧室梳妆台镜子对床就形成不好的风水，时间久了会造成精神方面的异常，破财、感情姻缘容易出问题。

若想化解此风水煞气，可将梳妆台与床按照相同方向摆放，便能有效避免镜子照床的不利情形。

卧室梳妆台的镜子不能对着床

33. 鞋子能放在卧室吗?

传统观念认为鞋子带有一些外界的"浊气"。如果将脏污、凌乱的鞋子随意放置在卧室，可能会对卧室的气场产生不良影响。所以尽量把鞋子收纳在封闭的鞋柜里，并且定期清理鞋柜和鞋子，防止异味和浊气在卧室中积聚。而且，不建议把鞋子放在床头等位置，因为这样可能会给居住者带来一些不好的运气，比如影响睡眠质量或者情绪状态等。

不过，没有穿过的鞋子和在家中穿的拖鞋是可以放在卧室的。

34. 镜子适合作为卧室隔断吗?

有些人为了增加室内的空间感，用镜子做隔断。

在卧室里，是不适合用镜子做隔断的。特别是当镜子面向床时，容易令人在半梦半醒中产生错觉，以致精神紧张。因而，朝向床的镜子，容易使人患疾病。当然，如果镜子是朝向换衣间或书房，则没有大碍。

用镜子作为卧室与客厅隔断的效果

35. 卧室中是否适合铺设地毯?

为了让居室充满温暖的感觉，有些人会在卧室中铺设地毯。地毯有柔和的触感，但容易潮湿、生霉。尤其是那些长绒地毯，更容易滋生细菌，而令气管生病。故而最好不要在卧室中铺设地毯，如果非要铺设，必须经常清洗、晾晒，以减少其中的湿气和霉菌。

36. 卧室能不能摆放鱼缸？

鱼缸属水，是阴气极重的物品，如果放在卧室，会增加卧室的阴气和潮湿度。再者，鱼的跳动声也会影响人的睡眠。

人在睡眠中，身体各方面的机能、反应力、抵抗力、承受力都很低，人如果长期在阴气过重的环境中睡觉，既不利健康，也不利夫妻和谐。故而在卧室中不适合摆放鱼缸，一切属水的物品都不适合摆放在卧室，如饮水机、水养植物等。

卧室床头用鱼缸做靠山，会形成破坏健康与财运的风水格局

37. 哪些植物适合摆放在卧室？

在卧室摆放适合的植物，有助于睡眠质量的提高。小型、中型盆栽以及吊盆植物都适合摆放在卧室。如果卧室面积较大，可以摆放较高的盆栽，吊挂式的盆栽则适合面积较小的卧室。

如果想有效提高睡眠质量，可以种茉莉花等能够散发香甜气味的植物。如果想要拥有松弛神经的功效，就应该选择君子兰、黄金葛、文竹等具有柔软感的植物。

忌在卧室摆放太多植物，否则植物的阴气对居住者有害。大多数植物在夜间会吸收氧气并释放二氧化碳，倘若在卧室里摆放过多植物，便会使睡眠品质显著降低，对健康造成不利影响。

38. 怎样阻止卧室里的卫生间对人体的影响？

很多房子的主卧都有独立卫生间，兼顾着卫生间和浴室的作用。

卫生间五行属水，是阴气较重的地方，此地产生的秽气容易引发脑部、精神、内脏及脊髓方面的疾病。另外，洗澡时散发的雾气也会使卧室变得更加潮湿，增加了腰酸背痛、体乏等疾病发生的概率。

卧室卫生间用透明玻璃隔断，且卫生间门正对着床形成风水煞气，不利于生殖健康，为"风流外遇风水"格局，对婚姻有着破坏作用

为了化解这些影响，首先要避免卧室卫生间的门正对着床，可以在中间用屏风或者衣柜加以遮挡。

第十节　书房风水吉凶断

1. 如何根据不同的需要布置书房？

布置书房时，应首先确定是由谁使用书房。专门给孩子准备的书房，应该注重文昌位，无论是书房的设置还是书桌的摆放，都应该尽量位于文昌方位。在此基础上再辅以对孩子五行的补充，可以使孩子头脑清醒、注意力集中。

如果书房给大人使用，则应该注重财位。将书房和书桌设置在财位，将电话、电脑设置在利于事业的方位上，以此构建出一个有益于事业推进并能够旺财运的书房环境。

儿童房的床与书桌布置。要注意布置书桌时，学习时不可背对房门，房门冲书桌的情况也不要出现，孩子会好动，不爱学习，成绩下滑

2. 怎样选择适合的位置作为书房？

书房是陶冶情操的地方，是阅读和学习的场所，同时也象征着居住者的事业、爱好和品位。为了营造一个能潜心阅读和学习的理想环境，书房与客厅、厨房、餐厅、卫生间要保持适当距离，最好选择一个较为安静的房间作为书房。除此之外，为了提高学习效率，使人能够保持清醒的头脑，住宅的"文昌位"是书房的最佳选择。

3. 为什么向阳的南方不是书房的最佳选择？

有人认为，南方含有艺术和文学的意味，又是住宅采光极佳的向阳之位，非常适合用来做书房。其实，南方阳气过于旺盛，而阅读和写作都是需要心平气和进行思考的活动，如果选择此方位的房间作为书房，对人的思维和情绪都会造成干扰。

另外，南方位有附着和远散的意思，长时间待在这个方位的书房中，容易引起神经系统的过敏，使人心情不稳定，容易产生疲劳感。

4. 书房是不是越大越好？

对于面积比较宽敞的住宅来说，有的家庭喜欢将书房设置得比较大，其实这种做法是不妥的。风水学讲究的是聚气，房间越大，则越难以达到聚气的目的。在这样的书房中无论是学习还是写作，都会使人精神分散，导致头脑无法清醒地思考。所以，书房的设计更适宜采用小巧而精致、富有雅致韵味的风格。

5. 为什么不规则的房间不宜用作书房？

在现代住宅当中，由于设计上的缺陷，很多住宅会产生一些不规则的房间。这样的房间一般面积较小，无法用来做卧室，为了不浪费面积，大多数家庭选择将其作为书房。因为形状的不规则，这些房间中很容易会形成尖角，从而形成尖角煞，对运势会产生影响。另外，不规则的房间会使人产生不稳定的感觉，会分散注意力。

上方有斜的房梁压书桌，不利于学习与工作

6. 如何避免书房的横梁压顶格局？

在住宅风水中，横梁压顶是必须避免的不利格局，书房布局也不例外。如果将书桌摆放在横梁底下，或者是人坐在横梁下，都会导致运势下降，容易遭受各种困难，严重的还会影响到人的精神状态和身体健康。

为了避免产生以上不利影响，在进行书房的装修时，可采用吊顶的方式将天花板挡住。在无法吊顶的情况下，也要尽量避开横梁来安放书桌和座椅。

7. 如何通过书房调整住宅的阴阳格局？

风水讲究的是阴阳平衡和五行协调，通过将房间功能与其五行属性相配合，不但可以平衡住宅的阴阳，还可以起到趋吉避凶的效果。

在五行中，书房属木，因木性通明，所以应使书房处于良好的通风和采光状态中。对于不规则的书房，要设法进行装修上的弥补，使其形状尽量规整。如果书房较阴暗，必须用灯光给予弥补。

8. 如何合理地对书房进行功能区域划分？

合理地安排书房的空间，不仅有利于日常学习和工作的开展，也有助于书房气流的通畅，提高运势。

一般说来，对于面积足够的书房，通常可以划分为日常使用的工作区、摆放传真机等设备的辅助区以及用来调节神经的休闲区等三大区域。这样，不仅可以使人工作和学习起来得心应手，效率倍增，并且整个书房也会因此洋溢出温馨宜人、令人身心舒畅的氛围，成为一个能兼顾多元功能需求且充满惬意感的理想空间。

9. 如何选择书房的颜色？

房间的颜色与五行有着密切关系，配合五行规律进行颜色的搭配，不仅符合风水的要求，也能创造出一个温馨的书房环境。

在五行中，青色、绿色属木，红色、紫色、粉红色属火，黄色、咖啡色属土，白色、灰色、金属色属金，黑色属水。在进行书房的装饰时，切忌使用大红、大绿或是五颜六色的杂拼，而应该选取五行的代表色，再根据木生火、火生土、土生金、金生水、水生木的原则进行搭配。比如，地面使用的是暗红色实木地板，五行属火，则书房的墙面就应该使用五行属土的淡黄色进行搭配。再根据土生金的原则，选择属金的白色进行天花板的处理。

将书房设置在属水的北方是比较理想的选择。另外，在装修书房时，可以选择白色、天蓝色、绿色等颜色，这样不仅有利于提高学习和工作的效果，还可以提高运势。

10. 如何利用颜色来提高文昌位的运势？

文昌星又称为文曲星，对于书房来说，文昌位有着非常重要的地位，利用颜色的配合，可以起到提高文昌位运势的效果。文昌星属木，如果想要扶旺文昌位，同样属木的绿色是上佳的选择。

从健康方面讲，绿色也有助于缓解视力疲劳，可以有效防止近视和其他的眼部疲劳产生的疾病。

11. 怎样摆放书桌？

书桌的摆放是书房风水的关键所在，将书桌面向门口摆放是比较好的选择，这样可以使人保持清醒的头脑。但是，为了避免受到门外煞气影响导致精神无法集中，书桌不能与门直冲，也不宜放在门边。

背后靠实墙也是书桌摆放必须注意的。有的人喜欢将书桌放在书房中央的位置，这样不仅浪费空间，更会形成四方无靠的格局，影响到家人的事业、学业和精神状态，必须避免。除此之外，书桌也不宜靠窗户摆放，一来容易受到窗外其他房屋尖角的影响，二来也是背后无靠的不良格局。

同睡床一样，书桌也不能放在横梁底下，会造成学习压力的增加，同时还会影响到精神状态和身体健康。

12. 书桌背对着门有什么危害？

如果书桌背对着门，就是与门相冲，这样的位置会令人精神不集中，心神涣散，脾气会逐渐暴躁，容易跟人起争执。如果小孩坐在这个位置，则容易令小孩得不到老师和家长的喜爱；如果上班族坐在这个位置，则容易令其得不到上司的赏识。

13. 为何不宜将书桌靠着玻璃幕墙摆放？

对于现代家居来说，玻璃幕墙的使用愈加广泛，不仅是在办公室的装修中运用，在一些现代住宅的装修中也非常常见。尤其是面积有限的住宅，往往通过使用玻璃幕墙来增强住宅的采光。

其实，将书桌靠着玻璃幕墙摆放，或是将座椅放置在玻璃幕墙背后，都是需要忌讳的风水格局，因为这样就形成了背后无靠的格局，会影响到事业的发展，财运也会受到影响，如果家中有正在上学的孩子，在这样格局的书房中学习，也会对其成绩产生不利影响，要设法避免。

背后无靠

14. 能不能将书桌贴墙摆放？

有的家庭为了节约空间，常常将书桌贴墙摆放，这样的格局往往容易造成精神紧张，使人不安。

书桌贴墙摆放，背无靠山

人体有很多感应气场的部位，后脑的脑波放射区是其中最为敏感的部分之一。如果贴墙摆放书桌，人眼的视线所及范围就是墙壁，无法捕捉到信息，因此就会将注意力转移到脑后。时间一长，就会消耗掉大量的能量，从而影响工作和学习的效率，严重的时候还会影响到健康。

15. 不同性别的人如何摆放书桌用品？

书桌用品的摆放与人的运势也有着密切的关系，不同性别的人，其书桌用品的摆放也有不同的讲究，应遵循"左青龙、右白虎"的原则。

办公桌右前方摆放台灯，从办公桌的风水摆放来讲，高大的台灯摆在右前方白虎方会加重阴阳失衡，在工作中会受制于女人，并且处理事情的时候经常处理不当，有失公平，令下属员工等心生不满，从而影响工作业绩。

台灯等较高的办公用品，应摆在办公桌的左侧青龙方，而右侧白虎方宜低平安静，这样在工作中处理问题时才能得心应手。

对于男性来说，位于左手的青龙位要动起来才是上佳的风水。因此，在摆放书桌用品时，电话、台灯、传真机等物品要摆放在左边。而对于女性来说则恰恰相反，应将各种重要的物品摆放在右手边，这样才能带动白虎位，以提高运势。

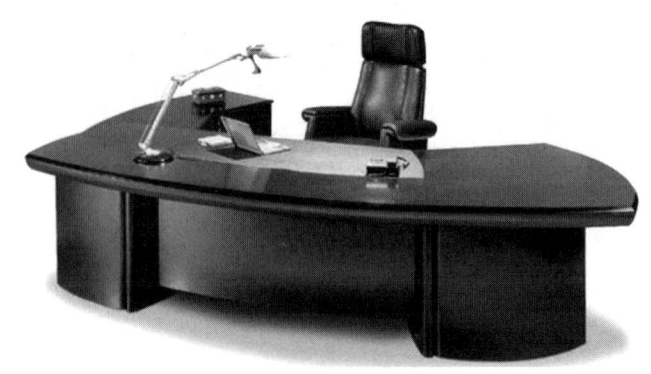

不宜把台灯放置在办公桌的右前方

16. 书桌上适合摆放什么植物？

在书桌上摆放水种植物，就可以形成"智者乐水"的格局，品种以富贵竹、水仙等为宜，在数量方面则以一枝、三枝、五枝、七枝等单数为佳，均可起到美化环境、启迪智慧的功效。

17. 如何利用空调的摆放带动文昌位的好运？

空调五行属金，其释放的风会制造风水磁场。一旦开启冷气，就会产生很大的风水效应。如果把空调设于书房的北方，文昌位的好运将会被空调机运转时产生的能量所带动，可以使人冷静思考，提高学习的效率，对需要考试的人来说尤其有利。

18. 如何摆放书橱？

从风水的角度来看，书橱属阴，书桌属阳。为了平衡阴阳，书橱与书桌不仅要摆放在对应的方位，摆放时还要隔开一定的距离。同时，为了与其阴性的属性相符，书橱的位置要避免阳光直射，这样也更有利于书籍的收藏和保存。为了使书橱有层次感，同时也保持书柜内部气流的通畅，不宜将书籍塞满整个书橱，应留下少许空余。

19. 书橱是不是越高越好？

书橱是书房的必备家具之一。对于藏书较多的家庭来说，高大的书橱更有利于书籍的存放。其实，在风水学中，太高的书橱会对健康产生影响，导致居者身体虚弱。另外，如果书橱太高，容易导致压迫书桌的格局，使人劳心头昏、心神不宁。

20. 在书房如何摆放字画？

书房是适合摆放字画的地方，但不能太多，通常一到两幅较为适宜。

书房的字画宜与书房的氛围相契合，如一些雅致的字幅和文人画作，雅致、沉稳的油画也适合在书房摆放。切忌字态张狂的草书、晦暗萧瑟的画作、颜色鲜艳的抽象画，它们有令人心情烦躁、亢奋或低沉的作用，不利于工作或学习。

21. 哪些饰物不宜摆放在书房？

为了避免冲煞，书房中不宜摆设各种兽骨类的饰品，比如牛角、羊头等，会产生煞气，影响到人的健康。

除了考古、医生等专业人员，一般人家中的书房里不宜摆放动物的骨头作为装饰品，死亡的气息对一些人会产生较为明显的不利影响。

另外，书房中也不宜悬挂鬼怪、暴力和过于裸露的图片，这样的图片也会产生煞气，尤其是对于有小孩子的家庭来说，那样容易使孩子变得性格古怪，产生暴力倾向。

书房中不宜摆设兽骨类，如羊头

22. 如何利用书房的摆设增进亲子关系?

作为孩子学习和父母工作的场所,书房在家庭的亲子关系中起着重要的作用,很多时候父母与孩子之间的沟通都是在书房进行的。选择暖色调进行书房的装饰,在书桌的左上方放上一盏明亮的台灯,可以很好地营造书房的气氛。另外,将书柜摆放在门的后方,并在书房内摆上一些绿色植物,这样清幽温馨的环境,可以在一定程度上提高亲子关系的融洽度,让父母和子女的沟通更加顺畅。

23. 什么植物适合放置在书房?

对于书房来说,常绿的盆栽植物是最合适不过的了。

大叶万年青、富贵竹、巴西木等都属于旺气类的植物,不仅容易栽养,还可以增强书房中的气场。

巴西木是大叶观赏植物,非常适合摆放在书房中美化环境、调节心情,对人的思维放松能起到非常好的作用。

山茶花、小叶黄杨、小桂花、花石榴等属于吸纳类植物,除了调节书房内的气氛以外,还可以将空气中的有害气体吸收掉,对健康非常有利。

除了以上所说的植物之外,还有其他常绿的观赏类植物都可以放置在书房中。

24. 书房内为什么不宜放置藤类植物?

在风水学中,藤类植物属阴,会吸收能量,容易引起各种麻烦和纠纷,还会使人思路紊乱。另外,藤类植物大多具有较强的生长性,其攀爬生长的习惯也会导致虫害的产生,还会造成书房的潮湿,对书籍的保存十分不利。因此,书房内不宜放置藤类植物。

25. 书房中适合摆睡床吗?

在书房中摆睡床并不是个好主意,一张睡床不仅会影响工作和学习，也会影响休息。

书房是工作和学习的地方，床则是用来休息的地方。如果在工作和学习的时候看到一张床在旁边，则容易心生懒意，失去工作和学习的动力。

在书房睡觉也不利于休息。书房中有电脑、书籍、文件等与工作、学习相关的物品，在此休息容易产生很大的压力，即使睡着了也想着工作，不能得到真正的放松。

办公室中摆睡床，意味着你的事业或生活正处于麻烦之中，还没有进入坦途。对于创业的人来说，强大的精神意志力可以克服一切困难，所以在办公室中摆睡床是一种克服艰难条件努力拼搏精神的展现。但在取得一定进展之后，一定要把办公与睡眠分开来，因为只有这样事业才能壮大，否则就会错失发展的机会

第十一节　儿童房风水吉凶断

1. 哪个方位的儿童房更利于孩子成长？

根据孩子的生理和心理特点，不仅要给孩子一个舒适的睡眠和休息的环境，也要满足孩子玩耍的要求。因此，阳光充足是挑选儿

童房的首要条件，住宅东部和东南部的房间也就成了首选。这两个方向能最早接收到阳光的能量，有利于孩子的健康，也预示着孩子的活泼可爱和稳步成长。另外，可根据八卦方位来划分，东方为震卦，代表长男；东南为巽卦，代表长女。

2. 儿童房有哪些布局的禁忌？

孩子的成长与环境有着密切的关系，良好的卧室风水，有助于孩子的健康成长。

首先，住宅外部环境对孩子的影响非常大，在儿童房的外部，要尽量避免高压线、玻璃幕墙、道路直冲和楼梯等不利的环境因素。

其次，在布局上还是要避免一些同成人卧室一样的问题，比如床头不能靠窗摆放，睡床不宜安放在横梁之下，等等。

最后，为了避免孩子受到不必要的伤害，房间的物品要尽量避免有尖角，还要减少玻璃制品的使用。

3. 儿童房应该有些什么功能？

儿童房是孩子的私人空间，除了睡床、桌子以外，孩子还会在这里堆放很多属于他们自己的物品，这样一方面可以给他们很多的自由发挥的空间，另一方面也锻炼了孩子的动手能力。因此，要尽量选择面积较大的卧室作为儿童房，布置也以简单为宜，这样可以给孩子留下更多的活动空间。当然，房间还需要留下一定的储物空间，用来存放玩具等物品，并以此来培养孩子自己收拾卧室的习惯。

4. 为什么孩子的卧室不宜兼作书房？

在进行住宅房间功能规划时，有的家庭将儿童房兼作书房，这种格局对孩子成长其实非常不利。在条件允许的情况下，孩子的卧室和书房最好分别是单独的一间，而不宜将书房放在卧室内，否则会使休息和学习这两种不同的功能相互干扰，不仅影响孩子的休息和睡眠质量，也会使学习的效率大打折扣。

儿童房中放书桌在中国当前是比较普遍的情况，对于中产家庭来说，不可能给孩子设专门的书房，所以，儿童房中不可避免地就存在着床与书桌共存的情况。那么在设计时，就要在一个房间当中把两个区域较为明显地划分开来，最好不要让两部分交叉重叠在一起，这样才能学习是学习、睡觉是睡觉

5. 儿童房要多大才合适？

儿童房并不是越大越好。儿童房的面积应该比家长的卧室稍微小些。一般说来，儿童房的面积在十五平方米以内比较合适。

6. 什么样的颜色适合儿童房？

儿童房的墙面颜色与孩子的心理健康有着密切的关系。孩子如果长期处于大红大紫或是深黑色的环境中，性格会变得暴躁不安。因此，要避免在儿童房中使用这些刺激性较强的颜色。

为了营造明亮、温馨的效果，明黄、草绿、粉红、淡蓝等颜色都是不错的选择。要尽量保持天花板的平坦，以乳白色进行装饰为佳，过于暗淡的天花板颜色会导致孩子精神不佳、性格孤僻。

7. 怎样摆床才能对孩子有利?

儿童房在摆放孩子的睡床时,除了成人睡床的忌讳之外,还有一些特别需要注意的地方。首先,床头的朝向与孩子成长有着密切的关系。根据五行来看,如果床头朝向正南、西南、西北或是东北方,都会对孩子的成长产生不利的影响,会导致孩子性格急躁、胆小怕事、早熟和粗心等。而东面及东南面属木,孩子的床头朝向这两个方位,充足的阳光会对孩子的生长发育和健康产生非常有利的影响。

8. 儿童床的摆放有何禁忌?

为了让孩子安心睡眠,儿童床不可设在横梁下,不可面向有强烈阳光的窗户,不可太靠近窗户或落地窗,不可位于炉灶上下或卫生间上下,不可头朝房门,不可背靠卫生间,不可摆放神位。

门一定不能冲床,床头一定要靠着实体墙,床头一定不能对着窗户。室内学习坐在椅子上时后背一定不能对着门

9. 怎样利用双层床布置儿童房?

四五岁的孩子可以开始使用双层床,其好处是可以节约空间。双层床的上层作为孩子休息的空间,双层床的下层则可以作为孩子玩耍、学习的空间。

如果家中有两个孩子，使用双层床更为有利。双层床的床头朝向一致，利于团结

10. 怎么摆放孩子的书桌？

在进行书桌的摆放时，首先要注意窗外的建筑，如果孩子的书桌正对着窗外的屋脊、电杆、水塔或是正对小巷，容易引起孩子头痛，从而影响学习。

如果孩子的书桌背靠或面向卫生间，或位于卫生间、炉灶之上或之下，都会导致孩子烦躁易动，不安心待在家中读书。另外，无论是书桌的两边还是背后冲门，都是影响孩子不爱读书的摆法，要尽量避免。书桌前最好不要有高大的家具，其压迫感会令孩子不适，而不安心学习。电风扇、电灯也不宜位于书桌的正上方，它们压着书桌，容易令孩子感觉有压力。

11. 如何为孩子找到文昌位？

文昌位是利于孩子学习的方位，无论是将孩子的睡床朝向文昌位，还是将孩子的书桌朝向文昌位，或是让孩子读书时朝向文昌位，都能利于读书。

根据儿童房的朝向，向北的儿童房，文昌位在南方；向东北的儿童房，文昌位在西方；向东的儿童房，文昌位在西南方；向东南的儿童房，文昌位在东方；向南的儿童房，文昌位在东北方；向西南的儿童房，文昌位在西南方；向西的儿童房，文昌位在西北方；向西北的儿童房，文昌位在西南方。

如果儿童房太小或根据命卦和宅卦算出的文昌位都无法用到，可以将孩子的床头朝向东或东南，让孩子像植物一样茁壮成长。

12. 怎样选择儿童房的家具？

儿童房的家具应尽量简单，同时也要充分考虑孩子好动的天性。为了营造出温暖的氛围，金属及玻璃材质不太适合在儿童房中使用。另外，金属及玻璃材质的家具棱角较为尖锐，容易使孩子受到伤害，因此，木质的圆边家具是最佳选择。

家具的颜色应该选择鲜明而亮丽的，它们对大脑具有刺激性，能促进孩子的大脑发育，开发智力。

13. 如何进行小孩房间的装饰？

对于小孩子的房间来说，装饰应尽量简单明了，过于复杂的装饰会让房间显得凌乱。房间尽量不要挂各种奇怪的饰物和太多的风铃，容易导致孩子神经衰弱。

儿童房中色彩、图案、玩具都要符合孩子的年龄特点，以活泼、可爱、乐观、向上为主题。

对于喜欢在房间贴图画的孩子，要尽量避免贴各种奇形怪状的动物画像、武士战斗的图画或恐怖的图画，这些都是引发孩子产生好斗心理和做怪梦的因素。

悬挂一些柔软厚实的壁挂能缓解房内的气场，给孩子营造一个舒适的环境。在图案方面，可以选择一些柔和、可爱而富有情趣的画面，柔美的自然景观是很合适的。

第十二节　卫生间风水吉凶断

1. 如何设置卫生间?

　　卫生间是处理不洁净之物的场所，因而应该尽量将其隐藏起来，尽量不要与其他任何房屋、房门等造成冲煞。故而卫生间不适合位于吉利的方位，而凶方更为适合它。如将卫生间设在六煞、祸害、五鬼、绝命四凶方上，能起到以凶压凶、以毒攻毒的效果，能化凶为吉。切忌将卫生间设置在财位、文昌位，否则会导致破财，事业走下坡路。

2. 怎样根据五行设置卫生间?

　　传统的风水学理论认为，卫生间五行属水，一方面与家庭的财运有关，另一方面又是污秽之水和污秽之气产生的地方，容易招来疾病。因此，如果卫生间位置不佳，将会导致多方面的问题。

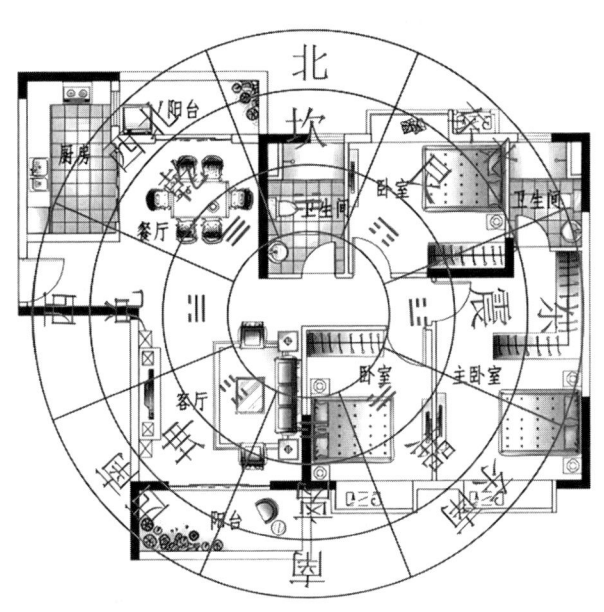

这个户型正北方、东北方都设有卫生间，不符合风水原则

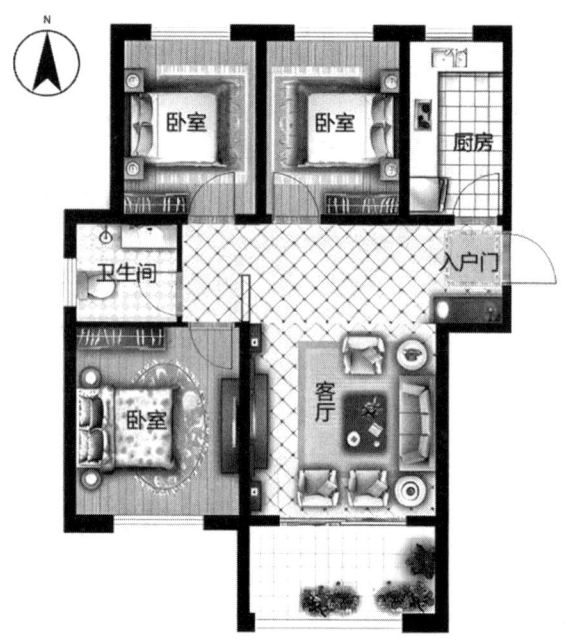

住宅坐山方位是卫生间会导致家人体弱多病。如果坐山方位是西方兑卦位，则家中女人多病，尤其是妇科与肺不好

卫生间不宜设在住宅的西南或东北方，这两个方向强大的水气会造成"水克火"的格局，影响到家人的健康。

南方的火气较重，如果卫生间位于这个方位，则容易形成水火不容的格局，也是不利的。

另外，北方也是卫生间位置的忌讳，尤其是东北方和西北方，这个方位在风水学理论中被称为"福禄寿三山"，如果将卫生间设置在这三个方位，容易导致不良的后果。

如果家中有成员在酉年出生，或是有处于婚期的女孩子，那么卫生间设于西方也属于凶相。另外，卫生间与神坛相邻，也是一种凶相的格局。

3. 如何化解卫生间位于北方和东北方带来的不利？

在五行中，北方属水，如果卫生间位于住宅的北方，两"水"

相遇会导致水能增加，消耗居住者的精力。如果卫生间位于东北方，卫生间的水能会破坏掉此方位原本的土能，从而诱发健康方面的问题。

若要化解卫生间位于北方所带来的问题，可以在卫生间摆放一些高大的植物，一方面可以排走水能，另一方面也起到了吸湿和增加气能的作用。

对于卫生间在东北方引起的问题，最好的解决办法就是引入金能，以此来协调土能与水能。

具体做法为：在卫生间的东北方放一个盛盐的白陶碗，或是放上一尊铁制的雕塑。

另外，在卫生间摆放一个圆铁盆，并在里面插上一枝红花，也可以起到化解的效果。

4. 如何化解卫生间位于西南方带来的不利？

当卫生间位于住宅的西南方时，每天流出的水会将人的气和能量带走，从而影响到居住者的人际关系。

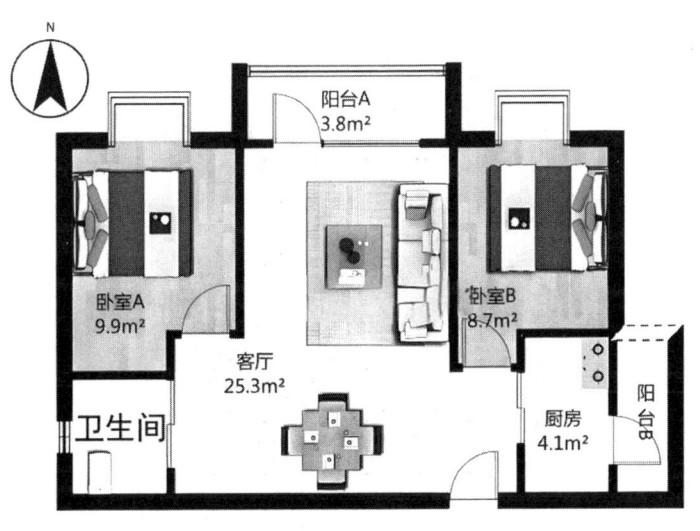

卫生间在西南方

当发现这类问题时，可以采用以下几个方法进行化解：
①将马桶盖放下，并尽可能使卫生间的房门处于关闭状态。
②在卫生间使用黄色的灯光。

5. 卫生间为什么不能设在西北方？

西北方在风水中是天门，象征父亲，如果将卫生间设置在西北方，无疑就是污秽了天门，令家中父亲的健康、声名受损。解决的办法是只将位于此方位的卫生间作为浴室使用。

6. 卫生间为什么不能设在住宅走廊边上？

现代住宅，尤其是小户型的住宅，常常采用通廊或回廊式的设计。在这样的设计格局下，一定要注意卫生间和走廊的位置关系。如果住宅正好位于走廊的两端，则不宜将卫生间设在走廊的旁边。

卫生间不宜设在西北方

在风水上,走廊直冲卫生间是大凶之相,湿气和秽气会顺着走廊扩散开来,对健康非常不利,因此要尽量避免。

7. 卫生间的位置为什么不能在住宅中间?

在风水学中,住宅中央的位置五行属土,而卫生间属水,如果卫生间的位置正好处于住宅的中间地带,则会形成"土克水"的格局,对家运非常不利。

对于一套住宅来说,中间的位置属于心脏地带,在风水上起着至关重要的作用。如果此地受到污秽之气的冲煞,不仅财气无法聚集,还会影响到家庭成员的身体健康。

另外,如果卫生间位于住宅的中央,供水和排污管道都会通过其他房间,不仅会使这些房间受到污秽之气的冲煞,还会对将来的维修造成困难。

卫生间不宜位于住宅中央

8. 卫生间为什么不能紧挨着厨房?

在风水学中,水火并临是必须避免的格局。如果卫生间与厨房的位置太靠近,一个是水的能量区,一个是火的能量区,完全不同的两种能量性质，一方面会造成磁场的爆冲，另一方面还会影响到住宅的能量状态。

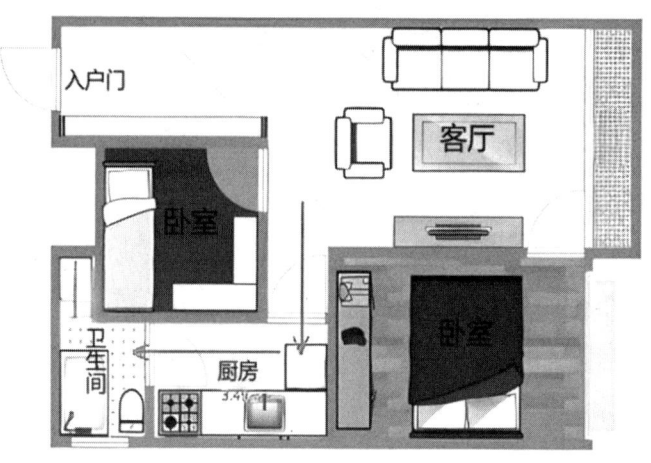

卫生间与厨房相连，卫生间的门开在厨房里，这是破坏婚姻、导致心脏病、破财的风水

另外，卫生间聚集着人体的秽气，而厨房则是制作食物的区域，两者紧邻，势必会导致胃肠道疾病的发生。

9. 跃层式房屋的卫生间有何禁忌？

跃层式建筑要特别注意卫生间设置的位置，在卫生间的楼上楼下不应是卧室、炉灶、书房、神台、饭桌、沙发。位于楼上的卫生间不能正好在大门上方，这样会污秽名声，使家人容易被人诬蔑，败坏名声。

最好的方式是将上下楼层的卫生间统一在一个方位，不仅解决了风水问题，还利于管道铺设。如果还有第三层空间，则最好将卫生间上方设置为阳台或花园。

10. 为什么不能将卫生间的位置改造成卧室？

对于人口较多、住宅面积又相对有限的家庭来说，尽量缩小卫生间的面积，或是将住宅的其中一个卫生间改造为小型的卧室，是很常见的做法。在风水中，卫生间是秽气产生的污秽之地，一般多处于住宅的凶方，如果将这样的位置当作卧室，会导致学业和事业的不顺，同时也会造成财运的下降。

另外，就整栋大楼的格局来讲，这样的改动只是属于单套的改造，最后就会形成楼上楼下的卫生间将卧室包围的格局，更是风水上的大忌。

如果要改变卫生间的话，可将这个空间作为杂物间使用。

11. 什么形状的卫生间利于家运？

卫生间的形状要方正，不能是三角形、弧形或是畸形的。在可能的情况下，使卫生间尽量大些，可以使气流通畅，防止气能停滞、聚集所带来的对健康和财运的影响。

12. 为什么主卧带卫生间的格局不一定好？

卫生间的房门对着床，本身就非常不利。秽气会直接冲向人，导致头痛、腰痛、脚痛等情况的出现。作为水汽积聚的地方，每天上卫生间、洗澡所产生的大量水汽会直接随着气流冲向卧室，而床上用品又极其容易吸收水汽。长期住在这样潮湿的环境中，很容易导致风湿、全身无力、浑身疼痛等。

三角形卫生间本身形成煞气，卫生间与厨房相对，水火相战也形成煞气，这种风水易造成夫妻感情不和，严重的会出现离婚

13. 装修时如何防止卫生间"阴气过盛"？

在现代家居中，卫生间追求干净舒爽，作为住宅风水的关键之处，它也是不可忽略的重点。潮湿是使卫生间"阴气过盛"的主要原因，因此在进行墙面和天花板的装饰时，要选择防水和防霉性较好的材料，另外抗腐蚀性也非常重要。处理地面时，不仅要注意清洗的方便，更要保持干爽，可选择既美观又耐用的天然石料做成的地砖。如果再加上防滑垫，不仅提高了安全性，同时也更利于通风，防止了污秽之气的积聚。

14. 为什么卫生间要保持干燥通风？

在选择住宅时，很多人要求一定要明厨明卫，因为有窗户的卫生间可以保持干燥通风。

从风水的角度看，卫生间属于水汽产生的地方，尤其是带有污秽之气的浊水，都会聚积在卫生间中。时间一长，卫生间中弥漫的水汽不仅会影响健康，浊水散发的气味也会影响人的心情。而充足的阳光和流通的空气可以使卫生间产生的水汽尽快蒸发出去，干燥通风的卫生间令人心情大好，运势自然也就跟着得到了提升。

如果没有窗户，则一定安装排气扇。

15. 卫生间的门有哪些风水忌讳？

在住宅中，卫生间的门不宜与大门直冲相对，否则会引起口舌之灾，还会导致事业不顺。如果与卧室门相对，受到秽气的冲煞，可能会引发各种疾病。尤其是直冲睡床，会导致对冲部位的疼痛，如脚部、腰部和头部等。

为了家中女主人的健康，尤其是保持舒畅的心情，卫生间门不宜正对着炉灶的位置。如果卫生间门对着书桌，还会使人心神不安，无法专心学习和阅读。

另外，如果卫生间的门正对着家中供奉的神位，则容易在工作和生活中犯小人。

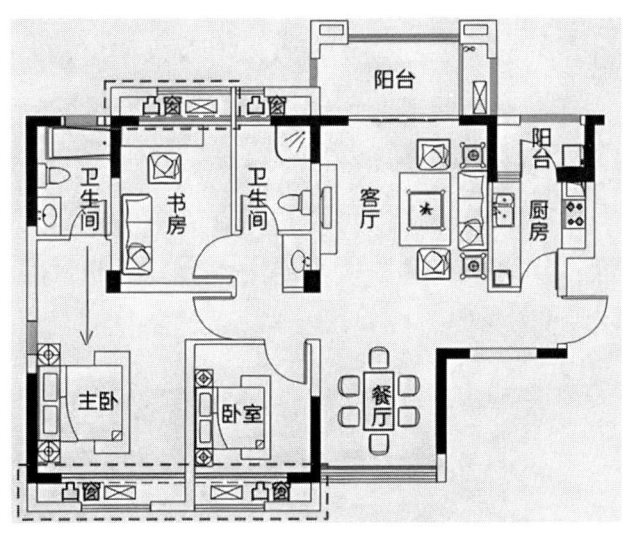

卫生间门对主卧床，不利健康与婚姻

16. 马桶安装在哪个位置最好？

根据传统的风水学原理，马桶不能在"四正线"和"四隅线"上，马桶不能正对着床位或者是炉灶的位置，这些位置都是忌讳。

马桶最好与卫生间的门垂直或错开设置，应尽量靠墙，这样不仅方便了生活，同时也能够更好地维持卫生间的整体和谐。当然，如果有镜子，尽量不要让马桶能从镜子里看到，因为产生的秽气经过反射后会加倍，要尽量避免。

17. 卫生间里的镜子有怎样的风水作用？

住宅当中，卫生间是最适合放置镜子的地方。对于没有窗户的卫生间来说，镜子可以起到提升空间感的作用。对刚起床的人来说，镜子可以让人从梦境回到现实。

镜子代表了事业的发展，因而镜子要保持干净，要随时擦干镜面的水渍和雾气，越清晰越好。

18. 洗衣机能否放置在卫生间中使用？

按照五行的观点，卫生间属水，洗衣机属火，尤其是带有烘干功能的洗衣机，更是极火之物。当洗衣机在工作运转时，就会产生风水效应，从而造成水火不容的格局，容易引发肠胃和心脏方面的问题。

另外，卫生间潮湿的环境也容易对洗衣机的外壳及内部的金属部件造成侵蚀，从而影响洗衣机的使用寿命。因此，应尽量减少洗衣机在卫生间中的使用。

洗衣机不宜放在卫生间中使用

第十三节　阳台风水吉凶断

1. 哪个朝向的阳台更利于家运？

阳台是住宅的纳气之处，因为能够吸收外界的阳光、空气等，因此也对整个住宅的风水起着非常重要的作用。

如果阳台朝向西方，太阳西晒的热气会影响到家人的健康，而朝北的阳台在冬季又会成为寒风的入口，不仅影响情绪，更容易导致疾病。

在风水学中，朝东方或南方的阳台对提高家运更有帮助。自古以来就有"紫气东来"一说，阳台朝向东方，可以吸纳阳光带来的吉祥之气，再由此传入整个住宅，不仅使得室内阳光明媚，也能使家人精神饱满。朝向南方的阳台在风水上也是非常好的，此方位不仅光照度足够，而且时常会有暖风由此进入住宅，可以使家中的气流活络，提高整体运势。

2. 如何利用阳台使住宅符合"天之数"？

天之数，是指对于非方形建筑而言，房间数为一和三是最佳格局，如果是退休的人居住，则七间房间比较合适，这就符合了所谓的"生于一，极于三，退于七，穷于九，而又复生于一"的说法。现代住宅大多是长方形或正方形，为了使其符合天之数，可以将阳台进行改造，使其外观成为半圆形即可。

3. 为什么要对阳台进行改造？

从风水学的观点来看，阳台是住宅的纳气之处，它因为吸收了住宅外面的阳光、空气、雨露等，对整个住宅的风水有着非常重要的影响。现代住宅中，阳台通常都是采用开放式的设计，与客厅、卧室之间往往只有简单的窗户或门进行隔断。这样的格局，使得外部的环境以及噪声等各种不利因素可以轻易通过阳台进入住宅内。因此，对阳台进行改造就十分必要了。

4. 阳台为什么不能与大门相对？

从风水的角度看，如果阳台与大门的位置正好处于一条线上，就形成了"穿心"的格局，无法达到藏风聚气的目的，对事业和财运都会产生影响。同时，这样的格局也很容易暴露家庭的隐私。

如果住宅的阳台和大门正好相对，可以利用玄关、屏风、绿色盆栽等加以隔阻，或是将阳台的窗帘拉上，都可以减小影响。

大门正对阳台穿堂煞漏气破财,可以在大门内侧1处或客厅2处设置屏风做隔断,就可以化解穿堂煞

5. 如何化解阳台正对厨房带来的影响?

阳台正对厨房在风水上被称为"穿心",这样的格局会影响到家庭成员的团聚。为了化解穿心煞带来的影响,可在阳台上摆放一些盆栽进行隔阻。

另外,尽量拉上阳台的窗帘,或是在不影响活动的前提下,在厨房和阳台之间走动的路线上任一位置摆放柜子或屏风,都可以化解穿心煞。

6. 为什么不宜将卧室与阳台打通?

为了增加房间面积,有的家庭将卧室与阳台打通,形成了阳台与卧室一体的格局。

人体存在着一层起到保护作用的气场,到了晚上睡觉的时候,这层气场会变得十分微弱,此时也更容易受到伤害。如果将阳台打通,虽然安装有玻璃,但还是会让人如同睡在露天一样,增加能量消耗，容易导致睡眠质量下降及失眠等问题。

如果是儿童房，更不宜因为扩建而将阳台打通，对小孩身体非常不利。

7. 能不能把阳台完全封闭？

为了安全等因素，有的家庭用玻璃将阳台完全封闭。由于受现代住宅格局的限制，阳台成为多数住宅重要的通风口，不仅是住宅采光的重要来源，更是住宅的气口。如果将阳台完全封闭，不仅旺气无法进入住宅内，室内的各种污秽之气也无法排解到屋外，是非常不利于家运的格局。因此，在改造阳台时应该留下通风的窗口，不宜全部封闭。

8. 什么样的阳台格局会影响财运？

阳台是住宅连接外界的主要通道，它的格局对家庭的财运也起着关键的作用。

从阳台往外看，如果看到的道路是弯曲的，而弯角的地方又正好对着阳台，这就形成了反弓煞，是败财的格局。

如果阳台外面是两幢高楼，视线所及之处只有一条狭窄的通道，这在风水上叫天斩煞，这样的格局不仅会导致败财，还容易引起血光之灾。

如果阳台外面是庙宇、医院等阴气较重的建筑，或是高大的写字楼等，也会对住宅的财运风水造成影响。

9. 有哪些简单的方法可以化解阳台的冲煞？

对于阳台外部格局形成的冲煞，如果无法进行改造，可以摆放吉祥物或摆放绿植盆栽化解。

也可以在面对煞气的地方悬挂珠帘或是窗帘，起到缓冲的效果，在一定程度上化解煞气。

10. 如何利用凸镜化解阳台的冲煞？

凸镜的镜面是凸出的圆弧形，可以分散冲煞，有着很好的化煞作用。

如果阳台正对着一些尖形或带利刃的物体，比如对面建筑尖锐的屋顶、外墙上三角形的凸窗等，都会形成尖角煞，对住宅的整体运势产生影响。此时，可在阳台上方悬挂凸镜，以此来化解。

另外，如果住宅外有道路直冲阳台，也是大凶破财的格局。而且，道路越长来往的车辆越多，冲煞带来的负面影响也越大。若想要化解，可以在阳台两旁各放上凸镜一面。

11. 阳台上用镜子化煞应注意什么？

镜子有反射光线的作用，在风水学中常利用来反射煞气，尤其是住宅外有尖角等冲煞时，有的家庭便在阳台上悬挂镜子。但是如果恰好对面住宅也使用了同样的方法化煞，则冲煞会在无形中被放大，造成更为严重的影响。所以在阳台上使用镜子化煞要尤其小心。

12. 如何化解阳台外的"火形煞"？

在阳台上摆铜貔貅，可以化解来自阳台外面的煞气

阳台正对着其他楼房的墙角、亭子或是烟囱等尖锐物体，都是犯"火形煞"的格局，会引起家庭成员发生急性疾病，健康会受到

非常大的影响。在这样的情况下,要想化解冲煞,可以在阳台上摆放铜貔貅,也可以悬挂铜钱,将煞气向四方扩散。

13. 如何利用阳台化解困局?

如果站在阳台上,住宅四周都被高楼包围,这就形成了风水上的所谓的困局。居住在这样格局的住宅中,事业和学业都会受到影响,无法取得好的成绩。

此时,可以在阳台上摆放石鹰一只,鹰头向外,双翅必须是振翅高飞的造型,这样就可以扭转低迷的形势。但是需要注意的是,如果家中有属鸡的成员,则不宜摆放石鹰,避免两者相冲。

石鹰

雄鹰展翅画

在阳台上摆放石鹰可以展翅高飞化解困局。如果在工作当中被上级打压或者被雪藏,在家中或办公桌上摆放飞鹰摆件,也可以激发自身的动力与运气,突破困境取得成绩。

雄鹰展翅画可以挂在客厅或办公室,其能激发人的斗志与气运,突破困局与卑鄙小阴招的算计。

14. 如何在阳台使用化煞的吉祥物?

悬挂或摆放吉祥物是常用在阳台的化煞和吸纳吉气的方法,不同的吉祥物,其使用方法也有所不同。

利用风水轮的滚动,使财富随着流动的水气流向自家住宅,是许多住宅常用的阳台招财方法。在使用时，应将风水轮设置在阳台的左方。这样，不仅能招来财气，还可以得到贵人的相助。

在阳台上摆放风水轮使水向室内方向流动，可以兴旺家庭的财运　　在阳台放置紫水晶，利用其放射和接收磁场的能量，提高整体运势

在阳台放置瑞兽，如麒麟、貔貅、祥龙等，不仅可以驱赶不良的煞气，还能捍卫住宅的安全。

15. 阳台摆放铜狮可以化解哪些冲煞？

铜狮是阳刚之气的象征，可以起到镇宅、挡煞的作用。

可以摆一对铜狮子在阳台上来化煞。如果是平房富贵人家也可以在大门两侧摆放大小合适的狮子

如果住宅的阳台外有大型写字楼、银行等来势汹汹的建筑，可

以在阳台的两边各摆放一只铜狮,将狮口朝外,则可以起到挡煞的作用。

阳台对着庙宇、医院、殡仪馆等阴气较重的建筑,容易导致家人身体和精神上出现问题。如果住宅的阳台面对这样的格局,也可以通过摆放一对铜狮来起到镇宅的作用。

不过,需要特别注意的问题是,铜狮的摆放需要是一公一母,左边是雄狮,右边是雌狮。

16. 怎样利用铜龙龟化解火煞?

在五行中,高大的烟囱、红色外观的大楼、油库等都是属火的建筑,如果住宅的阳台正对着这样的建筑,就形成了火煞的格局。此时,就可以利用在阳台上摆放龙龟的方法来化解这些属火的形煞。

另外,如果这些属火的建筑位于南方,则需要摆放两只龙龟,并在中间放一盆清水,加强化煞的功效。

在阳台上安放一个铜龙龟,可以化解火形煞对家宅的冲犯。

铜龙龟可以用来化解大型的、危害严重的火形煞

17. 哪些植物种植在阳台有生旺的功效?

在阳台摆放一些花草植物,不仅可以起到美化环境的作用,还有风水方面的良好效应。

在风水学中,高大粗壮的常青植物就极具生旺的功效,而且叶片越厚大效果越好。因此,在阳台上种植万年青、发财树、巴西铁树、金钱树以及棕竹等，都会对提高运势起到良好的作用。

18. 如何利用阳台增加财运？

在五行中，阳台属金，通过恰当的方法则可以提高家庭的财运。有的住宅阳台空间较大，明亮的照明就显得尤为重要，在阳台安装吸顶灯或是壁灯，可以在一定程度上增加财运。

在阳台上养鱼的风水设计

养鱼就一定会旺财吗？那可不一定。养鱼能不能旺你的财，要看你命理八字当中水五行是否起到喜用神作用。如果能起到喜用神作用，养鱼之后财运就明显变好，如果起到忌神作用，养鱼之后就会不断破财了。

另外，还可以将鱼缸摆放在阳台上，或是专门在阳台开辟一个水池，养上罗汉鱼、七彩神仙、锦鲤、红龙等色彩鲜艳、性格温和的鱼，则会产生旺财的功效。如果再装上一只蓝色的水族灯管，聚财的效果还会大大增加。

19. 如何通过布置阳台增进家庭和谐？

令人舒服的阳台，有利于增进家庭成员之间的关系。因此，首先要保持阳台的整洁，尤其是客厅与阳台相通时，可以在阳台摆放一些芳香剂，不仅可以去除异味，舒适的味道也可以营造出和谐的家庭氛围。

除此之外，可以在阳台悬挂一幅图案简单的画，或是摆上一盆绿色植物，比如开运竹之类。具有放射与接收磁场能量的紫水晶也可以促进家庭成员之间的关系，也可以在阳台上摆放。

把阳台打造成小花园

20. 如何利用阳台提高孩子的学习成绩？

阳台是住宅中日光照射最充足的地方，非常适合用来种植植物。如果家中有正在念书的小孩，而阳台又正好位于住宅的东南方，则不妨多种一些枝干粗壮、叶面宽大的植物。因为在风水中东南方属于文昌位，而文昌喜木，在这个方位的阳台上种植绿色植物可以起到催旺的功效，对家中子女的学业会有一定的帮助。

21. 为什么阳台不适宜悬挂风铃？

风铃是风水上常用的化煞或挡煞的物品，其产生的声音能够震动空气，从而带动屋内的磁场化解煞气。在使用风铃时，对其材质和方位都有讲究。如果选错种类或是挂错位置，就会起到反作用，形成声煞。因此，在无法确定的情况下，不宜随意在阳台悬挂风铃，以免对家人造成不利的影响。

铜风铃

风铃本身有吉凶吗？没有。所以，阳台是否适合挂风铃一要看居住者是否喜欢，挂了之后是否一切顺利。二要看是否有风水中的二黑煞与五黄煞气流年飞到阳台方位，如果飞到了阳台方位，就要用金五行来化解，那么风铃就是金五行，可以化解这两种煞气。另外，在六爻风水与八字风水当中，辰戌丑未土如果是忌神，或者作为流年太岁为忌落在阳台方位，那么化解辰戌丑未土要用金五行，尤其是六爻当中发动的辰戌丑未土，只有用发动的申酉金才能化解，那么，金属制的风铃就是发动的申酉金，是非常有效的化解挂件。

22. 阳台适合安置神台吗？

有些人家为了避免供神用的香烛令屋内滞留大量的烟雾，就将神台放到阳台。

阳台是住宅与外界环境接触最为直接的区域，会受到外界各种气场的强烈影响。比如，阳台直接面对街道、行人、车辆等。车辆行驶和人群活动产生的气场较为杂乱，气流变化频繁且不稳定。而神台通常被认为需要安置在一个气场稳定、宁静的地方，这样才能更好地供奉神灵，祈求庇佑。如果将神台放置在阳台上，嘈杂多变的气场可能会被认为干扰神灵的"栖息之所"，也不利于信众在祭拜时保持虔诚、宁静的心境。

还有，阳台的光照条件受自然环境影响很大。长时间的阳光直射会使神台上的供品、神像等受到损害。

如果神台安置在阳台上，遇到下雨天，雨水可能会打湿神像和供品。这在传统观念中是一种不尊重神灵的表现。

因此，阳台上不宜安置神台。

阳台不宜安置神台

23. 为什么不能在阳台堆放太多杂物？

作为住宅与外界的通道之一，阳台也是重要的纳气通道，所以必须保持整洁干净和气流通畅。有的家庭喜欢将杂物堆放在阳台上，这样不仅会对住宅空间的美观度和舒适度造成影响，还会破坏家人的整体运程，导致人际关系紧张等问题。因此，如果必须将阳台作为储物空间，则需经常进行打扫和整理，保持阳台的清洁和开阔明亮。

第十四节　别墅与自建房风水吉凶断

1. 如何衡量别墅风水的好坏？

别墅与普通住宅不同，更容易受到周围环境的影响。因此，在衡量别墅的风水时，必须从内环境和外环境两个方面进行判断。

总的来说，外环境对别墅风水的影响大于内环境，两者的比例大概是6∶4。因此，在选择别墅时，应重点考察周围的环境，采光、绿化和水源是最基本的元素。在此基础上再进一步分析别墅的内部结构，选择最利于宅主运势的别墅。

2. 为什么别墅不能选在闹市区？

由于城市的现代化发展，闹市区一般都处于交通繁忙的状态，如果选择居住在闹市区的别墅中，不仅无法享受景观，大量的废气污染和各种噪声的影响，还会对人的心理和身体都产生非常不利的影响。一般来说，普通住宅应尽量避开闹市区，更不要说对景观和居住舒适性要求相当高的别墅了。

3. 什么样格局的别墅更能提高财运？

按照风水中"左青龙，右白虎，前朱雀，后玄武"的说法，前水后山、山水环抱是最为理想的别墅格局，也最利于财气的聚集。因此，两侧有树木环抱，背后有山坡依靠，前面建有游泳池，这样的格局可以提高居住者的财运。不过，周围的树木最好不要高过别墅。

4. 什么形状的别墅最好？

别墅的形状也会对居住者的运势产生影响，其中最好的是方形。

正方形的别墅会阳气充足，如果命中有富贵的人，可以选择正方形的别墅形状。长方形的别墅是中规中矩的，适合所有的人。而前窄后宽的漏斗形格局，是对财气的聚集非常有利的形状，这样格局的别墅，房屋的进深越深，就越容易聚财。

也有被设计成圆形的别墅，由于没有尖锐的棱角，所以象征着团圆的吉祥意义，也是可以使用的。

5. 如何选择别墅的"靠山"？

在风水中，别墅的背后有山，都称为"靠山"，其位置的好坏直接关系到别墅的风水。"靠山"的大小，以在别墅前能透过别墅看见背后的山形为宜，不必一味追求高度，以防发生山体滑坡等安全问题。

在山的形状上，如果山势较低，且山形呈圆形，对居住者的生活和学业的运势都有非常大的帮助。如果山势相对较高，且山顶较为平坦，则更能提高居住者的事业运势。

6. 为什么要选择靠水的别墅？

自古以来，在风水中就有"未看山时先看水，有山无水休寻地"的观点。对于具有亲水性的人来说，河流和湖泊的内弯处都容易藏气聚财。因此，靠近水泊的别墅也就更能给居者带来人气和财气。正因为如此，许多别墅都会在大门前方建造喷水池或是游泳池，一来美化环境，二来也是为了营造出好风水。

需要注意的是，别墅靠近的水泊切忌是浑水或是死水，否则会导致运势的下降。除了要求是清水以外，水流速度太快也会影响到人气和财气的聚集。

7. 为什么临海别墅被认为是最佳风水住所？

一直以来，临海别墅都是受到追捧的对象。

风水学重视的是"藏风聚气"，而临海别墅多半都建在依山靠海之处，徐徐的海风吹来，令人心旷神怡，不仅空气流动性好，也带动了别墅的气流流动。

另外，临海别墅都拥有极佳的景观环境，对人的健康有着非常大的帮助，因此才会被认为是极佳的居住之地。

依山傍水，富贵双全

8. 什么样的道路会影响到别墅风水？

环抱路、玉带路，主有财运、气运渐旺

对于别墅来说，周围的道路也是影响风水的关键。尤其是别墅门前的道路，切忌坑坑洼洼的，也不要有太多的车流，因为顺畅而适度的车流可以带动别墅周围的气流，否则会造成气流停滞或是气流损失。

别墅门前的道路不宜有急弯，尤其是弯度最大的位置朝向别墅，更是十分的不利。这样的格局不仅不易聚气，更会形成反弓煞，要尽量避免。

最佳道路风水格局，就是别墅被呈弧形的道路所包围，这种格局在风水上被称为"玉带揽腰"。

9. 能不能选位置过于孤立的独栋别墅？

有的人为了追求生活的私密性，专门在别墅区中选择远离其他建筑的别墅。其实，在风水上，如果别墅周围无依无靠，则会形成孤立无助的独楼。而且，别墅的楼层越高，情形就越严重。居住在这样孤立的别墅中，会产生孤独感，会影响到人的精神状态。

在选择独栋别墅时，不宜让自己的居所离其他房屋太远。如果是联排或是双拼式的别墅，最好不要选择带塔楼的那幢，否则也是一楼独高的格局。

10. 为什么不宜选位于风口上的别墅？

在风水学上，住宅讲究的就是"藏风聚气"。地处风口的别墅每天肯定会被风吹，这就与"藏风聚气"的原则相悖了。即便此地是旺位，产生的旺气和财气也会被肆虐的大风吹走，无法在别墅内聚积。

当然，如果只是柔和的清风，即使是风口也无大碍，反而有利于提高别墅的风水。

11. 哪些格局的别墅不宜选择？

对于一些年轻人来说，时尚的外观是其选择别墅的标准。其实，在漂亮时尚的外观下，很多别墅潜藏着诸多的风水问题，需要在选购时避开。

例如，白墙蓝瓦的别墅在外观色彩上显得阳光、活力，其实这样的色调一般用于纪念堂、灵堂等地方，所以并不适宜用在别墅上。

别墅一贯追求居住的舒适度，有的家庭为了追求别墅内部装饰的豪华度，常选择全石材作为装饰材料。需要注意的是，有的劣质石材会释放出大量放射性元素，在选择时需要特别注意，尽量避免选择全石材装饰的别墅。

12. 别墅为什么不能选在地势太低的地方？

别墅一般都建在山坡上，这样会拥有更好的景观效果。但是，如果背后的地势比别墅地基高出很多，再加上又有道路通行的话，容易造成被人踩在脚下的格局，会对运势造成影响。

如果别墅面临的格局是后高前低，会让人有走下坡路的感觉。此外，太低的地势会导致雨水的聚积，不仅会造成别墅内部的潮湿，还会影响采光和通风。

13. 别墅围墙需要多高才适宜？

别墅的围墙不宜太高

对于别墅来说，围墙太高会产生不利的影响。

从视觉美观的角度来说，如果围墙太高，会影响到别墅的视野。有的围墙甚至高至屋檐或屋顶，看上去显得非常怪异，给人造成难以相处的狭隘感。

从风水的角度来说，别墅围墙过高是贫穷之象，会大大削弱住宅的气流和运势，是非常不吉利的。

一般来说，为了不影响到采光和通风，别墅的围墙高度在1.5米左右比较合适。

14. 如何处理围墙与别墅的距离？

别墅与围墙应当保持适当的距离，如果两者靠得太近，会产生强烈的逼迫感，使人精神紧张和压抑，也会对通风和采光造成影响。

围墙靠住宅太近被视为是凶相。如果无法改变围墙的位置，则可以在围墙的材料上下功夫。在设置围墙时，应选择实用、坚固的材料，还要考虑安全性和通风采光的需求。用金属网、石砖堆砌、木栏杆或是用小树围成围墙，都是不错的选择。

15. 为什么别墅不能使用玻璃外墙？

在现代建筑中，玻璃幕墙有着广泛的应用，有一些别墅也开始在外墙使用玻璃。其实，将玻璃作为外墙使用，尤其是反光玻璃，会造成光污染，使人心情烦躁。

另外，从风水来讲，客厅是住宅中主要的活动区域，五行属阳，卧室作为休息的地方，五行属阴。如果将这些房间的外墙设置成玻璃幕墙，不管玻璃的颜色和透明度如何，都会形成一眼望通的格局，不仅破坏了住宅的阴阳平衡，也会失去别墅的私密性，影响到居者情绪的稳定性，造成精神恍惚。

16. 别墅的窗户是不是越多越好？

良好的通风是对住宅的基本要求，别墅也不例外。对于屋多人少的别墅来说，窗户更能提高采光和通风，如果窗户太少，气流会长期滞留在别墅内，气流无法交换就会影响到身体健康。

反之，如果别墅的窗户过多，就无法达到"藏风聚气"的要求，气流直来直往，旺气和财气无法在室内积聚，还会打乱别墅内原本的气场平衡，使人精神紧张。

17. 为什么别墅不宜过多使用大型落地窗？

在现代别墅的设计中，大型落地窗的使用非常普遍。一方面可以有良好的景观视野，另一方面也更有利于通风和采光。

但是如果别墅中有多个房间都使用落地窗，则容易导致别墅内的气场外泄。另外，对于采用落地窗的房间来说，夏天容易导致过量的阳光和热气进入，冬天也更容易流失热量，形成夏热冬冷的格局，不利于人的身体健康。

18. 什么样的客厅格局利于家运？

客厅是家人聚会和接待宾客的地方，是家庭的主要活动空间，所以其位置最好是处于别墅的中心，而且从面积上来讲，一定要是整栋别墅中最大的一个房间。并且客厅需要有明亮的采光，才能利用充足的阳气带动家运的旺盛。

19. 别墅的客厅地板有什么禁忌？

由于别墅的客厅通常较大，有的家庭为了追求所谓的层次感，就采用了分区分层的设计，利用地板装饰的落差将客厅分割成几个不同功能的空间。

事实上，过多高低变化的设计会使得居住者的家运变得起伏坎坷。所以客厅的地板切忌有太多的起伏，避免阶梯，以平坦、光滑为宜。

20. 别墅的卧室多大面积才算合适？

风水理论认为，屋子太大而居者较少，人气会被房子吸收，是凶屋的格局。由于面积较大，大多别墅的卧室都设计得比普通住宅大得多。其实，长期居住在面积较大的卧室中，人体的能量相对来讲会消耗得更多，也更容易出现精神不佳、免疫力下降的状况，严重者还会出现疾病。

因此，别墅的卧室不可盲目求大，最好控制在十到二十平方米之间。

21. 为什么卧室不宜在厨房上方？

在别墅格局中，一般一楼是客厅和厨房，二楼才是卧室。因此，往往会出现在同一位置，楼下是厨房，而楼上是卧室的情况。

根据五行来看，厨房属火，不管是否有生火做饭，依然存在着炎性上冲的情况。住在这样的卧室中，身体会受到影响，不仅性格会变得暴躁不安，工作和学习中也无法集中精力。

22. 如何将别墅变成"帝王之宅"？

对于一套别墅来说，正中央的位置是风水中最重要的地方，其重要性就好比人的心脏一样。无论是哪个楼层，这个位置绝对不能摆放重物。

对于设置了卧室的楼层来说，如果恰好有房间位于正中，切忌长期空置，将卧室选在这个房间，在风水上就被看作是"帝王之兆"，长期在此卧室中居住，对学业及事业的发展都非常有利。这样一来，别墅也就成为名符其实的"帝王之宅"。

23. 别墅的阁楼为什么不宜作卧室？

无论是别墅还是普通住宅，形状方正是卧室最基本的要求，不能是多边形或是有斜边出现。如果将阁楼作为卧室，屋顶的斜边很容易造成视觉上的错觉,而由此斜边构成的多边形卧室格局,也会使人的精神负担增加,居住此屋者容易发生疾病或意外。所以,如果想有效利用别墅的阁楼,建议用来做书房或储物间。

24. 卫生间有什么特别需要注意的地方?

与普通住宅不同,别墅一般有两层以上。因此,在进行房屋功能规划以及装修时,不能单一地考虑每一层的设计,而是应该根据整栋别墅的格局进行全盘考虑,尤其是卫生间的设计,更是需要特别注意。

在风水学中,上下两层楼之间有着密切的关系。由于层数较多,一般别墅的每层楼都会设有单独的卫生间。此时就必须注意,上一层的卫生间绝对不能位于下一层的卧室之上,这样会导致楼上的污秽之气流散到楼下的卧室中,从而影响到居住者的健康和运势。

25. 能不能把楼梯设在屋子中间?

在风水上,楼梯被视为住宅中接气和送气的关键之处。因此,在别墅中楼梯不仅是上下楼之间的通道,更关系着居者的运势。

楼梯位于房屋正中央,与大门相对,会造成财气和福气的流失

在设置楼梯时,要尽量选择靠墙的位置。有的别墅将楼梯设置

在一楼的房屋正中央，这样的格局其实看上去就等于将住宅分割成两半，是大忌，不仅在使用上不方便，还容易引起家中的口角，尤其是造成夫妻关系的不和。别墅的楼梯也不能设在正对大门的地方。住宅是聚气养生的地方，楼梯与门直冲，会造成财气和福气的流失，也是大忌。

26. 什么样的楼梯最合适？

楼梯是气流通道，别墅内的气流会随着人上下楼梯而流动，因此别墅楼层间的楼梯不宜做成直梯，容易造成财气和运气直冲而下。

为了达到聚气养气的目的，楼梯的坡度要尽量小些。如果别墅空间较大，可以采用带有休息平台的折线形楼梯，或是较为舒适美观的弧梯。对于空间相对较小的别墅来说，节约空间的螺旋形楼梯是不错的选择。这三种楼梯都能给别墅内的气场流动留下较大空间，既满足了"喜回旋、忌直冲"的要求，又兼顾了实用性和美观度。

27. 别墅的车库应注意什么？

车库不宜设在卧室下方

在进行别墅的车库设计时，首先要满足进出方便的原则，其次要注意防水和通风，还应该注意做好清洁工作，防止尘土对环境的污染。

另外，车库最好不要设在卧室下方，尤其是卧室窗口或阳台与车库位于同一面墙，秽气容易从阳台或窗户进入室内，影响人的健康，对财运也会有影响。在无法改变位置的情况下，应在车库出口处多种一些绿色的植物，如松树等，以抵挡汽车废气的影响。

28. 喷泉建在哪个位置比较好？

为了起到美化环境的作用，许多别墅都会建造假山和喷泉，但如果选址不对则会带来很大的影响，尤其是喷泉的流水声会导致宅主爱面子和浪费。

大门两旁是建造喷泉的最佳位置。

一般来说，在别墅的大门口建造带有喷泉的假山并不是大吉的选择。如果一定要建造在此，则需要建在离大门一定距离的地方，以在室内听不到喷泉的声音为宜

29. 游泳池应设在何处？

游泳池与水池相同，都是阴气密布的场所，所以设置和使用时

都应该倍加小心。

　　游泳池最好不要设置在房屋背后，使房屋无所依靠；也不要设置在房屋前方，让湿气带走财气；不要设置两个游泳池，它们会与房屋组合成"哭"字。

　　最好的方式是将游泳池设置在宅主的旺位上，如果家中有人缺水，可将泳池安排在该成员的卦位上。应将泳池边设计成曲线形，令其呈曲水环抱房屋状，八字形或葫芦形的泳池是很受欢迎的。让居住者开窗就能看到泳池，以有效利用泳池的风水能量。

在别墅前方建葫芦状的游泳池，可以旺财运

30. 海边别墅能否设游泳池？

　　海边别墅面对着大海，已经拥有十分旺的水气，如果在近海处再修建游泳池，就是让水气加旺。太过旺盛的水气不一定是好事，可能会有过犹不及的现象。许多宅主都不能承受极旺的水，就如同虚不受补一样，会被水所害，财多身弱。当然旅游城市的酒店除外。

很多海边的别墅，都会在房子的前方建一个大游泳池

31. 花园适合设置在哪里？

只要别墅内有一块空地，都可以设置为花园。当花园位于别墅的前方时，就如同别墅有一块环境幽雅的外明堂，是极佳的风水布局。因而无论花园位于何处，最好是让前面的门开着，以取得外明堂的效果。

32. 如何布置花园植物？

别墅前的花园，不适合种植高大的树木或灌木，它们浓密的枝叶可能阻碍生气进入房屋。低矮的灌木和花草是在小径两边欢迎主人回家的最佳植物。别墅的侧面和后面的花园，则可以种植一些高大的植株。

需要特别注意的是那些带刺的植物，不要把它们对着吉利又没有煞气的方位，它们的刺可能会消沉此方位的吉利之气。带刺的植物应起到化煞的作用，因而也不要令其太靠近房屋和门口，以防其不利于生气的进入。

第四章 商铺风水

第一节 商铺选址

1. 生意要想兴旺首选进入行业市场。

在做生意当中,什么是财气?人气就是财气,顾客就是财气。而行业市场就是本行业产品的消费者最多、最集中的地方,是顾客最聚集的地方,所以也是财气最聚集的地方。

对于绝大多数的商品来说,将同行业的商品聚集在一起,形成商圈或市场,更有利于经营。

从风水的角度看,当某一行业的商品汇集在一起之后,会形成气场,而这种气场也会带来大量的人气。人多则气旺,气旺则财旺。

所以,将自己的公司选在行业市场内或是附近,可以为业务的拓展打下基础。随着人气的聚集,商家之间虽然会存在一定的竞争,但是,这种良性的竞争能够促进商品种类、服务等多方面的提升,从而不断提升市场本身所具备的影响力,也就更加有利于经营了。

2. 车站、停车场附近是人气旺、财气旺的地方。

一直以来，车站和停车场附近都是开店的黄金位置，这里的商店几乎都是客源不断，生意兴隆。

在风水中，道路被视为是河流的象征，而行驶的车子就是河流中的水，车站和停车场就是汇聚这些"水流"的地方。

所谓水能聚财，无论是汽车站、火车站、公交站、地铁站还是码头，它们所带来的人气最终都会汇聚在此，车站和停车场也因此成为聚财之位。

根据地形的特点，距离车站一百至两百米的范围是店铺选址的最佳地段，适合用来做食品、书报、快餐等价格便宜、购买方便、满足顾客当前需求的项目。

3. 道路、交通对商业选址有什么影响？

在城市中，大大小小的街道就是河流的象征，风水中水管财，所以街道所产生的"气"直接影响到生意的好坏。因此，道路环境的选择是旺运商铺、旺运大楼的关键。

马路在风水中又称为水龙，道路交会的地方也就是汇水口，所以位于十字路口拐角处的商业大楼大多有非常不错的财运风水。

在风水中，十字路口被称为"四水到堂"，这里不仅拥有较为开阔的明堂，而且车水马龙汇集于此，非常有利于财气的聚集，如果再加上个性、醒目的名称,以及独特的装修风格,一定可以获得非常好的商业前景。

4. 为什么主干道大马路两侧的人气没有一些中小道路旺?

对于商业选址来说,人流量和车流量是重要的参考因素之一。

如果将商业大楼选在大马路边,宽阔的道路虽然会有大量的车流和人流,但是由于主干道的车速度太快,如果没有一个缓冲的地面空间,缓冲的人行道、人行广场,比如很多公交线路的停车站、出租车的上落站,那么马路急速流动的气流就无法缓慢下来,其实也就是车上的人没有落地行走,所以只有行人聚集、停蓄、流动的街道,才是旺财的水、旺财的人气。

另外为了安全起见,大马路中间一般都会设置隔离带。这样一来,就算这条路经过的人再多,也很少有人愿意特意穿过马路去看看。

汇集的人气被宽阔的大马路阻挡,就算地段再好也无济于事。

相比之下,车流量少、人流量大的中小道路才是最佳的选择。

5. 为什么不能选择有路冲的商业大楼?

有路冲的大厦一定要设明堂或草坪绿化带、水泥台阶等缓冲,挡住路冲煞气,否则大厦内必多出伤病、意外之大灾

许多城市的繁华地段往往都是集中在 T 字形和 Y 字形的路口处，如果商业大楼正好位于这种有道路直接冲向的路口，就会受到来自道路的煞气冲击，这样的格局在风水上称为"枪煞"，又叫"路冲"，楼层越低，受到的冲煞越厉害。一旦犯了这种形煞，就容易造成破财，对商业运势有着非常严重的影响。

如果道路是斜冲向大楼的，则叫作斜枪煞。在斜枪煞中，煞气来路的方向不同，对不同性别的业主也会有不同的伤害。面对道路站立，如果道路是从左边斜冲过来，则会伤及青龙位，对男性业主影响较大。反之，如果道路是从右边斜冲过来，白虎位就会受到影响，使女性业主破财、身体多病。

对于犯了枪煞的商业大楼，最好是在大楼前空出一块宽敞的地方，作为花园，以缓冲煞气。在楼前修一堵照壁或建水池，也是阻挡或化解煞气的一种方法。另外，还可以在大门设置玄关，也能起到化解的作用。

6. 遇到弯路该选哪边比较好？

弯路一边环抱一边反弓，反弓一侧住宅多出意外伤病灾人家，尤其是与反弓最邻近的一排房屋受到的影响最严重。被反弓的卦位卦象所对应的人、事、物运气最衰，好事少坏事多，常常发生意外，有好事也是昙花一现，大多数的时间都处在不幸当中

和直冲的道路相反，弯曲的道路因为车流和人流的速度缓慢，更有利于人气和财气的聚集。在这样的路段经营事业，会对财运产生非常大的帮助。但是从风水的角度来看，弯路也是有着差别的。

选址在弯曲道路的内侧，也就是被弧度包围的那一侧，在风水中被称为"内弓水"，反之则称为"反弓水"。在内弓水中，大门可以很好地吸收道路所带来的能量，更容易汇聚人气，是旺盛利财的格局，而反弓水却有着破坏的力量，不利于生气的聚集。

因此，如果选址时遇到弯曲的道路，弧形道路的内侧是不错的选择。

7. 遇到单行道该选哪边？

如果要在单行道旁边设立公司或是修建商业大楼，以车流的方向为准，最好是选在道路的右边。风水中也有"右为心、左为中"的说法，因而单行道右边会比左边更先接纳到道路带来的生气，自然会比左边的商业更加兴旺一些。从道路的格局上讲，右侧也更加顺路，来访者的进出也比较方便。

8. 天桥口的大楼能不能选？

横跨马路的人行天桥也是道路的一种，如果按照风水学的观点来看，天桥也应该属于水龙，因此天桥口也可以看作水口位。对聚水、生财十分有利，靠近天桥口的大楼是很适合用来开公司的。

9. 大楼是不是离马路越近越好？

虽然说靠近马路的地方才会有很好的人气，但这并不意味着商业大楼与马路的距离越近越好。如果距离太近了，快速移动的汽车会带动周围气流的运动，这些气流源源不断地迅速流过大楼，不仅无法停留、无法被吸收，反而像是割掉了整栋大楼的脚一样。所以，风水上将这样的格局称为"割脚煞"。

对于犯了割脚煞的商业大楼来说，短时间之内是无法看到影响的。但是，随着时间的推移，会发现公司的运势时好时坏、反反复复，运势好的时候门庭若市、财源滚滚，差的时候却是门可罗雀、一落千丈。如果想要有长久的好生意和稳定的财源，最好避开离马路太近的商业大楼。

10. 商业选址为什么不能对着其他建筑的墙角？

商业大楼的大门面对着其他建筑的墙角，看上去就像是一支箭射向门内，在风水上被称为"箭煞"。这样的格局会导致气流的运动速度过快，不仅无法达到"藏风聚气"的要求，更会产生大凶之相。若将门面选在此地，不仅生意好不到哪里去，业主还容易发生呼吸道疾病，严重时还会引起血光之灾。

三棱形状的楼侧面劈向方形楼的一侧，形成"劈刀煞"

11. 商业选址为什么不能对着两座大楼间的小路？

在城市中，对于地处高楼密集区的商业大楼来说，要特别注意不能犯"天斩煞"。如果两座写字楼之间的距离非常近，中间只是隔着一条非常窄小的通道，这样的格局看上去就好像是一幢大楼被活生生砍成了两半一样，风水上就称为"天斩煞"。如果对着天斩煞，会有过于强烈的风吹到大楼，容易将生气吹散。

两幢楼之间的距离非常近，形成"天斩煞"

在进行选址考察时，要仔细观察周围的地形。无论在大楼的哪个方位都不能出现天斩煞。生气的吸收是从四面八方来的，无论形煞在哪个方向，都会导致财运受阻，还容易引发口舌是非，导致业主身体多病等。

12. 哪些是犯穿心煞的商业选址？

在住宅中，开门直接见阳台、窗户或后门，就叫"穿心煞"，这是说气会直穿住宅的意思。其实穿心煞还存在不同的形式，凡是建筑物被另外的建筑或是物体直接穿过都叫穿心煞。穿心煞的影响程度与建筑物和冲煞物之间的距离成正比，距离越近，受到的影响也就越大。

在有地下隧道或是地铁的地方开店或是办公，如果店铺或是写字楼位于其正上方，就被视为犯了穿心煞。在这样的建筑格局中，受到影响最严重的是楼层较低的商户，他们的财运和健康都会受到威胁。

对于写字楼来说，入口处的承重立柱如果位于大门正对的中心位置，也会犯穿心煞，会导致业主的运势反反复复。

另外，如果店铺或是写字楼的大门口只有一棵独立的树木，也是穿心煞的一种。如果从汉字象形的角度去看这样的格局，从门口看见树木，就是"闲"字，预示着人气不佳、生意不济。如果从窗户看到这棵树，窗中见木就是"困"字，使生意陷入僵局，非常不吉利。

13. 商业选址犯冲天煞怎么办？

如果附近有工厂，而烟囱又恰好正对商业大楼的出入口，这种格局在风水上就被称为"冲天煞"。其中，以对着三座烟囱的形煞最为厉害，远看像是三炷香插在香炉上，所以又被称为"香煞"。一旦犯上冲天煞，不仅会导致运气的反复，还会对业主的健康造成威胁。

三座烟囱的形煞被称为"香煞"，也是"冲天煞"

化解冲天煞的办法是最好不要开对着烟囱方向的窗户，并用屏风或窗帘进行遮挡。如果煞气在门口，则应该设置玄关，令煞气不能进入。

14. 商业选址如果有探头煞该怎么办？

从店面门口往外看，如果能够很清楚地看到对面建筑凸出的东西，比如水塔、空调等，都可以视为犯了"探头煞"。

对面建筑凸出的部分就像是有人探出头来，店铺遭到了偷窥，自然也就容易碰到小人，从而导致财气的流失，或是发生失窃。

如果是两栋邻近的写字楼，站在办公室能看到对面写字楼凸出的部分，也是犯了探头煞。在这样的格局中，公司容易出现偷盗的行为，会使员工从公司谋私利。

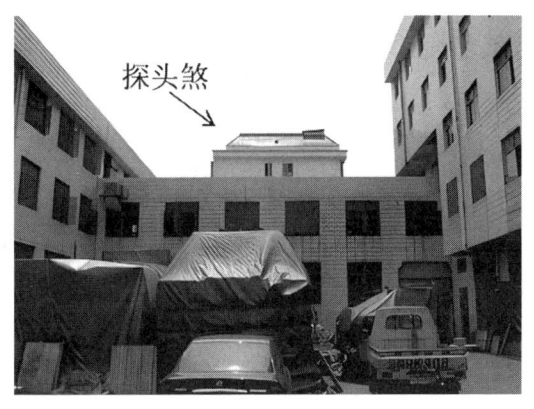

对面建筑凸出，形成"探头煞"

化解探头煞的方法比较简单，只需要在面对形煞的方向悬挂凸镜，利用凸镜的分散作用化解冲煞。

15. 如何根据业主性别选址？

风水中有"左青龙、右白虎"的说法。青龙是阳性的力量，是男性的代表，而白虎则是阴性的力量，是女性的代表。

在选址时，如果业主是男性，则需要重视所选地点左边的位置。如果左手边有高大的建筑，则此地阳性力量较为旺盛，能够帮助男性业主建立事业，也可以克制小人，减少是非。

如果是女性业主，则需要右手边有高大的大楼，而且高度一定要超过左边的青龙位，这样的格局，更有利于女性权势的巩固。

16. 商业选址为什么要避开三角形用地？

三角形在五行中被视为火性属性，拥有较为强盛的力量，且不容易被控制。自古以来，三角形用地无论是在居家还是商业上都是被人们所避讳的。

三角形地形，属性为火

一方面，三角形的地状无法被充分利用，会造成面积的浪费。另一方面，它的火性属性容易使产业走向大吉大凶的极端，会使商业无法稳定，对财运有着非常大的影响。

17. 如何解决三角形用地的问题？

在没有更多选择余地的情况下，通过合理的规划，也可以化解三角形用地本身所带来的风水问题。

首先，将主要的功能区设在三角形的底部。利用空间规划，尽可能设置出方形的地块作为主体的空间。

把尖角的部分设计成绿化带，空出来就可以化解"三角煞气"

其次，将仓库、水电房、停车场等安排在剩余的不规则区域，既利用了空间，又避免了冲煞。

最后，在三个尖角的地方种植高大的树木，通过树木光合作用所释放的能量促进气的流动，在美化环境、净化空气的同时，也减弱了尖角的冲煞。

18. 店铺选址时要避开哪些地方？

凡是开店，周围的环境都非常重要，好的环境可以使店铺风生水起，但是如果选址不慎，很有可能会导致费心费神，店铺最终还是无法兴旺。在风水中，医院、寺庙、监狱、殡仪馆、工厂的烟囱等都是煞气非常重的地方，将店铺选在附近，强烈的煞气会导致店铺财运不济。如果店铺大门正对这些地方，影响会更加严重。

因此，在进行店铺选址的时候，要尽可能地避开这些地方。实在无法避开的情况下，可以采用改变店铺门方向的办法缓解煞气的影响，最好还能在店铺门口设置屏风、绿色盆栽或是挂上门帘，加强化煞的效果。

19. 店铺选址应该避开哪些道路格局？

对于店铺来说，配合良好的左青龙、右白虎，再加上门前的明堂，这当然就是绝佳的风水格局了，但是对于依靠马路带来人流的店铺来说，周围所面对的道路格局也是影响生意的关键。

在店址的考察时，要尽量避开以下几种道路格局：

在风水中，一条长路直冲店门

店铺门口正对电线杆，煞气大

被称为"穿心煞"。店铺一旦犯了这种冲煞,不仅生意很难兴旺,就连店主也很容易招致血光之灾。如果店铺大门对着弓形的马路,而且正好在弓形马路的外侧,那么也属于是退财的格局。

除此之外,马路上的电线杆、路灯柱和红绿灯柱也是必须小心的,一旦店铺门口对着它们,对财运的影响虽然不大,但是却会导致店铺留不住员工,而且柱子越大煞气就越重。店铺客源再多,但是三天两头换店员,也不是长久之计,所以还是尽量避开为好。

20. 为什么最好不选立交桥和高架桥附近店铺?

如果只是单纯从观察的结果来看,似乎立交桥和高架桥附近的车流量和人流量都相当不错,按理说应该是开店的好地方才对。但是,如果细心观察就会发现,这些地方一般都是交通繁忙,尽管人来人往,但是却并没有也无法在此停留,这样的格局在风水上被称为"流水不停不留财"。言下之意就是,虽然看似人气旺盛,然而由于人们不能停留,也难以聚积起来,那自然也就没办法让店铺把这些人气吸纳进去,进而转化成财气了。

所以,除非是经营汽车配件、洗车、修车等与汽车相关的行业,

否则最好避开立交桥和高架桥。

21. 为什么门前开阔的店铺生意会比较好?

不论规模的大小,藏风聚气是商业选址的第一要素。尤其是对于商铺来说,门前越开阔,就是越利于财运的格局。因为在风水学中,店铺门前开阔的空间被称为"明堂"。在进行店铺选址时,如果门前是广场、公园、宽阔的人行道或是水池等"明堂"的地方,就能聚集更多的生气和能量,四面八方的吉气也更容易被吸纳,财运也会比普通的地方更好。所以,要尽量避开门口有围墙、过大的树木、电线杆的店铺。

另外,除了要求店铺门前开阔之外,店铺的大门也应该尽量做得宽一些,这样有利于店铺吸纳生气,增加人气,生意自然会慢慢地旺起来。

第二节　商铺外环境风水格局

1. 为什么不能选背后无靠的商业大楼?

在风水学中,建筑背后更高的建筑被视为靠山。有了靠山才会有依靠,对生意和运势都更有帮助,如果商业大楼背后没有靠山,就可以通过在后方摆放一些物品来加以弥补。比如放置一块大的泰山石,可以起到增强背靠的作用,解决没有靠山的问题。

2. 为什么不能选门前有高墙的地方?

在风水学中,建筑物前面积较大的空间被称为"明堂"。考察选址时要选择有"明堂"的地方,最好是广场、公园或是水池等,这样的地方更能聚集生气和能量,四面八方的吉气更容易被吸纳,财运也会比普通的地方更好。如果门前有高墙,气的流动就会受到阻碍,要想生意兴隆恐怕就比较困难了。如果只是矮墙或是栏杆,则不会对财运产生妨害。

3. 怎样解决没有"明堂"的问题？

面对门前没有"明堂"的问题，最好的解决办法就是将阻碍的物体进行拆除，使大门能够直接显露出来。

在没有办法拆除的情况下，也可以在招牌上下功夫。用醒目的颜色做招牌，在美观的前提下尽可能地做得大一些，并且悬挂的位置也要比平常高一些。

另外，也可以用增加阳性能量的方式进行改善。没有"明堂"，就说明此处阳气不足，明亮的光照则可以增加阳性的能量。在大楼的门口和内部都增加光照，光亮的环境既可以弥补没有"明堂"的缺陷，又可以在视觉上更加引人注目。

4. 什么外形的写字楼不能选？

在追求公司业务蓬勃发展的道路上，公司办公大楼的外形因素不容小觑。就外观而言，方正的大楼造型堪称理想之选，然而，某些特定外形的写字楼却潜藏着不利因素，需谨慎避开。

部分写字楼为了获取更优的采光条件，选择了中空的"回"字形构造，也就是写字楼的中庭完全镂空，仅四周用作办公区域。这种设计乍看之下颇具时尚感与独特性，但位于中间的大型天井却导致整栋写字楼缺失核心，在没有中心的写字楼当中办公，业务的推进将会受阻。同时，老板的心境以及股东之间的协作氛围也会受到负面波及，进而对公司的整体发展态势产生不良影响，使公司难以达成理想的运营成效。

除此之外，L形和U形外观的写字楼也是公司选址时应该尽量避开的。形如菜刀的L形写字楼不仅会造成采光的不均衡，而且会让人看上去觉得不平衡。如果在这里办公，容易使人心神不宁，无法安心工作。对于外观呈U形的写字楼来说，最大的问题是头重脚轻，会使公司发展起来十分艰难，不容易得到支持和帮助。

三角形写字楼，内部公司破产多

5. 商业大楼为什么不能一楼独高？

在进行办公室的选址时，最好不要选择比周围的楼房高出很多的写字楼。因为从风水学的观点来看，如果写字楼的青龙位、白虎位、朱雀位、玄武位都比自身低矮，看上去就会像一座孤岛，如此格局就会视作犯了"孤峰煞"。因为没有周围楼房的保护，虽然写字楼很容易受到气场的包围，但是无法停留下来，很快就流失了，是一种较为轻微的凶相。

如果选在这样的写字楼中办公，容易陷入孤立无援的状态，生意上难以得到朋友的帮助和扶持，内部员工队伍也会呈现出较大的流动性，难以吸引并稳固优秀人才。

6. 采光对商业大楼有多大影响？

"孤阴不生，独阳不长，阴阳调和，百事俱昌"，这是风水对通风采光的基本要求。对于商业大楼来说，明暗适中的光线更有利于运势的提升。

有的商业大楼处于比较偏僻的角落，或是受到其他建筑物的遮挡，无法接受阳光直射，因而光线昏暗。这样的格局在风水中就是犯了阴煞，会导致员工精神不振，生意惨淡。在商业大楼中，光线过于阴暗的房间只适合用来作仓库或是餐厅，不宜用作办公。

与其相反的是，有的大楼四面都采用玻璃幕墙，虽然这样对采光非常好，但是却容易导致阳气过重，就是犯了阳煞。过于明亮的环境会使人心神不宁，解决的办法是悬挂百叶窗或窗帘，以调节室内的光线。

第三节　商铺的坐向选择

1. 如何根据行业决定坐向？

每种行业都有各自的五行属性，根据其属性，就可以决定办公环境的坐向问题。根据行业选定了坐向后，最好选择门开在朝向上的大楼或办公间，或考虑在朝向上是否能开门。如果在朝向上不能开门，则应考虑是否可以通过改门的方向来与坐向相吻合。

2. 属金的行业宜采用什么坐向？

五金行业、珠宝首饰业、交通行业、金融行业以及机械挖掘、鉴定开采等在五行中都属金，因而它们的办公环境宜坐西向东，或坐东向西，或坐东南向西北，或坐西北向东南。

3. 属木的行业宜采用什么坐向？

出版行业、文化艺术行业、教育行业、种植行业、纺织行业、宗教行业、医疗行业等在五行中都属木，因而它们的办公环境宜坐西向东，或坐西北向东南，或坐东北向西南，或坐西南向东北。

4. 属水的行业宜采用什么坐向？

保险行业、航海行业、水产养殖业、旅游行业、卫生行业、运输行业、餐饮业及从事钓鱼器材、冷冻食品、马戏魔术、灭火消防的经营，其五行都属水，因而它们的办公环境宜坐南向北，或坐北向南。

5. 属火的行业宜采用什么坐向？

　　凡是经营易燃物品、食用油类、热饮熟食、电脑电器、电子烟花、电器维修、光学眼镜、广告摄录、美容化妆、灯饰炉具、玩具玩偶的，五行均属火，它们的办公环境宜坐北向南，或坐东向西，或坐东南向西北。

6. 属土的行业宜采用什么坐向？

　　凡是经营地产建筑、土产畜牧、玉石瓷器、顾问经济、建筑材料、装饰装修、皮革制品、肉类加工、酒店运营、娱乐场所等行业的，五行均属土，它们的办公环境宜坐南向北，或坐东北向西南，或坐西南向东北。

第四节　不同行业生意的楼层选择

1. 为什么一楼的生意会比较好？

　　无论是店铺还是办公室，人气是最基本的因素。如果把道路看作是水流的象征，离道路越近的位置越容易吸收到水气。店铺在一楼，或是在楼层较低的地方，水气才能被店铺收纳，人气也才容易被聚集到一起，这是生意好坏的关键点。

2. 如何根据行业选择楼层？

　　判断某一楼层是否适合经营某一行业，可以用玄空飞星的方式来判断，这就需要根据不同世运和楼层坐山阴阳来推算。即把当下的世运数字作为底层的数字，楼房坐山如为阴，就顺序逆推，楼房坐山如为阳，就顺序顺推。

如一栋未山丑向五层建筑，要看现在的九运期间，哪层最吉。因为行九运，底层的飞星就为九；坐山未属阴，就需逆推。如此推算，底层为九紫星，二层为八白星，三层为七赤星，四层为六白星，五层为五黄星，六层为四绿星。又如一栋子山午向的建筑，子为阳，所以底层为九紫星，二层为一白星，三层为二黑星，四层为三碧星，五层为四绿星。

属于不同飞星的楼层，有对应适合的行业，如果能按行业选择适宜的楼层，可对经营有所助益。

3. 饭店适合选择什么飞星的楼层？

一白星有利于流通，凡是与流通有关的行业都适合在属于一白星的楼层经营。如利于钱币流通的银行，利于食物流通的饭店，利于水流通的洗浴中心，快速流通，自然代表着生意兴隆。

4. 成衣定制店适合选择什么飞星的楼层？

二黑星有利于动手，凡是与手相关的行业都适合在属于二黑星的楼层经营。凡是动手的工作，即不是靠口舌而是靠双手辛勤劳动的工作，需要靠质量取得口碑，二黑星有利于让人专注于手上的工作，从而有利于在此处经营成衣定制、按摩、手工艺加工等。

5. 通信器材店适合选择什么飞星的楼层？

三碧星有利于新事物，能制造流行，所以凡是与流行有关的行业都适合在属于三碧星的楼层经营。如唱片公司、新闻媒体、乐器行、通信器材、电器公司等，都能不断有流行事物产生。

6. 美容院适合选择什么飞星的楼层？

四绿星代表和谐，凡是与和谐有关的行业都适合在属于四绿星的楼层经营。如美容、化妆都能促进人际的和谐，人文、艺术也是增加人修养及促进和谐的手段，此外理发店、庆典公司、广告设计公司都是人与人沟通的地方，所以也适合选择四绿星。

7. 管理机构适合选择什么飞星的楼层？

五黄星代表权势和统治，很适合在此楼层设立与统治、管理有关的机构，如政府机构、公司的管理机构等。

8. 证券所适合选择什么飞星的楼层？

六白星代表决断和活力，最适合用头脑对事物进行判断且具有活力的行业。如每天有大量数据和信息进行分析的证券所，需要对案件进行多方面分析的律师事务所，要针对大量的事件和人际关系拟定对策的政治类办公室，需要辨别资历和真伪的保险公司，都适合在此楼层经营。

9. 公关公司适合选择什么飞星的楼层？

七赤星代表交际，凡是与交际有关的行业都适合在属于七赤星的楼层经营，如公关公司、主持人公司、律师事务所、金融机构、销售公司、演艺公司、咖啡厅、酒吧等。

10. 职业介绍所适合选择什么飞星的楼层？

八白星代表转型，与转型相关的行业适合在属于八白星的楼层经营。如职业介绍所是转换职业的地方，宠物训练所是宠物学习新能力的地方。

11. 娱乐场所适合选择什么飞星的楼层？

九紫星代表桃花，凡是与桃花相关的行业都适合在属于九紫星的楼层经营。如婚姻介绍所、夜总会、俱乐部等娱乐场所是桃花聚集的地方，此处桃花旺，生意自然好。

第五节　店铺光线风水

1. 日照对店铺有什么影响？

通常来说，日照对店铺的影响主要表现在过强的阳光，尤其是到夏季的时候，从早到晚的强烈日光照射会形成光煞，一方面会使店员脾气暴躁，在面对顾客的过程中缺乏耐心，这是销售中的大忌；另一方面，面对太阳暴晒的店铺，顾客也不愿意进店，导致人气下降。另外，长时间的暴晒也会使商铺招牌容易褪色、商品容易变质，增加了所售商品无谓的损耗。

比较容易出现日照情况的，是朝东、南、西三个方向的店铺。其中朝东的店铺是受影响最小的，毕竟上午的阳光通常较为温柔。但朝南和朝西的店铺，就只能用暴晒来形容。

不过对具体的店铺还是需要具体分析。特别是在周围建筑物的影响下，原本有强烈日照的店铺，可能会变得较为阴凉，而原本没有日照的店铺，却可能出现光煞。所以选择店铺，最好是能在有阳光的上午和下午分别去一次进行观察，以确定日照的方向和强度。

2. 如何解决日照对店铺的影响？

夏天暴晒导致的光煞格局是对生意影响最大的因素。因此，要想赢得好生意，避免日光直射是首要的问题。

在条件允许的情况下，可以在店铺门口种上一排高大的树，不仅可以遮挡日光的直射，同时还能避免来自店铺正对面的煞气，可谓一举两得。但必须注意的是，尽量不要遮挡店铺的招牌和门面，否则还是会对生意造成影响。

另外，在门口撑上遮阳伞，或是安装遮阳顶棚，也都能起到化解的效果，但是必须注意垂檐部分，最好做成圆形，因为太尖的垂檐也会形成"尖角煞"。

第六节　店铺五行风水

1. 五行属金的店铺适合选择什么朝向？

不同的商品具有不同的五行属性，将此作为依据，选择五行属性与其相配的店铺朝向方位，是比较稳妥的做法。

以电器销售为主的店铺和钟表店的五行均属金，最佳的店铺朝向是正东、正南以及东南三个方位，都可以带来较好的财运。

2. 五行属木的店铺适合选择什么朝向？

对于从事家具销售的商铺来说，因为其五行属木，若朝北则是水生木的格局，财气自然会比较旺。

东南和西北两个方位也是不错的选择，不仅适合家具店，同时对于文具销售和药品销售的店铺来说也是相当不错的朝向方位。

服装店也可以视为是五行属木，因此也比较适合在朝向正东和东南两个方位的店铺中经营。在无法选择这两个方位的情况下，也可以退而求其次，选择正南和西北两个方位，同样也会在生意上拥有较好的收获。

3. 五行属水的店铺适合选择什么朝向？

从五行的观点来看，餐厅、咖啡厅、冷饮店、酒吧等与食品有关的行业都可视为水性的属性，因此也比较适合同样属水的朝向正北方位的店铺。

如果想要进一步带旺店铺的风水，东南朝向的店铺也是非常适合的，还可以用来开面包店、糖果店等。

4. 五行属火的店铺适合选择什么朝向？

烧烤店、炸鸡店的五行都属火，所以朝向同样属火的正南方向当然是不二的选择了。

同时，朝向正南方位的店铺也适合用来开杂货店和花店。当然，花店也可以开在正东、东南两个朝向的店铺中，同为属木，生意也会很不错的。

5. 五行属土的店铺适合选择什么朝向？

依照五行的观点，凡是从事与土地有关的行业都可以视为属土，比如房屋中介、农产品销售、饲料销售、农业机械销售等。除了这些以外，以中介、代理和设计等为主要业务的店铺也可以视为五行属土。

西南和东北两个方位非常适合属土的店铺，两者五行均属土，生意自然会比较顺畅。如果按照火生土的原则来看，火性的正南方位也可以为属土的店铺带来很好的财运。

第七节　店铺形势风水

1. 底楼住宅改建商铺应该注意什么问题？

在一些修建年代较早的小区，许多底楼的住户都会把临街的房间与街道打通，改成商铺来使用。但改建的商铺可能会出现一些风水问题，需要多加注意。

首先需要注意的问题，就是要在店铺门的上方加装一个遮阳棚，这样不仅可以防止雨水飘进店铺，同时也可以防止阳光的暴晒。因为这两种情况，一种容易造成店铺潮湿、滋生秽气，另一种也容易形成光煞，都是对生意不畅不利的。

另外，住宅改建的商铺一般都会有一道小门通向其他房间，建议除了通行需要之外，尽量不要频繁开启这道门，容易造成生气的泄漏。还需要特别注意的是，这道后门切忌对着住宅内的厕所，否则秽气直冲店铺，也会影响到店铺的财运。

2. 店铺的招牌有什么样的讲究？

店铺生意的好坏，不仅取决于选址，店铺的招牌也是不可忽略的。

在制作招牌时，首先要根据店面的朝向来选择五行相生的材料，同时最好再根据店主的生辰八字和店铺朝向的五行来选择最适合的颜色。

招牌的尺寸大小，也要符合店铺的五行数理和卦象。这样做出来的招牌才不会犯冲，不会对店铺的生意造成影响。

如果是摆在门口的落地式的招牌灯箱，还必须放在店铺的旺方，招牌的悬挂也最好根据店主的生辰八字选上一个黄道吉日。

只有注意到以上几点，才能够使招牌为店铺带来好运气。

3. 店铺该如何营造出有助于生意兴隆的"靠山"呢？

想要使店铺获得好生意，"靠山"是非常重要的。

对于许多处在大楼一层，或是在多层商业大楼中的店铺来说，想要通过背后的建筑来获得靠山显然比较困难。此时，最好的办法是在店铺的后方摆放一些物品来加以弥补。在风水中，高大的物体都可以用来充当靠山，所以不妨把店铺后方的货物展示架做得更加高大一些，或是在店铺后方摆上高大的柜子，这些都可以使店铺拥有靠山，从而获得更好的生意。

另外，在店铺中摆放玉石或泰山石雕成的山形摆件，可以起到增强背靠的作用。

4. 长方形的店铺如何进行设计？

根据习惯，如果店铺从外观上看上去深长，再加上销售的商品不太吸引人的话，就会大大减弱人们进去逛的欲望。

当面临这样的店铺所带来的困扰时，应该调整货物的陈列方式，将最吸引人的商品陈列在靠近店铺门的地方，以此吸引顾客进店。

为了能够留住人气，还可以将中间的货架错位进行摆放，利用货架之间的相对位置解决一眼看到底的格局，从视觉上消除店铺过深的感觉。

除此之外，一定要加强店铺内的照明，利用重点商品区域的特殊照明设置等方法引导顾客在店铺内的游览路线，从而获得顾客较长的停留时间。只有留住了人气，才能克服店铺形状上的不足，获得更好的经济效益。

第五章　商业公司

第一节　大门风水

1. 为什么要重视商业大门？

大门不仅是用于出入这么简单，它在风水中被看作是收气的重要场所，关系着公司和企业的吉凶和兴衰。

无论是对一幢写字楼，还是就一间小小的店面去分析，大门都是其最为突出和醒目的标志。如果将门外的道路看作河流，那大门就是收水之地。因此，不仅要考虑大门的大小、形式等，更应该根据大门周围的环境来确定其位置，这样才能吸纳吉气，使企业生意兴隆，运势旺盛。

需要注意的是，商场的门不要开在大厦的背后，如果让顾客绕到背后进门，势必使气流变弱，且有走后门之感。另外，破旧的大门会对财运造成影响，当大门出现陈旧或是破损的情况时，要立即更换。

2. 如何根据车流的方向确定大门的位置？

对于面对马路的店铺或写字楼来说，门前道路的车流方向是确定大门的重要依据。

同样是按照道路车流即水流的观点来看，如果门前的行车方向是从左向右行驶，那水气的流动方向也就是从左向右。此时，为了能够吸收水流所带着的气，最佳的办法是将大门开在右边。

与之相反的是，如果门前的车流是从右往左行驶的，那么开在左边的大门就更能接纳从右往左流动的气。遵循这样的原则来确定位置，大门才能纳气聚财、客源不断、财运旺盛。

3. 什么情况下大门适合开在中间？

对于楼层面积较大的写字楼来说，如果办公室外有较为开阔的公共活动区域，就可以看作明堂。在风水中，明堂有着良好的聚气、聚财的作用。为了能够将汇集于此的吉气充分吸纳到办公室中，最好的办法就是将大门开在面对明堂的中间位置，这种格局在风水上被称为开"朱雀门"。

开朱雀门对办公场所的纳气非常有利，可以大大提高公司的运势。但是有一点必须注意，门前的明堂不可以是形状狭长的道路，否则就会变成犯"枪煞"的格局。

4. 如何将门开在"龙边"？

一般情况下，无论是店铺还是写字楼，都会把大门开在正中间的位置，这已经成为一种约定俗成的做法，从外观上来讲也比较美观大方。

但是如果按照风水中"左青龙、右白虎"的说法，店铺和写字楼的大门开在青龙位，也就是俗称的"龙边"，是最佳的选择，可以使公司业务不断、生意兴隆。

龙边的确定方法很简单，在室内面朝出口方向站立，左手边是青龙位，右手边是白虎位。所以，如果从外面看，龙边就位于大楼的右侧。

第二节　大门外的各种煞气

1. 大楼的出入口为什么不能在地下通道口旁边？

作为城市交通立体化的一种形式，地下通道在城市交通中起着重要的疏导作用。为了充分利用资源，许多地下通道口都设立了商铺。虽然同样处于地下通道口，但是因为它的走向是从上往下的，这样下沉式的格局在风水上比较忌讳，既不聚气，也不聚财，还会将人流引向他处。

即使大楼的入口不在地下通道口旁，出口在地下通道口旁也不好，因为人流虽然从门口进入，但会很快从另一个出口流失。商业大楼接收不到人气，运势自然也就不会太好。

不过有一种情况例外，那就是通向地铁站的地下通道口。与普通地下通道的人流疏导不同，经过该通道口的人流会汇聚在地铁站中，而且地铁的进出站也会带来大量的人流，人气自然也就会旺起来了。

2. 大门对着 T 字形或 Y 字形路口怎么办？

如果商业大楼出入口的大门对着 T 字形或 Y 字形路口，都是冲煞的格局，此时可以在正对来路的位置加建一个水池，或是将大楼的入口改在侧面，以挡住或避开迎大路而来的煞气。

在店铺前栽种树木和花草，也可以起到缓冲煞气的作用。树木和花草不仅可以迅速地将冲击而来的气流吸收并且化解，还可以增加生气和消除尘埃。

3. 什么情况下需要改开斜门？

斜门是指大门与房屋的朝向不是呈垂直角度，由于其发音与"邪门"相似，而且又容易与邻近建筑物形成尖角煞，因此为了避免带来不吉，斜门一般都是需要避免的格局。

但是，有些情况下却需要通过改开斜门来改变风水格局。当有道路直冲大门也就是犯枪煞的时候，改开斜门可以避免与煞气的冲撞。如果是道路垂直相对的直枪煞，可以将大门改为斜开，以避开直冲角度为宜。如果是大门与道路从左边或右边斜冲的斜枪煞，则可以将大门改为与冲煞方向相反的斜开门，这样就可以使冲煞带来的危害得以改善。

4. 为什么大门不能对着墙角?

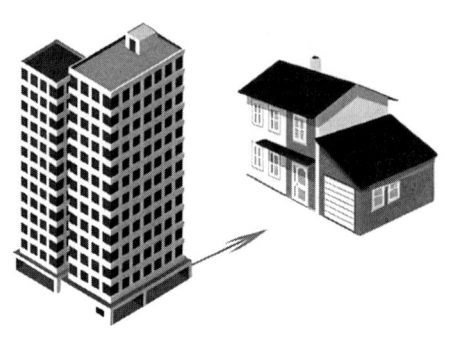

隔角煞

办公室或店铺大门正对着其他建筑的墙角,视野会受到阻隔,出现从门内往外看时一半墙壁一半空地的格局,这就形成了所谓的"隔角煞"。

从外形格局上看,这样的形状极其像是一把大刀朝大门砍去,像是要把大门劈成两半,气流也会因为受到阻隔而无法顺畅地通过大门被吸收。出现这样的隔角煞时,改变大门的位置和角度是最佳的化解方法。

在风水中,隔角煞是大凶的格局。如果办公室或是店铺有这样的情况出现,不仅会使员工出现健康方面的问题,公司的经营状况也会因此受到影响,导致财运不佳。

5. 如何利用门前柱改造风水?

在风水中,门前有立柱的格局被视为是"穿心煞",不仅会挡住人气和财路,也会对进出造成影响。门前柱属于形煞,因为这些柱子一般都是承重的主柱,所以显然不可能通过改变柱子自身的位置来化解冲煞。

在不能改变柱子位置的情况下,如果想要利用门前柱来进行风水改造,最好的办法是将原有的大门拆除,把大门两侧的墙壁延伸到门前柱的位置,然后再将大门开在更为适合的位置。通过这样的改造,原本突兀的门前柱就变成了大门墙体的一部分,不仅消除了原本的形煞,改造了风水,而且还增加了办公场所的使用面积,可谓一举两得。

6. 公司大门对着电梯怎么办？

电梯在风水上被称为"开口煞"，又叫"白虎开口煞"。在商业大厦中，大门对着电梯的公司随处可见，虽然这样对员工和来访者来说是非常方便的事情，但是不断开合的电梯像是一把刀，带着非常严重的煞气。随着电梯的上下和电梯门的开关，会使原本平衡的气流受到破坏，从而导致店铺或办公室的气场不稳定。电梯门的一开一关，看上去就像是白虎在不断张嘴想要咬人一般，这种凶相会造成运势不济，就算生意再好也很难守住赚来的钱财，员工也会容易发生疾病，招致血光之灾等。大门与电梯的距离越近，受到的冲煞就越厉害。

大门对电梯，为"白虎开口煞"

想要化解这种对财运不利的格局，可以在公司大门口加上一道屏风，或是设置玄关，利用这道屏障改变原本直冲的格局，使直冲的气流向两边转弯之后再进入公司，同时也能有效地阻止公司的内气外泄。

7. 大门正对楼梯就是退财格局吗？

大门作为气流流动的入口，楼梯这个位置的气场运动特别活跃，但是无论楼梯是向上还是向下，这个位置的气流都无法形成稳定的积聚。当这样不稳定的生气被大门吸收之后，会导致公司的运势不稳。

如果是面对向下的楼梯，气流会顺着楼梯向下流失，更是被视为退财的格局，不仅会造成公司财务上的问题，使公司业务无法稳定，还会影响到团队的凝聚力。当遇到这样的问题时，可以在公司门口悬挂中国结化解，也可以在大门口摆放山海镇或是武财神，起到化解煞气的作用。

当然，如果大门正对的楼梯是向上的，那么对公司财运的影响就会弱一些，基本上不会引起财气外流。如果能够在大门里边放上叶子较大的绿色植物，还可以起到吸纳财气的作用。

8. 大门对着自动扶梯有何影响？

在商场或是一些较为大型的市场中，通常都会使用自动扶梯。这样的设计表面上只是为了方便顾客，其实也包含着很多的风水问题。尤其是对于那些大门对着自动扶梯的公司来说，风水的好坏会直接受到自动扶梯走向的影响。

自动扶梯由下而上在风水上可以被视作是"抽水上堂"的格局，在这种情况下，公司无论是位于自动扶梯上下的哪个口子，对运势都非常有利。因为人流会随着自动扶梯的运转源源不断地被送到公司门口，有利于人气和财气的聚集。与抽水上堂的格局相反，如果自动扶梯是自上而下，那么上下两个口子就会有截然不同的运势。对于上面的公司来说，自动扶梯不仅无法使人气聚集，就连本身所具有的旺气也随着扶梯的运转被带走，从而形成退财的格局，这在风水上被称为"卷帘水"。但是对于下面的公司来说，自上而下的自动扶梯不停地将客源运送到门前，人气就是财气，生意自然也就比较容易旺起来。

9. 两道大门在同一直线上对风水有怎样的影响?

和普通住宅的风水一样,商业风水也要讲究藏风聚气的原则。如果商业大楼中有两道及两道以上的门,而正好又处于同一条直线上的话,就是不利于聚气的格局。不管地理位置有多好,人气有多旺,直冲的气流都会很快流失,吉气无法被吸收,运势自然也就不会旺。因此,要尽量避免这种格局。

遇到这样的情况,最好的办法是改变其中一扇门的位置,使两道门错开。但是,如果受到环境、消防等条件的制约,在无法通过改动门的位置化解冲煞的情况下,也可以在门上加装门帘,以阻挡气流的直冲。

除此之外,如果相连的两道门中正好有一道门是公司的后门或者是消防出口,那么还可以通过改变门的使用性质来消除冲煞。具体做法是将这道后门或消防门改为单向进出,并在门上加装门帘,只能出不能进。这样就形成了风水上所谓的"旺来衰去"的格局,既方便了来访者的通行,也有助于人气的聚积,对运势的提升非常有帮助。

第三节　大门外观形态风水

1. 什么样外观的大门不利于运势?

尽管玻璃门已经成为大多数商业大楼大门的选择,但是因为其不利于隐私的保护,同时也很容易损坏,所以有些商业大楼还是会选择传统的木质或是钢制的大门。

不论是木质还是钢制,厚实的大门都会对运势产生帮助。现在,市面上有许多看起来非常厚实的大门,其实是用夹板的方法制作出来的,这样的大门不仅不利于防盗,同时也是败运的表现。

在选择大门时，必须注意大门正面的外观，尽量避免过多的凹凸设计，否则会导致运势不稳。为了大门的美观，有的大楼会在大门四周装上门框，由于受到气候的影响，木质大门容易受潮变形，而钢制的大门也会在意外冲撞力的作用下产生变形，因此为了不影响财运，出现变形时应尽快进行更换。

2. 商业大门该朝内开还是朝外开？

大门掌管着整个商业空间气的进出，所以如果将大门的开合方向设置成朝门外的话，从格局上来看就是将空间内的生气往外送，生气的流失必定会导致运势下降，从而形成了破财的格局。从另外一方面来看，大门朝外开时，还容易使外面的过道形成障碍，阻碍通行。由此看来，大门向内开合的格局其实是顺应了气流运动的方向，使大门的纳气更加顺畅。

3. 商业大门是不是越大越好？

商业大门与住家大门的设计风格不同，住家为了不让家中的财外泄，所以大门不宜设计得过大，但商业大门却是要广纳财源，当然吸纳的气越多越好了。如果是门市店面，最好是大而通透，因而选择整个大门所在的面都采用玻璃比较适宜。

酒店、大厦的门则应该设计得庄严、气派，应比普通的门更加高大、明亮。但这并不意味着大门越大越好。大门是空间的纳气口，有的商业大楼为了追求气派，将大门设置得过于宽大，这样虽然方便了人员的进入，但是却未必对运势有利。

从风水学的观点来看，大门的尺寸应该与商业大楼的规模成正比。如果是大型商业大楼，宽大的大门可以吸纳到更多生气，才能更好地满足其内部公司及其他机构运行的需要，否则人多气弱，运势也就会大打折扣。反之，如果只是小型的商业楼，太大的大门虽然可以吸纳生气，但是这些生气并不能很好地被吸收利用，反而会造成泄气的格局。公司大门的格局也是如此。

4. 商业大门需要多高才合适？

在风水中，大门的高度也是非常有讲究的。大门太高，从外观上看就像是监狱的大门，让大楼或公司内的人有被囚禁的感觉，为不吉之相，不仅对公司和员工的运势都不利，还容易使在门内工作的员工变得浮躁不安，决策层也容易变得贪婪而做出失去理智的决策。相反，如果大门太低，肯定会对人员的进出造成影响，闭塞的格局还会使生气无法进入，从而导致诸事不顺，容易使人信心不足。

一般来说，商业大楼或是公司的大门以两米左右为宜，关键还是要与所在的建筑规模成比例，这才是最佳的格局。

5. 对面大楼的大门更大怎么办？

在城市的商务办公集中区域往往是写字楼林立，这样就很容易出现两栋商业大楼隔街相对的格局。此时，如果大楼大门的尺寸恰好小于对面那栋大楼的大门的话，在风水上是降低运势的格局，看上去像是会被对面的大楼吞掉一样，会导致在其中办公的公司财运不佳。

为了改变这种格局，可以在大门上方装上防雨的顶棚，并尽可能地向街边的人行道延伸，当然还是要以外观上的美观为前提。这样能够使大门吸纳到更多的生气，利用旺盛的气场抵抗对方的压制。

6. 为什么大门不宜使用拱门设计？

有的商业大楼为了追求外观上的独特，将大门设计成拱门，其实这样从风水上来看是非常不好的格局。因为如果按照传统的观念来说，只有在墓地的设计中才会使用到弧形的拱门，商业空间的大门采用这个格局当然就是犯了大忌。

弧形拱门

另外，和住宅的要求一样，商业空间的设计也尽量要求保持静态。圆形拱门往往设计成一定弧度的弯曲状，而曲线的五行属水，也就是说其具备了动的特性，这就违背了空间风水的基本要求，所以应该尽力避免。

7. 商业大门用什么颜色比较好？

作为店铺和写字楼纳气的关键点，除了位置和布局之外，大门的颜色也会对风水产生非常大的影响。一般来说，从五行生克的观点来判断大门的颜色比较合适。

作为商业场所，在没有特殊需求的情况下，大门选用属性较为中和的颜色比较合适，其中最为理想的颜色是灰色和黄色，不仅可以聚气招财，还可以确保业主和员工都身心平安。

五行中的每个属性都有其对应的色彩，其中金、木、土三个属性的颜色可以放心使用，比如白色、棕色、青色等，一般都不会产生风水方面的问题。但是，水性和火性的颜色一定要慎用，比如红色、黑色等，用在大门上都会引发争端，导致退财。

8. 如何根据朝向来选择大门的颜色？

根据风水的分析方法，八卦中的每个方位都有自己的五行属性，如果大门的颜色与其所在方位的五行相同或是相生，都是比较吉利的格局，如果两者相克，那么就会导致财运的下降。

如果大门朝向正东或是东南，其五行属木，可以用同样属木的青色或是绿色。如果觉得这些颜色过于鲜艳，也可以利用五行中水生木的原理，选择黑色、蓝色作为大门的颜色。

如果大门朝向正南方，其五行属火，那么红色和紫色是比较不错的选择，另外也可以选择绿色或是青色等木性的颜色。

大门朝向正西或是西北时，其五行属金，白色、金色和银色都比较适合。在五行上有土生金一说，所以也可以选择黄色、咖啡色、茶色和褐色作为此方位大门的颜色。

当大门位于正北方向时五行属水，适宜选择黑色、蓝色、灰色。根据金生水的五行原理，还可以选择白色、金色和银色。

当大门位于西南、东北方位时五行属土，褐色、黄色、茶色、咖啡色等同样属土的颜色，以及红色、橙色和紫色等属火的颜色，都能起到生旺的效果。

9. 商业大门在用色时需要注意什么？

虽然大门的颜色可以按照五行、朝向来进行选择，但用色的搭配还是要结合实际，注意美观，不可为了追求五行的相生而一味地使用过于艳丽的颜色，整体的协调性也是非常重要的。

特别是红色的大门，虽然对某些朝向来说比较吉利，但是不建议在整扇大门上使用，因为一般只有庙宇之类的建筑才会用红色的大门，且容易引发火灾。如果需要配合五行来选择颜色，那么红色最好使用在地毯上，一来避免忌讳，二来从整体上说也比较协调。

10. 大门的图案有什么讲究?

为了使大门看起来更加美观，许多商业大楼和公司在设计大门的时候，往往会在上面设计一些图案，此时就必须注意到这些图案与大门方位的五行属性的生克关系，这也与公司的财运息息相关。

在五行中，圆形、半圆形属金，长方形属木，波浪形、梅花形属水，三角形属火，正方形属土。依照以上的形状进行五行分类，如果大门图案形状的五行与朝向的五行相同或相生，都是有利于公司财运的格局。

如果是相克的格局，两者的克制顺序不同，运势就会截然不同。当大门图案形状的五行克制朝向的五行时，对公司运势来说就是凶相了。但是，如果是大门朝向的五行反过来克制图案的五行，那么公司的运势就不会有太大的变化，经过长时间的不懈努力还是可以有所发展的，只是需要付出更多的辛苦。

第四节　大门旺财化煞布局

1. 商业大门如何利用水催财?

无论是大型商业大楼的出入口，还是各类公司的大门位置，均与财运走向存在着紧密的内在关联。从传统风水理论的视角来看，水被视作能够汇聚财气的关键所在。故而，若期望显著提升公司的财运状况，应在公司的大门口巧妙增添水气元素，以此来优化财气的聚集效应。

对商业大楼来说，出入口一般都会有一片小明堂，可以利用空间优势在此地设计一个小鱼池，或是制作一个小型的喷泉景观，活跃的水气可以为大楼带来更好的生气，从而提高财运。

如果是公司大门，因为受到位置和面积的局限，可以在大门附近适宜的位置摆放风水鱼缸，借助鱼缸内的水流循环，激发财气的流转汇聚。另外，在大门口两侧对称摆放两盆水生盆栽，也是一种简单而有效的催财方式。诸如莲花、富贵竹等水生植物，皆具备良好的风水寓意和装饰效果。

明堂设计喷泉水池，为大楼优化财气的聚集

2. 风水石狮子要如何摆？

自古以来，石狮子都被视为风水上的瑞兽，不仅可以化解很多房屋格局造成的形煞，还可以增强建筑物的阳气。狮子生性凶猛，所以才会有镇邪护宅的作用。在写字楼门口或是店铺门口摆放石狮子，不仅是一种建筑装饰，更有助于提高财运。但应注意，要将狮头向外摆放，否则狮头冲着门内就会变成一种凶相。

在门口摆放风水石狮子，应一雄一雌成对摆放

不同性别的狮子，其摆放位置也是有讲究的。一般说来，雄狮会是爪子抓着绣球的造型，可以保平安、护事业，要摆放在大门的左侧。雌狮的左前爪下或是两只爪子之间会有一头小狮子，有招财运、汇吉气的作用，需要摆放在大门的右侧。区分左右方位以在大门口面向门外站立为判断标准，切忌左右颠倒。

3. 商业大门可以设照明灯吗？

有的商业大楼门口会挂上两盏灯，这样不仅可以在夜晚给进出的人提供方便，明亮的大门环境对风水其实也是有帮助的。但是需要注意的是，大门口的灯最好选择方形或是圆形造型的，不宜选择三角形外观的。另外，光线的亮度应当适合照明就好，太亮会引起神经紧张，而太暗又会造成运势的衰败。

当门口设有照明灯时，应当注意经常检修，遇到损坏时要及时维修或更换灯泡，千万不要使大门口出现孤灯独明的现象，此乃风水上的大忌。

第五节　商业公司的大堂风水

一、门厅的聚气风水

1. 门厅在商业风水中有什么作用？

对于商业办公空间来说，门厅起着至关重要的作用。在风水中，门厅又被称为内明堂，它的作用是给大门吸纳进来的生气提供一个回旋和储存的空间，再由此流向办公室的其他地方。

对于一个位置相对来说还不错的办公场所而言，如果只是将大门开在旺位是远远不够的，如果没有设计格局良好的门厅在风水上给予配合，就算大门吸收再多的能量和生气，也无法在办公室内聚积和被吸收利用。

2. 为什么门厅最好只有一个出入口？

从大门进入门厅之后，公司还需要设置门厅通往办公区域的出入口。有的公司为了使用方便，会设置两个甚至更多的出入口，以便能够便捷地通向办公室的各个区域，起到分散人流的作用，这样的格局在面积较大的正方形办公室中比较常见。但是，在门厅内设置太多的出入口，其实会对公司的运势造成一定的影响。

气流同河流一样，需要聚集才能拥有更强大的力量。在门厅设置多个出入口，就好像在一条大河的两侧开凿了许多条支流。这样做的结果，不仅会使大河主干的水流减少、流速减慢，也会使分流向各支流的水流大大减少。同样的道理，在门厅里设过多的出入口，不管大门能够吸纳多少生气，经过多个出入口的分流之后，每个员工所接收到的生气就非常有限了。

最好的办法是除了大门之外，只留下一个出入口。这样一来，生气可以集中地从这个通道进入办公室，并形成良好的回旋，从而起到带旺公司业绩，提高员工工作积极性的作用。

3. 门开在旺位时不宜设玄关阻气。

大门处在风水元运旺位时，不忌直冲，直冲带起旺气，发财速发。但要注意，当元运变化，大门处在衰位时，这种直冲就会引发煞气，导致破财衰败的局面，此时设置玄关便成为必要之举。

如果公司的大门恰好位于旺位，并且朝向也是旺方，为了避免对生气的进入产生阻碍，不宜在门厅内摆放屏风，否则不但会阻挡财运，而且也会影响人的视线。

虽然屏风会阻碍生气的流动，但是用较为低矮的花架屏风作为门厅的玄关，既可以形成一个缓冲区，还可以利用花架上的绿色植物帮助旺气的生长，提高公司的整体风水。

当需要在门厅的玄关部位摆放植物时，务必谨记不能用绢花或者塑料花来替代，而必须选用鲜活的绿色常青植物，只有这样才能切实发挥出生旺的作用和效果。

4. 用弧形门厅化解枪煞。

对于大门犯了枪煞的公司来说，大门外直冲过来的走廊或道路会对公司的运势造成影响。为了减缓冲击，又不对大门位置进行改动，将门厅设计成弧形是一个非常好的方法。

虽然迎面而来的直路有着来势汹汹的冲气，但是圆弧形的门厅给这些冲气制造了一个缓冲的空间，在通过大门进入公司后，并不是直接冲向办公室内部。当气流顺着弧形的门厅流动时，其本身就已经改变了原来的直冲线路，在门厅内形成了回旋。这样的设计，既减慢了气流运行的速度，化解了冲煞，又满足了气流"喜回旋、忌直冲"的特性。

另外，圆弧形的设计也不会有呆板的感觉，容易给人留下亲和、包容的印象。

弧形门厅化解枪煞，改变了原来的直冲线路

5. 如何利用玄关改变门厅的风水？

玄关是气流转换的重要场所，有趋吉避凶的作用，大门格局欠佳的公司，都会在门厅内设置玄关。

在风水中，公司的大门设在旺位旺方是最好不过的了，对公司的生意兴隆有着非常大的帮助。但是如果大门只在旺位而没有向着旺方的话，就无法吸纳来自旺位的生气，此时就很有必要在门厅内摆放一个屏风了。屏风宜高，最好是固定式，这样才能在门口形成玄关，利用屏风使气流改变方向，使大门吸纳的气流从旺向流向办公室。

大门格局欠佳的公司，都会在门厅内设置玄关

如果大门既不在旺位，也不是朝旺向的话，更有必要在门厅内设置玄关了。为了防止来自衰向的煞气对公司的冲击，在门厅内设置小型喷泉、水池，或是摆放一个鱼缸，通过流动的水能进行磁场的转化，从而使吸纳的气流由衰转旺。

6.门厅不能太窄小。

门厅，作为生气迈入商业区域的首要聚气之所，其重要性不言而喻，在商业设计与规划进程中，切忌将门厅设计得又小又窄。

气流在室内的运动路线讲究的是"喜回旋、忌直冲"，如果没有足够大的空间供其回旋，那么大门吸纳到的生气就会在公司的入口处形成聚积。如此一来，生气无法顺畅无阻地流淌至办公室内部，自然也就难以被有效利用，这就如同财源在门口遭遇堵塞一般，公司生意要想实现蓬勃发展、蒸蒸日上的目标，便会困难重重。

在设计门厅时，为了有一个好的风水口，一定要将门厅做得稍微大一些，最好是能够与办公室的纵深成正比。

7. 门厅要结合八卦原理来设计。

在进行门厅的设计时，除了面积之外，方位也是重要的考虑因素。按照八卦理论，不同方位各自对应着独特的卦象，依据这些卦象来对门厅进行巧妙的设计与精心的装饰，这无疑是一种较为稳妥且适宜的方法，可以尽可能极大程度地规避可能出现的各类风水冲突，为整个商业空间营造出和谐稳定的气场氛围。

相较于其他设计方式，结合八卦原理所设计的门厅显得较为平稳，虽然无法在短期内看到情况的改善，但从长远的发展眼光来看，它却如同一种潜移默化的力量，持续而稳定地调理着企业的运势走向，为企业的长期繁荣奠定坚实的基础。

在根据八卦设计门厅时，不需要结合业主的命理，而是根据不同方位在八卦中的五行属性，搭配以相应的装饰，利用五行生克的原理产生风水效应。

二、门厅处在不同方位的风水设计

1. 门厅位于北方时有怎样的装修忌讳？

北方在八卦中属于坎卦，五行属水。为了避免产生冲突，在颜色的选择上要避开土性的颜色，比如黄色、棕色等，都需要避开。除此之外，木性属性的绿色和青色也都需要慎用。

要避开五行上的冲突，陈设物品的形状也是必须注意的。方形物体五行属土，不宜过多地使用在北方的门厅中。否则，即使是大门既在旺位，又朝向旺向，吸纳进来的生气也会因为土克水的格局而受到影响，所能起到的生旺作用也就大打折扣了。

除以上的忌讳之外，当门厅位于北方时，可以将陈设物品摆成圆形或是半圆形，白色、杏色、金色、黑色等色彩都可以放心使用。

2.门厅位于东方和东南方时该如何挑选装饰品？

正东和东南两个方位在五行中都是木性属性。如果门厅位于这两个方位，木头材质和纤维材质的工艺品是非常合适的选择，所以也可以选择一些较为高大且笔直的饰品放在门厅中，比如高大的柜子、旗杆等。但是这些物品都不能太过于笨重，如果体积过大则会阻碍气的流动，也会妨碍木的生长。

羽毛和带有香料性质的装饰品也可以在这里使用。也可以选用一些绘画作品悬挂在墙上，画幅越大越好。摆放玉石类饰品、悬挂编织饰品，也都可以起到一定的生旺作用。

水生木，因此鱼缸、小型喷泉等有流水的物品也很适合摆放在东方和东南这两个木性属性方位的门厅中。

在选择颜色进行搭配时，绿色、青色这类的木性属性的颜色都是不错的选择。利用五行中水生木的原理，使用蓝色、黑色和灰色，也能起到生旺的作用。但是，切忌在这个方位的门厅中使用属金的纯白色，或是属火的红色，无论是硬装饰还是软饰品都不宜。

3.门厅位于正西方向为什么不能用红色？

依照五行的理论，红色属火，而正西方却属金，如果在正西方的门厅过多地使用红色，就会造成火克金的格局，破坏原本聚财的格局，从而影响公司的发展。

为了避开红色对财运的影响，白色、黄色和金色都是相当不错的选择，都可以起到带旺门厅位于正西方的公司风水，因为白、金两种色彩都属金，而黄色属土，这样土生金的格局当然可以起到生旺的作用。

在装饰物品的布置上，可以选择挂钟、大口的花瓶、音响设备等。另外，在场地允许的情况下，不妨在门厅中摆上一些用竹子做成的装饰物，也能起到生旺的效果。当然，为了避免形成相克的格局，装饰物的选择还要尽量避开三角形的物体。

4. 怎样对位于西方和西北方的门厅进行布置？

位于正西、西北两个方位的门厅五行属金，应该搭配以五行属金的饰品，或摆上一些造型为圆形的家具陈设。

为了配合方位风水，在属金的门厅内要多摆放一些圆形或是半圆形的家具，或是选用一些圆形的装饰品，金属饰品、水晶摆件、玉器类摆件等都是不错的选择。如果要悬挂图画，骏马图是不错的选择，既可以带旺生气，又寓意公司的发展可以一马平川、马到成功。

另外，由于五行上有水泄金的说法，因此不宜在属金的门厅内摆放鱼缸等带有流水的陈设物品，也应该避免红色和黑色的使用，这些都会削弱公司的风水格局。

5. 应该如何布置位于东北方和西南方的门厅？

对于东北和西南两个方位的门厅来说，由于其五行属土，适合具备厚重感的装修风格。为了达到这个目的，在色彩的选择上要尽量内敛，咖啡色、棕色、黄色等土性颜色都是不错的选择。利用五行中火生土的原理，在这里也可以运用一些红色。

除了内敛的色彩之外，选择石材、雕花的门板等装饰材料也可以营造出门厅的厚重感。另外，石头的景观、大件的陶瓷制品、屏风等，都是适合东北和西南两个方位门厅的物品。

需要注意的是，不同的形状也有不同的五行属性，因为圆形在五行中属金，所以不宜在此方位的门厅使用圆形设计或是装饰物，会弱化运势，宜多用土性的方形设计。

6. 什么情况下门厅需要多用红色?

在风水中,红色有疏通五行的功效,对财运的提升也有很大帮助。但这并不意味着任何情况下都可以在门厅的装饰中使用红色,因为作为火性属性的颜色,红色也是最不容易被控制的色彩,如果用错了地方,比如正东、东南、正西、正北等方向的门厅,不仅无法带旺公司的财运,反而会破坏风水。

当门厅位于办公室的正南方位时,红色就是最佳的选择,因为两者的五行都是属火的。不仅地面和墙面的处理可以使用红色,比如红色的方形沙发等红色家具也适合摆放在正南方位的门厅内,都是可以带旺生气、提高财运的格局。

三、大堂前台风水

1. 前台的风水作用。

公司办公室的前台,是门厅中的重要部分,它承担着访客接待、文件收发和电话转接等任务,对公司的运转起着最基础的保证作用。同时,前台又是访客造访的第一接待区,它的好坏往往关系到访客对公司的第一印象,所以不能忽视对前台的设计。

在风水中,门厅可以被视为整个办公室的内明堂,用来营造门厅气流储存空间的墙壁、玄关、屏风等被称为罗城，前台则是其中的"罗星"。又由于前台位于公司水口的位置，水口即财口，因此前台也起着镇守水口的作用，前台又被称为"水口砂"。前台布置的好坏，会对公司的整体运势产生一定的影响。

2. 前台与大门的距离是不是越近越好?

为了使前台更加显眼，有的公司会将前台设置在离大门较近的位置。其实，前台与大门的距离太近并不利于公司的运势。之所以设计门厅，是希望给大门吸纳的生气提供一个积聚和储存的空间，但是前台的位置太靠近大门，就会在门口形成阻挡，不仅破坏了由门厅形成明堂的格局，还会影响到大门吸纳生气。当纳气口受阻、明堂缩小时，公司的运势也就无法兴旺起来。

在店铺中，柜台或收银台就充当着前台的作用。所以，柜台和店铺大门之间的距离也不能隔得太近，否则是会对生意造成影响的。

3. 前台为什么不能正对大门?

风水上有"罗星忌见当堂"的说法，如果将门厅视为公司的明堂，那作为罗星的前台就不宜设置在正对大门的位置。虽然这样的设计可以使访客在门外较远的地方就能一眼看到公司，但是前台却会在大厅中形成阻挡，导致生气无法顺畅地流动，使原本开阔的大厅大打折扣。

最好的做法，是将前台与大门的位置错开一定的距离，但是从门外又能看到一部分前台。这样一来，既不影响使用，又能防止前台对气流的阻挡。

4. 什么情况下需要前台的尺寸较大？

不同规模的商业场所都会有特定的服务对象，为了给来访者留下良好印象，像大中型的企业办公室、酒店以及大型餐厅等就需要将前台做得较大一些。

因为在风水中，前台有镇守风口的作用，就像是哨位一样守护着整个公司。尺寸较大的前台会显得更加稳固，可以在外观上显得高贵和气派，也会在感官上提高公司的档次，有助于树立良好的公司形象。

不过由于要体现出良好的质感，因此在制作时所需要的造价也比普通前台要昂贵。

5. 怎样确定前台的风格？

不同规模、不同行业的公司，根据其独特的企业文化，前台的设计风格也应该有所不同，因为它关系到来访者对公司的第一印象。无论是什么样的风格，前台必须与整个公司的装饰风格相辅相成。

前台是门厅的罗星，按照风水的理论，作为罗城的余气，前台的设计风格不能在门厅中显得突兀，而必须融入整个大厅的风格，因此，在进行前台的设计时，首先要考虑大厅的墙面、地面以及周围的装饰，唯有恰当的融合才能为整个公司的风水加分。

6. 前台能不能设计得时尚一些?

作为公司的第一服务区，前台不仅可以展示出企业的实力，也关系到公司在商业、人际交流等方面的整体形象。现在有许多从事设计、会议礼仪等方面的公司，会将企业的前台设计成时尚的风格，其最大的特色就是明快的线条、跳跃的色彩，以及简洁的材质。

前台属于明堂区，是风水中纳气聚财的重要场所。时尚风格的前台有流畅的线条，对生气在明堂中的流动有着很好的促进作用。气流畅通，财气自然也会源源不断流向公司，生意也就会兴旺。如果再加上恰当的灯光配合，就会起到事半功倍的效果，定能财源广进。

7. 哪些地方适合古典风格的前台?

结合业主的命理、办公室的坐向方位、周边的环境等因素进行考虑，是公司前台设计时比较恰当的方法。当然，企业所从事的行业，也是必须考虑的因素。

对于古董店、工艺品商店以及一些从事文化产业的公司来说，蕴含着精心设计元素的古典风格的前台可以很好地营造出企业文化的氛围，不仅可以准确地传达公司的特点和发展方向，还会让人产生亲切感，有助于公司业务的提升。

第六章　办公室风水

第一节　如何按风水原则选择办公室

1. 办公区的风水格局。

在进行风水设计之前，必须先对整个办公区的风水格局进行分析，只有正确明确各个部分的属性和位置，才能利用组合的方法来营造出最佳的风水格局。

如果从风水的角度对公司的公共办公区进行分析，那么一切固定的陈设，如办公桌、文件柜等都可以看作是山，而围绕其铺陈开来的道路就是水。因此，对于办公区的风水格局来说，最重要的就是通道和这些办公设备之间的位置关系，只有这些东西都处于最好位置的时候，办公室的风水才能处于最佳状态，不仅对提高员工的工作积极性会有极大的帮助，还会使公司越来越兴旺。

2. 空气流通对商业风水有什么影响？

对商业选址来说，一定的人流量和气派的外观固然重要，但是优质的"软环境"也是不可忽略的因素，尤其是办公室的选址。

为了防止潮湿的空气和冷空气进入，尤其是为了在夏天降低空调的消耗，有的商业办公楼采用全封闭式建筑，依靠中央空调系统来进行内部的气流交换。风水上讲究"藏风聚气"，但并不是说将空间完全封闭，而是指气流需要在室内缓慢地流动，以带动能量的运转。

通风不良的办公室，新鲜空气无法顺畅进入室内，气流也就基本处于停滞状态，时间一长就会对员工的精神状态产生影响，而且还容易引发呼吸道疾病，使人产生头痛、疲劳等症状。

因此，良好的自然通风是办公室优劣的标准之一。在设计不足的情况下，也必须通过安装换气扇强制换气。

3. 靠近门窗和过道的位置为什么不宜设独立办公室？

公司之所以要设立单独的办公室，就是希望通过独立的办公环境，使管理人员能够拥有良好的工作状态，最大限度地发挥出工作水平。在靠近门窗的位置设立办公室，虽然可以加强通风和采光，但是也更容易受到窗外的各种干扰的影响，比如对面的建筑以及户外的各种噪声等。

如果楼层较低，或是窗户紧邻过道，经过的人可以很容易地就看到办公室里的一切，这样不仅会让人产生被监视的感觉，导致心理压力过大和心神不安，同时也增加了某些商业上的机密信息外泄的可能性。

4. 办公室为什么不能正对大门？

在进行办公室的设计时，如果将办公室放在正对公司大门的位置，两门相对就会形成相冲的格局。当生气通过大门进入公司以后，会直接冲向办公室，这种气的直冲对运势非常不利，会影响到冷静思考。

同时，大门又是公司中人员进出最为频繁的地方，来往的人流也会对工作产生干扰，影响到工作状态。

5. 办公室设在地下室有什么害处？

有些公司为了节约成本，将办公室设在地下室，这是非常差的风水格局。

办公室位于地下室，不能见光，仅靠灯光来照明，会使公司阴气浓郁。这样的格局可能引来公司成员暗中操盘，前景堪忧。如果办公室没有设置的地方，那就至少不要将老板的办公室设在地下室。

6. 办公室为什么不能太封闭？

对于办公室的封闭，可以从两个方面来理解。一是由于布局设计失误，导致员工的办公空间处于狭小、局促的办公区域中。二是办公室气氛过于凝重，用各种规章制度限制员工在上班时间的交流。这样一来，整个公司就会显得死气沉沉，毫无生气和活力可言。当员工处于机械工作的状态时，公司的生产效率自然也就会随之下降。

从功能的角度来讲，办公室不仅是通过工作为公司创造效益的地方，对公司员工来说，它也是另一种类型的社交场合。通过硬性布局和软性制度的结合，营造开放的办公环境，使员工之间的交流和沟通更为活跃，以此来带动生气的循环，可以在无形中提高生气的能量，使公司呈现出欣欣向荣的势态。

7. 为什么要避免厕所正对办公室？

厕所是污秽之气产生和聚积的地方，如果办公室正对厕所，会造成秽气直冲办公室的内部，当大量的秽气流向办公室，并在此形成积聚，不仅会影响到个人运势，还会使办公室内的生气能量急剧下降。污浊的空气容易引发健康问题，还会影响到工作状态，导致思维不畅，无法对问题进行有条理的分析。

如果因为受到公司办公空间的格局限制，无可避免地要出现办公室与厕所正对的格局，那么最好在厕所门口加装一个屏风，或是摆上一排绿色植物，以避免秽气直冲的格局，可以在一定程度上弱化影响。

8. 为什么不能在办公室设洗手池？

为了使用方便，有的办公室里弄了一个洗手池。如果单从保持个人清洁以及方便打扫办公室卫生的角度来说，这样的做法的确是非常便捷的，至少省去了在办公室与卫生间之间来回跑的时间。但是，看似节约了时间、方便了使用，却会在无形中使财运逐渐下降。

因为有聚财的功效，所以水在风水中是财富的象征。但是，如果在办公室中设置洗手池，是水流外泄的格局。使用的时候，源源不断流向下水道的水同时也带走了财气，是非常严重的漏财格局。为了一时方便而导致财气流失，有点得不偿失的感觉，因此还是多走几步路比较好。

9. 形状不规则的房间为什么不能用来做办公室？

公司的独立办公室里不仅会制定公司运营的各种政策和策略，同时还扮演着对外接待的角色，承担着一部分来访客户接待的任务。如果办公室的形状不规则，在风水上被视为败运的格局，会给来访者造成心胸狭隘的感觉。

另外，在不规则的办公室中，很容易就会出现带煞气的尖角，从而造成尖角煞，对运势造成影响。再者，不规则的房间气场的分布也十分不均匀，会让人有不稳定的感觉，容易造成注意力的分散。

如果遇到办公室形状不规则的情况，应当尽力设法在装修上进行弥补，使其形状尽可能的规则些。实在无法通过装修补救时，可以通过在不规则的方位摆放高大的柜子进行遮挡，或是摆放一些绿色的常青植物进行化解。

10. 如何处理格局不方正的办公室？

对于商业办公场所来说，其总体形状最好是方正的，尤其是长宽比为6∶4的长方形格局，更是风水上佳的表现。但是，现在大多数的房子都不可避免地会出现缺角的设计，无论是凸出来，还是凹进去，在风水上都被视为犯了"缺角煞"。缺角的八卦方位不同，会有不同的影响。而且缺角部分的面积越大，影响就越是严重。

若要化解缺角煞，最好的办法是对缺角的地方进行修补，使其恢复规则的形状。不过，由于空间的限制，这种方法只能在面积较大的店面或办公室使用。如果空间有限，则可以通过摆设物品和装饰来加以化解，依照缺角的不同方位摆放相应的化解物进行补救。

另外，在缺角的地方挂上镜子，利用镜子的反射效应来弥补缺失的空间，也是一种简单的化解方法。

第二节　如何化解办公室的各种煞气？

1. 办公室室外的尖角会造成什么样的影响？

尖锐的物品在风水中都一律被视为会产生煞气，不论是哪一个管理层的办公室，如果能够从窗户中看到对面建筑的屋角、墙角，甚至是方形飘窗的凸角，或是正对三角形的飘窗，都可以视为犯了角煞。

这些尖锐的边角会释放煞气，破坏办公室中原本稳定的气场，而气场的紊乱会使人无法集中精神思考，使工作效率下降。对于掌握着公司运作关键工作的管理层来说，这样势必会导致公司业务发展受到影响。

2. 如何处理办公室里的横梁？

和普通住宅一样，办公室的横梁同样会对公司的风水产生影响，尤其是对座位在横梁下的员工来说，更是会产生精神和运势上的影响。所以，在安排员工的座位时要避开横梁的位置。

为了避免横梁散发的煞气造成的影响，在风水构造上可以采用不同的方法进行化解。

在现代办公室的装饰中，通常会采用吊顶的方法将横梁直接掩藏起来，这样能够起到非常好的化解作用。但是，对于层高本身就比较低的办公场所来说,不妨将横梁的颜色设计得和屋顶一样,这样也可以弱化冲煞。

座位上方不宜有横梁压顶

3. 办公室的上方为什么不能有横梁?

无论是民用住宅,还是商业空间,横梁都是风水上必须避讳的地方,其释放的煞气对运势的影响非常大。如果办公室的上方出现横梁,会直接影响到工作效率,不仅容易使得工作中出现各种各样的障碍,还可能导致上下级之间沟通困难。

横梁释放的煞气会导致人情绪不稳。当办公室出现横梁压顶的格局时,会使脾气变得焦躁不安,在工作沟通中很容易就出现争执,不仅会对公司的整体工作进度造成影响,同时也会妨碍到公司团队建设,破坏原本和谐的工作氛围。

在进行办公室的规划时,要尽量避开有横梁的地方。如果实在无法另觅他处则采用天花板吊顶遮盖横梁是最好的办法。

4. 什么形状的柱子更利于公司的运势?

办公室作为跨度较大的建筑,柱子是重要的承重结构部分。从风水的角度来看,它也是办公室风水的重要组成部分。

一般说来，柱子分为圆柱和方柱两种。无论是哪个部位，只要其包含了尖角和边角，都会释放出煞气。如果公司办公室的柱子是方形的，那么它的四个边角都会产生煞气，影响到座位对着这些边角的员工，造成其精神上的紧张和困倦感。因此，就办公室风水来说，圆柱形的柱子更利于公司的运势。

5. 怎样才能化解方柱的冲煞？

虽然方形的柱子会产生冲煞，但是因为建筑结构的缘故，所以也无法对其再进行结构上的改造。不过，为了化解冲煞，还是可以通过一些装饰上的小技巧达到目的。最常见的方法，是利用装饰材料将原本的方形柱子包成圆柱状，这样不仅可以遮住边角，还可以将柱子变成展示墙，在上面悬挂公司的各种产品广告的宣传海报，或是放一些自然景观的图画，都可以起到非常好的美化环境的作用。

在方柱的四周摆放上绿色植物，可以起到弱化冲煞的作用。另外，在空间较为充足的办公室，还可以利用窄小的木板在方柱的中部制作围栏，并在其中摆放一些小型盆栽，既化解了冲煞，也形成了办公室的立体绿化。

除此之外，将高大的文件柜围着方柱摆放，以此遮挡住散发煞气的边角，也可以起到化解的效果。

第三节　办公设备摆放风水

1. 办公区的主色调为什么要用浅色？

因为现在的办公室一般都是采用开放式办公，尤其是在许多写字楼当中，由于层高的限制，再加上天花板吊顶，办公区的层高就会显得非常矮。此时，如果再采用深色作为主色调，就会加重空间的压迫感，不仅不利于生气在办公空间的循环，长时间在这样的环境中工作,还会使人情绪压抑,容易发火,从而影响到公司和谐工作氛围的营造。

一般说来,办公室都会选择浅色调作为墙面的颜色,比如白色、米白色、浅蓝、浅灰等。不过需要注意的是,虽然浅色调的使用可以加强空间感,但是面对浅色的天花板和墙面,为了避免产生轻浮的情绪,办公区的地面最好选用比墙面颜色深的颜色。

2. 如何扩大办公室的空间感?

宽敞的办公空间是良好工作环境的基础,通过一些布局上的技巧就可以使办公室的空间感扩大,并且使公司的风水得到改善和提升。

为了扩大空间感,采用开放式的设计是必需的。另外,为了尽可能减少视线受阻,同时也为生气在公司的流动留下较为阔绰的空间,用来分隔每个办公区域的隔板不能太高,以略高于办公桌为宜。

选择办公家具和其他办公用具时,颜色不宜过深,轻型的材质和明快的颜色可以使办公区域看起来更加整洁。在需要隔出独立办公室的时候,尽量采用全透明或半透明的玻璃墙,这样就不会阻挡光线。如果有必要,还可以加装百叶窗,以起到良好的保密效果。

通过这样的设置,不仅强化了每个职能区的独立,同时也营造出富有秩序的空间,保证办公室的每个区域都能接收到生气,使生气在办公室内缓慢回旋、流动。

3. 员工办公桌忌放在哪个方位?

时常有员工不买领导账的情况,他们往往在表面上很尊重领导,却在私下转移权力。或者他们根本就不给领导面子,时常跟领导对着干。这样的员工十分棘手,但他们不少又是有能力的人,不是说辞退就辞退的。

这种员工坐的位置,很可能是在西北方。西北方的天子之气让员工变得嚣张,所以才敢如此对待领导。只要把员工的位置搬离这个方位,他就缺少了风水上的支持,自然会收敛气焰。而当领导坐到这个位置,则更能增加自己的气势,从而在气势上有了压制员工的优势,进而收服员工。

4. 座位为什么不能背对通道?

在风水理论的体系中,"藏风聚气"始终是备受推崇的关键原则。在自然界中就是要有山环水抱的独特地理格局,才能够达到这样的效果。对于办公区域来说,要尽量避免处于气的流动路线上,一来影响气的流动,二来也无法吸收生气。正因为如此,在安排办公室的座椅时,要尽量避免座位背朝通道的格局。

座位不宜背对通道

气有喜静不喜动的特点,虽然走道是气在办公区域的流动通道,但是因为经常会有人在其间走动,所以无法在此形成能量的聚积。如果背对着通道坐,就算进入公司的生气再多,能量再强大,能够被吸收的只是非常少的一部分,收到的效果自然就非常的微弱。

反之,如果座位是面向通道,因为避开了动的位置,所以是更为符合风水的安排方法。生气经过通道流向办公区，并在这个较为静止的环境内聚积，因为是面向生气流进各个办公区的方向，所以也就更能吸收到生气中的能量。

5. 如何解决背朝气口的格局？

所谓气口就是入气之口，从办公室的布局来看，气口一般是指大门、窗户和各部门办公区的入口。只有正对气口，才能吸收到吉气。

在完全开放式的办公室中，如果无法改变办公桌的方向，就可以用隔板将办公区与通道隔开，只留下供出入的通道。

另外，如果座位是背朝窗户或办公室的其他侧门，将会导致散气和泄气的格局，容易招致是非，还容易导致疾病。此时，应在窗户上悬挂窗帘，在不影响采光的情况下尽量将窗帘拉上。背朝侧门坐着的时候，尽量关闭侧门，这样才能使不聚气的格局得到化解。

6. 办公桌为什么不能与窗户平行摆放？

对于许多在写字楼当中办公的公司来说，宽大的玻璃窗不仅提供了良好的采光，窗外的城市风景也为员工提供了舒适的办公环境。但是，有不少公司在进行办公室的布置时，会将办公桌与窗户平行摆放，这样就会形成两种不利于运势的格局，一种是办公桌紧贴窗户，员工对窗而坐，另一种是在办公桌与窗户之间安放座椅，员工背窗而坐。

靠山是风水中运势的关键，商业空间的风水也一直在强调靠山的作用。如果让员工背窗而坐，其实就形成了背后无靠山的格局，并不利于公司及员工个人的运势，反而会是一种漏财的格局。

另外，将办公桌紧贴窗户摆放，员工的座位势必会直接对着窗户，当对面有玻璃幕墙、河流以及受到阳光直射时，就会形成光煞，也是不利于财运的格局。所以，要尽量避免将办公桌与窗户平行摆放，即使要靠窗，也尽量使办公桌与窗户呈垂直状态。

背后无靠

7. 办公电脑该如何摆放？

电脑是现代办公室中不可或缺的办公用品，由于带有较多的辐射，所以对身体也有损害作用。从风水的角度来看，电脑五行属火，会释放出较强的阳性力量，如果摆放的位置不对，也会造成伤害。

在进行电脑的摆放时，需要与座位保持一定的角度和距离，以免长时间的使用对眼睛造成伤害。另外，作为辐射较强的办公电器，其辐射大部分都来源于显示器的后部，尤其是非液晶显示器。所以，在进行办公室规划时，切忌将电脑显示器摆放在员工的背后，否则会严重威胁员工的身体健康。

8. 茶水间该设在哪个位置？

为了方便员工的饮水和休息，许多公司都会设置专门的茶水间，为员工提供一个在上班时间短暂休息的场所。一般来说，如果茶水间只是作为休息和摆放饮水设备的空间，那么其设置的位置就可以随意，以方便使用为宜。

有的茶水间还兼顾着餐室的功能，公司在这里摆放了微波炉，方便员工加热自带的盒饭，那么此时该房间的位置就会对公司的运势产生影响了。

从五行的角度来看,微波炉属火,因此摆放着微波炉的茶水餐室最好是在办公室的正东或是正南方位。正东五行属木,两者相加可以产生木生火的效果,而正南属火,两火相遇也可以起到生旺的效果。如果无法改变房间的位置,还可以将微波炉朝东或是朝南摆放,也可以起到生旺运势的效果。

第四节　让员工的风水气场旺起来

1. 风水布局营造和谐的办公室氛围。

气在风水中是一个既普通又重要的概念,被看作是万物本原,其中人气是非常重要的元素,它对公司的运势起着关键性的作用。想要营造出和谐的办公室氛围、提高员工的活力,可以从办公区域的整体布局设计来着手,最好的办法就是跳出以往刻板的做法,使办公环境更加自然、人性,让身处其中的人都能够达到放松和愉悦的状态。

除了选择明快的色彩之外,还可以在办公室中融入自然景观的元素,比如选择一些适合在室内生长的盆栽摆在办公室里,最好是摆在正东、正南以及东南三方,既可以营造清新的环境,又能起到生旺的作用。另外,在办公室的北面可以多悬挂一些风景图画,最好是带山水的风景,以意象的水带动北面的水。

不过,还是需要注意整体景观的协调性,盲目改动只会让办公室显得更加凌乱,说不定还会破坏原本的风水。

2. 风水布局让办公室充满积极向上的能量。

在风水中,处于同一空间的人,如果能够接收到来自同一事物的信息,并且这些信息可以让人产生愉快的感觉,无形中起到调节人心理状态的作用,有利于让职员与公司共同取得进步。

在公共办公区域的风水营造中，无论是布局上的改变，还是风水装饰的运用，其实都是通过在合适的位置摆放合适的物品来制造点场，比如将办公桌椅组合成圆形、在墙壁上悬挂充满活力的图画等，由此可以使整个公司中的多数或是全部员工接收到良好的信息，当现场释放的良性信息被大家接收到，就会产生愉悦的心情，从而加强员工之间的关系。

3. 在办公室安置吉祥物旺气运。

为了带动风水，同时也为了美化环境，许多商业空间，如办公室等地方都会在特定的位置安放吉祥物。

吉祥物在商业空间的正确安放，不仅可以化解煞气，还能够对空间中的能量气场进行调节，从而起到旺气旺财的效果。

在安放吉祥物时，可以将方位作为主要参考依据，再根据不同的五行属性安放相应的吉祥物。

依照五行的观点，正北方位五行属水，选择风水轮摆放在这个方位是再合适不过的了。当然，也可以利用金生水的原理，摆放金属质地的貔貅、麒麟、五帝古钱等吉祥物，都可以增加财运。

正东及东南两个方位的五行均属木，若要起到提高财运的效果，则可以在此方位安放一些五行同样属木的物品，如常绿的植物等。当然，还可以利用水生木的道理，在这两个方位摆上风水鱼缸，也同样会起到生旺的效果。

正南方位五行属火，适合摆放木性属性的绿色植物。

对于五行属土的西南及东北两个方位来说，土性的玉石和瓷器制品既可以起到催旺财运的效果，同时也能够使公共办公区域显得更加优雅、宁静。

正西及西北两个方位五行属金，最好选择金属质地的吉祥物，如铜质的麒麟、貔貅以及五帝古钱等，都能够起到很好的催财效果。另外，在这两个方位摆放陶瓷和玉石制品，也同样有很好的效果。

4. 哪些植物适合养在办公室？

对于商业办公室来说，除了办公设备之外，还应该摆放一些绿色植物，不仅可以起到美化环境的作用，同时也可以产生一定的风水效应。正确地选择绿色植物，能够起到提升财运等作用。

办公室摆放植物时，一般选择大圆叶的绿植，比如绿萝、发财树等

在选择摆在办公室的植物时，叶子的大小是比较重要的参考因素。一般说来，窄小的植物叶子会吸收人的能量，只有宽大的叶子才具有挡煞的作用。所以，不宜在办公室栽养小叶植物，虽然起到了绿化的作用，但同时也会吸收较多的生气，在无形中削弱了运势。

与之相反的是，叶子宽大的植物主要吸收空间内的晦气，将不利于运势的能量吸走，从而起到调节环境、提升运势的作用，发财树、富贵竹、宽叶榕、七叶莲、棕竹、君子兰、仙客来等都属于这类植物。

商业办公室内不宜种植攀爬生长的藤蔓性植物，容易使空间过于潮湿，而且还会滋生各种虫类。从风水上来说，藤蔓性植物容易引起口舌之争，影响到团队凝聚力。

5. 哪些办公室才适合养吊兰?

吊兰是常见的办公室垂挂植物之一，由于它的生长是沿着盆沿往下垂，而且有像花朵一样的四季常绿的叶片，所以能够营造出非常高雅的景观氛围，同时还可以起到一定的空气净化的作用，吸收掉办公室内的有毒气体。虽然吊兰有着种种好处，但它并不是所有的办公室都适合栽养的植物，最好是根据五行属性来进行选择。

如果就形状而言，吊兰下垂的生长方式可以认为其五行属水，而北方的五行也同样属水，所以位于这个方位的办公室当然适合栽养吊兰。另外，根据水生木的原理，在位于正东和东南两个方位的办公室放上一盆吊兰，也能够帮助提高运势。

如果从种类上来讲，作为植物的吊兰也可以认为其五行属木，从木生火的原理上来说，放在属火的正南方的办公室中也非常合适，火木相遇，自然就会旺起来。

第五节　老板办公室的风水

1. 老板的办公室要位于公司格局的后方。

许多公司都习惯性地将老板的办公室设置在公司的后方，也就是离大门最远的方位。这就如同古时候的君主一般，藏于深宫，前面则是朝拜的臣子和百姓。

老板是一个公司的决策者，需要一个安静的环境来思考分析公司的现状和走向。各个部门就是他的臣子，需要按照老板的意图来执行各种规划、管理。老板位于公司的后方，正好能拥有安静的环境，也能宏观地掌控公司的动向，利于管理。

如果将老板的办公室放置于公司的前方，靠近大门，则如同皇帝亲征，劳心劳力。虽然可以在一时调动员工积极性，但长期如此，却会令员工被动，没有给员工发挥的空间，使其心理上对公司产生疏离感。

2. 如何保障老板办公室的私密性？

老板的办公室是公司的最高决策机构，为了不影响决策，不导致机密的外泄，最好能保障其私密性。保障私密性的最好办法是设置一个较为封闭的空间，不能有太大的门，有能拉上的窗帘。这样才能藏风聚气。

但有些老板喜欢将办公室做成通透的玻璃，好随时观察员工的工作状态。其实这是相当不好的风水格局。虽然玻璃也能藏风，但容易进煞。当老板看到员工的时候，员工会有如芒在背的感觉，时刻被监视的员工，会感觉不受信任，而对公司缺乏认同感。与此同时，员工也会看到老板的一举一动，容易令机密泄露，他们的眼光也会令老板感觉心神不宁，不能专心于工作。不仅是老板，中层管理阶层也不应该直接将自己暴露在员工面前，不利于制造威信。

如果办公室已经是玻璃墙面，则应用窗帘或屏风进行遮掩，这样才有利于将财气藏于老板的办公室。

3. 如何布置老板办公室的窗户？

暗淡的光线往往意味着暗淡的前程，所以老板办公室一定要利用窗户来透入充足的光线。但如果老板办公室的窗户过多，导致光线太强，可能给老板带来太多的干扰，也容易造成疲惫。此时可以用窗帘减少光线的进入。

4. 如何突出老板办公室中的权威性？

老板是公司的最高领导，在其办公室中，一切的布置都要以符合老板的权威身份为主。

老板桌是重要的物品，除了基本的禁忌外，老板桌最好能为老板量身定制，这样才更能与老板本身相结合。室内的沙发，其U形口一定要对着老板桌，使其如同朝山一般，形成一种向心力。

办公室内沙发 U 形口对着老板桌

室内切不可有任何尖锐的物品朝向老板桌，更不要摆放一些可能看上去恐怖的或来历不明的物品，以免对老板有冲煞。如果要供奉财神，则要摆在财位上。

5. 为什么要把老板办公室选在西北方位？

公司里人心涣散，多半是因为公司老板缺乏威信。老板需要有能统御四海的天子之威，即使个性温和，也要有不怒而威的气势。

增强气势的最好办法，是将办公室设置在西北方。西北方在后天八卦中为乾卦，乾为天，是统御四海的象征，而其他方位则会臣服于它。所以老板将办公室设置在西北方，就能增强自己的威信，从而得到员工的尊重，令公司人心聚拢。另有说法，西北方位是乾位，其发音和"钱"相同，自然就是大吉大利。

为了加强和巩固老板的权势地位，应该多在这个方位的老板办公室中放置高大的物品，比如高大的文件柜、衣帽架等，都能够起到加强运势的效果。

6. 领导的办公桌椅有什么讲究？

领导的办公桌椅应该与其身份相符，应注重宽大、稳重。

办公桌象征着业务量，因而应越大越好。办公椅象征着地位的稳定，因而要厚实、稳定。椅背象征着靠山，因而应高一些，最好能完全覆盖背部。椅子最好要有扶手，它象征着有得力的助手相助，是领导不可缺少的。

7. 如何利用座位令公司上下一心？

将老板的座位与员工的座位坐向一致，或者是与公司的坐向一致，如此就能令上下一心。

如果老板的座位与员工的座位坐向相反，则容易出现员工阳奉阴违、不听指挥的现象，甚至可能有员工另起炉灶，与公司为敌。

8. 椅子为何要靠墙摆放？

"靠山"在风水中显得非常重要，尤其是对于在公司中处于高层的管理人员来说，稳固的"靠山"可以使其在公司管理中获得更多的帮助，以便能够顺利打开工作的局面。在办公室风水中，将座椅尽量靠墙摆放，或是摆放在高大的文件柜前面，都可以形成靠山的格局。

背后有了支撑，不仅人的心理会产生较为踏实和安稳的感觉，而且背后的墙和文件柜也会变成隔断，形成办公桌区域被生气包围的格局，气旺则运盛，这样就更能获得下属的支持，遇到问题的时候也更容易得到帮助。虽然靠背较为高大的座椅在风水上也是一种靠山的格局，但是所能起到的风水效应并不能替代背后的实体支撑。

因此，最好不要将座位设在靠窗或是背对门的位置，否则这样背后无靠的格局会对工作产生不利的影响。

9. 为什么办公桌不能太靠近门口？

在进行独立办公室的布置时，办公桌切忌靠办公室的门口太近。

在风水学的观点看来，对于独立的空间而言，门外的一切动静都会成为干扰的因素，严重的时候还会形成冲煞。在靠近门口的位置摆放办公桌，从整体格局上来看虽然这个办公室与公共办公区独立存在，但是因为大门与外面的通道相连，所以很容易受到来自公共办公区的走动和谈话的影响。

另外，门口是气流进出非常频繁的位置，无法形成积聚，坐在这里自然也就会影响到接收生气能量的效果，对运势的提高非常不利。

10. 如何布置象征权威的西北方位？

西北方位为乾卦，象征天子之气，在公司中最适合设置老总的办公室，以令四方臣服。但并不是所有的公司都有条件在西北方设置办公室，老总也不一定就喜欢坐在这个方位。所以象征权威的西北方应以其他的手段来发挥它的作用。可以在公司的西北方位放置一件象征着权力的物品，如公司的注册商标、登记证、营业执照等。在西北方的墙上挂一幅毛笔写的"乾"字，也能增强权威的力量。老总的办公室则可以开在西北方，以吸纳来自西北方的权威之气。

11. 如何运用"驿马水法"提高公司的财运？

"驿马水法"是风水中的一种确定旺位的方法，"驿马诀"是其中的精华部分，它原本是用来判定各属相的旺运之年，其口诀内容为："寅午戌马居申，申子辰马居寅，亥卯未马居巳，巳酉丑马居亥。"比如，根据十二地支与生肖的对应关系，寅、午、戌其对应的生肖就是虎、马、狗这三个生肖，而申则对应的是猴，也就是虎、马、狗这三个生肖的驿马年。只要进入驿马年，无论是工作还是生活，在运势上都会有些变动。

当然，除了寻找各个生肖的生运旺年之外，"驿马水法"还可以用来提高公司的财运。与生肖旺年不同，口诀内容中的前三个地支代表的是公司大门的朝向，而驿马所在的位置则是指公司办公室的方位，在此设置小型水流景观，或者摆放鱼缸，就可以在较长时间内提高公司的财运。

以"巳酉丑马居亥"这句口诀为例，巳指的是东南偏南，酉指的是正西，丑指的是东北偏北，对于大门朝这三个方位开的公司来说，可以在办公室的亥位，也就是西北偏北的方向，设置小型的流水景观，或是在此摆上一个风水鱼缸，就可以提高公司的财运。

12. 如何利用明堂使办公室聚生气？

藏风聚气是风水对于建筑空间的基本要求，独立办公室也不例外。想要使生气在面积有限的办公室内获得更好的积聚效果，合理地摆放办公家具，营造出内明堂的格局是最好的办法。

按照"左青龙、右白虎、前朱雀、后玄武"的说法，如果将办公桌椅面对大门靠墙摆放，那么办公桌前面就是朱雀位，是最适合营造明堂的位置。将办公室内的其他家具和设备也尽量靠墙摆放，将办公桌前面的位置尽可能地空出来，这就在这间独立的办公室内形成了内明堂。

在风水上，朱雀位有明堂才可以接纳来自八方的生气，才能提高财运、带旺前程，在这里办公的人也能保持良好的精神状态和清晰的分析思维，对事业的发展非常有益。

13. 如何生旺办公室的青龙位？

依照风水中的方位划分方法，青龙位拥有较为强盛的阳性能量，如果想要使公司保持旺盛的运势，使公司的员工充满积极、活跃的工作状态，就应该加强总经理等公司高层办公室的青龙位，同时还能起到防止小人陷害的作用。

生旺办公室青龙位比较常见的方法，就是在办公桌的左手方位摆放龙形的装饰品。对于想要巩固和加强在公司管理地位的高层管理者来说，铜质的龙形装饰品是非常合适的。如果想要提高公司的财运，那么可以选择玉石质地的龙形装饰品。

另外，在办公室左边的墙上挂一幅有龙的图案的绘画作品，也可以起到加强青龙位的效果，不但可以提高公司及管理者个人的运势，还可以获得贵人的帮助。

第六节　高管办公室风水

1. 高层管理为什么要设单独的办公室？

虽然现在大多数公司都是采用开放式的办公室，只是用隔板来划分各个部门的办公区域，但是对于总经理等高层管理人员来说，还是需要为其设立单独的办公室。

如果从风水的角度来分析，这些独立于公共办公区域的高层办公室，面积都不是太大，而且一般都设计成独立的房间，因此更利于藏风聚气。当生气流进这些独立办公室以后，能够在此形成较为稳定的聚积，其所释放出的能量也更能够被吸收，使得在此工作的高层管理能够保持清醒的头脑和敏捷的思维。

虽然是采用独立的房间作为办公室，但是却又通过办公室的门与公共办公区域相联系，这样既保证了高管办公室的保密性和安全性，又使气流能够畅通地运行，从而保证了整个公司在运作目标上的一致性。

2. 主管办公室为什么不能正对老板办公室？

在公司的运作中，老板和主管都是相当关键的人物，一个是公司的所有者，掌握着公司的命脉，为公司的发展方向掌舵；一个是公司运营的执行者，为公司的发展制定各种政策和策略。

从风水来看，两者在公司中的气场都是相当强烈的，如果将两者的办公室大门设计在一条线上，那么两门相冲就会导致两股气的冲突，这对公司的运势来说是非常不利的。

另外，两间高管办公室的门相对，还容易导致双方的不信任，极易使双方在工作中产生分歧。

3. 如何处理部门主管办公室与员工办公区的位置关系？

在开放式的办公室中，如果部门主管是和手下的员工同在一个隔间办公，那么主管的办公桌一定是放在办公室的最里面。如果要设单独的主管办公室，那么也应该放在员工办公区的后面。从风水的角度讲，生气进入公司以后，先经过员工办公区，再进入主管办公室，这样汇聚的格局更有利于对员工的领导，增加团队的凝聚力和向心力。

另外，将主管办公室放在员工办公区的后面，能够起到一定的监督作用，防止员工的怠工行为。同时，也方便各部门的主管能够及时发现员工在工作以及情绪上的问题，并在第一时间采取相应的措施，以保持工作团队良好的工作活力，提高工作效率。

4. 部门主管的办公桌有什么禁忌？

部门主管是公司运行的中层管理人员，有不少的事务，因而办公桌上的摆放应该有所讲究。

首先，办公桌不宜凌乱。一个凌乱的办公桌代表着工作的无序性，意味着可能无法有效地处理工作。

其次，办公桌上不宜摆放过多的杂物。堆满杂物的办公桌会使人陷入永无休止的工作中，并且缺乏成效，是只有苦劳没有功劳的类型。

第七节　财务室风水

1. 财务室应该设在哪里？

对于公司来说，无论是现金流，还是来往的账目，都是公司生存和发展的命脉。为了保护公司的经济隐私，同时也为了避免风水上的破坏，最好是把财务室设置在公司较为隐秘的部位。

这样一来，不论是公司内部员工，还是外来的访客，都不会对财务室造成干扰。稳定的气场不仅有助于财务人员保持良好的心态，同时也有利于公司财务上的稳定上升。

有的公司把财务室设在靠近公司大门的位置，这是非常不合适的。财务室大门太靠近公司大门，或者是干脆就正对公司大门，会形成相冲的格局，不断进出的气流会造成财气的流失。

2. 如何进行财务室的装饰？

财务室的装饰应该尽量简单，过于复杂则容易导致公司的财运不稳。

在进行墙面和地面的处理时，应该充分考虑到财务室五行属金这一特点，可以选择同样属金的白色，以提高公司财运。

在选择办公用品时，银色的保险柜和文件柜是非常适合的，办公桌也最好选择深褐色的，这些都能够营造出招财进宝的风水格局。

如果财务办公室中有横梁，就必须进行天花板的吊顶，否则一旦出现横梁位于保险柜上方时，会容易使公司出现财政困局。

3. 在财务室摆放保险柜有什么禁忌？

财务室中最重要的物品就是保险柜，所以一定要注意保险柜摆放的位置不能出现煞气。

首先，保险柜不能位于梁下，以免造成财难进入的情况。也不能放在显眼的地方，以免漏财。

其次，保险柜的柜门不能对着大门，也不能顺着水流或风吹拂的方向，否则就会财来了就去，难以守财。

4. 哪些物品绝对不能出现在财务室?

如果从五行的角度来看,财务室五行属金。为了避免形成相克的格局,财务室中千万不能放置会发热的电器,比如电水壶、取暖器等,这些高热量的物品都是火性属性,放在财务室中就会形成火克金的格局,对公司的财运是非常不利的。

另外,并不是不在财务室摆放火性属性的物品就可以高枕无忧了,还必须注意保持财务室的干净和整洁,凌乱的物品摆放和堆积的灰尘,都会败坏公司的财运。

5. 财务室里适合摆放什么植物?

财务室掌管着公司的财政命脉,通过在财务室当中摆放一些植物,可以起到提高公司财运的功效。

在挑选种植在财务室中的植物时,切忌选择枝干带刺和针叶类的植物,比如玫瑰之类的,虽然可以美化办公室环境,但是却不利于财运。最好是选择一些叶片形状较圆、叶子较大的品种,比如万年青、秋海棠、发财树等,都会有很好的旺财运的作用。

如果要摆放大型的插花,花瓶的选择也非常关键,越高的花瓶对财运越有利,装上水、养上花之后,都会带来源源不断的财运。

在财务室的窗台上摆上一排常青的绿色小盆栽,不仅美化环境,还能起到接气的作用。如果窗外有光煞,还能起到挡煞的功效,对财运和健康都非常有利。

第八节　会议室风水

1. 为什么要设会议室?

从使用功能上来说,会议室是公司结构中必不可少的一部分,它对外肩负着会见来访者以及与商业伙伴谈判的功能,对内则起着沟通情感、商议事务的作用。

从风水学的角度进行分析，如果将公司看作是一个有生命的生物，那么会议室的功能就如同心脏。

通过会议产生的各项决策就是公司赖以生存的血液，它们都是在会议室产生，然后被贯彻到公司的各个职能部门，并循环此动作保持公司的良好运转。

公司之所以要设会议室，是因为希望通过各种大小型会议聚集人气，通过汇集大家的思想和创意，为公司的发展出谋划策，从而带动公司的业绩，并由此使公司财运越来越旺盛。

2. 会议室设在哪个位置比较合适？

作为公司聚集人气的重要场所，会议室在办公室中的位置绝对不能随意指定，否则不仅无法带旺公司风水，反而会起到相反的作用。

按照常规的做法，绝大多数公司的会议室都设置在离公司大门最近的位置。其实，这样的格局更适合涉及较多核心商业秘密的公司，比如产品设计类等。来访者进入公司后，直接通过门厅接待区进入会议室，从而与真正的办公职能区形成空间上的隔离。

虽然这样的做法提高了保密性，但是来访者带来的生气直接从大门流入会议室，而无法再经过通道进入公司内部被聚积和吸收，这些能量所能起到的生旺作用就会大打折扣。

对于一般的公司而言，将会议室设在办公室中部或是尾部，或许会是不错的选择。来访者身上所携带的生气不仅可以增加公司的人气，而且还可以充分利用接待区至会议室之间通道的位置，对企业文化、产品等进行宣传，树立公司良好的对外形象，提高谈判的成功率。当然，前提是必须对这部分通道进行精心设计，这样才能产生最佳效果。

3. 会议室为什么不能太大？

通过定期在会议室召开会议，可以提高公司员工之间的沟通效果，有利于树立共同和明确的目标，提高公司的整体工作效率。但是，风水上讲究的是藏风聚气，因此会议室的大小也会对会议的效果产生影响。

在进行会议室的规划时，员工的数量是重点考虑的因素。除非公司员工较多，需要召开大型的全体员工会议，否则不宜将会议室设计得过大。如果人数较少的会议放在大型会议室来召开，房间面积大而人数较少，人气容易被房间吸收而无法聚积，不仅不利于共识的达成，还易使参与会议的员工走神和困倦。

为了方便部门召开会议，以及公司高层召开管理会议，公司可以设置中、小型会议室各一个，根据参与会议的人数进行选择。

4. 会议室要多大才算合适？

由于受到办公室面积的限制，许多公司的会议室会显得比较局促，除了会议桌之外，基本上只剩下仅能供一个人通行的过道。

虽然这样看起来是充分利用了会议室的面积，但其实过于紧凑容易使人有拘谨的感觉，不利于会议的开展。

一般说来，除了会议桌之外，会议室的流通空间在设计时也需要得到重视。为了营造放松的心情，使会议能够在融洽的氛围中进行，会议桌与墙面之间应该留下较为阔绰的空间，至少不低于1.3

米，一来方便参与会议的人员从自己的座位进出，二来也为气的流动留下足够的空间，以达到藏风聚气的目的。

5. 办公面积有限的公司如何设计会议室？

对于办公区域较为局促的公司来说，尤其是中小型公司，既想在有限的办公室中设立单独的会议室，又想只用一个会议室满足各种规模会议的需要，那么就需要在会议室的设计上想点办法了。

在这种情况下，首先可以尽可能地将会议室设计得大些，然后在适当的位置用屏风或活动隔离墙将其隔开。通过这样的设计，原本的会议室也就一分为二，变成一大一小的两个会议室。平时，两个会议室可以单独使用，而且互不干扰，避免了排队等候会议室的尴尬，提高了工作效率。当需要召开大型会议时，只需要将中间的屏风收起来，或者将活动隔离墙推到两侧，就可以立即恢复到原来的大会议室。

通过这样的设计，不仅在有限的面积内提高了会议室的使用率，同时也兼顾了风水上藏风聚气的要求，可谓一举两得。

6. 为什么大型会议室门口要宽敞？

在商业空间的风水设计中，明堂的概念显得非常重要，因为它可以更好地聚积生气，起到提高运势的作用。在办公室的风水中，除了公司大门外，最好要有较为宽阔的走廊作为明堂，在面积及格局允许的情况下，在大型会议室的门口留出一块相对空旷的地方，这样就可以在办公室内形成一个小型的明堂，从而起到聚水生财的目的。

另外，从实际使用的角度来看，由于大型会议室参与人数较多，这样的设计也方便了参与者的进出。

7. 该选什么形状的会议桌？

公司经营中的对外交流和对内沟通活动，绝大部分都是在会议室进行的，而恰当地选择会议桌的形状，可以创造出轻松的会议氛围，减少在会议中可能因意见不同而产生的对抗，提高会议效率，尤其是提高项目洽谈的成功率。

会议桌的选择要根据会议室的大小、形状来确定。一般说来，圆形或椭圆形的会议桌可以营造出和谐的交流氛围，同时也有利于与会者意见的统一。在这样平等的氛围中召开会议，更能使人放松思维、畅所欲言，有助于创意和团队精神的发挥。

长条形的会议桌更加适合用来召开较为正式的会议，比如经营决策会议等。

8. 谈判会议该如何布置？

恰当的会议场地布置，可以提高谈判的成功率。利用风水中的气动和气散原理，合理安排双方的座位，可以对会议的效果起到良好的促进作用。

在谈判会议开始之前，应该先将会议室布置妥当，这样有利于给对方以良好的印象。在安排座位时，将对方的位置安排在靠近会议室大门的地方，其主要谈判者的位置最好是短边唯一的座位，其他参与者安排在靠近大门的长边那一侧，使对方的座位尽量背对门口。

由于此地气流的运动频繁，而其主要谈判者又左右无靠，在运势上就会显得较为虚弱。由于我方座位与其相对，处在相对来讲比较静的位置，更容易吸收到生气聚积后产生的能量，在气势和运势上也就更胜一筹，谈判成功的概率自然也就会高于对方。

第九节　办公室五行风水

1. 如何装饰属金的办公室？

从五行上来说，位于正西和西北两个方位的办公室都属金。

为了能够提高风水效应，在对这两个方位的办公室进行布置时，可以摆放一些藤条制品的家具、饰品或雕刻摆饰。

马形的装饰品在这里有开运的作用，牛形、虎形的图画作品都值得尝试。

在墙上可以挂一些有夜空的图画或是人物肖像，可以帮助提高运势。

2. 如何装饰属水的办公室？

当办公室位于整个公司正北方位时，可视为其五行属水。

为了配合这个五行属性，在进行办公室的装饰时，可以尽量多用一些弓形和心形的物品。在选择挂在墙上的装饰画时，要尽量避开五行属土的，如牛、虎、狗、狮子等动物的图案，装饰品也要避开这些形状的动物。

3. 如何装饰属木的办公室？

正东和东南两个方位的办公室都属木，在布置上可以多选择木制家具，墙壁上可以悬挂一些木雕画，办公桌上也可以摆上一些木雕装饰品。

挑选一幅较大的画卷挂在墙上是个不错的主意，但是一定要避开马和羊这两种动物。鲜艳欲滴的水果图虽然可以让人看起来胃口大开，但是却可能对风水造成破坏，就连看起来赏心悦目的仕女图，也最好不要挂在属木的办公室里。

带曲线的物品五行属水，不妨在属木的办公室里摆上一些带曲线造型的物品，一定会有用的。

4. 如何装饰属火的办公室？

正南方位的办公室五行属火，挑选一两件带有珍珠或是纯粹用贝壳做成的小饰品摆在办公室，是非常明智的举动。如果喜欢兵器的话，也不妨挑一件小型的兵器挂在墙上或是摆在柜子上。

不过，在挑选装饰品的时候千万要注意，最好不要选用弯月形、弓形和圆形的东西，一不小心就会招致财运下降，恐怕工作起来运气也会受到影响。

5. 如何装饰属土的办公室？

依照五行方位来判断，位于西南和东北两个方位的办公室都属土。因此，在装饰方面就必须配合土属性来进行，不妨挑一些优雅的仕女图和有山羊、绵羊等图案的画挂在墙上。

如果环境允许的话，还可以弄个迷你音响放在办公室里，闲暇的时候放上一段音乐，不仅可以放松因工作紧绷的神经，声波还能起到加强空间里的磁场和能量运动的功效。对于喜欢研究和收集兵器的人来说，最好不要把收藏的刀、剑之类的东西摆在这个方位的办公室里，小心会对工作产生不利。

6. 位于西方的办公室该用什么颜色？

对于位于西方的办公室来说，在色彩的选择上要尽量选择白色、金色、银色等同为金属性的颜色，当然还可以利用土生金的原理，多在这些方位的个人办公室中使用黄色、咖啡色、茶色、褐色等土属性的颜色，也起到生旺运势的效果。

7. 位于北方的办公室该用什么颜色？

为了发挥生旺作用，位于北方的办公室中适宜多用些属水和属木的颜色，比如黑色、蓝色、灰色、绿色、青色等，忌讳属火和属金的颜色，如红色、紫色、白色、金色、银色等。

因此，位于北方的办公室最好采用黑色或是深蓝色的办公桌。

8. 位于东方的办公室该用什么颜色？

位于东方的办公室五行属木，在色彩的选择上可尽量挑选同样属木的颜色，比如绿色、青色等。

水能生木，所以黑色和蓝色也非常适合位于东方的办公室，生旺运势的效果也是相当不错的。

9. 位于南方的办公室该用什么颜色？

南方属火，红色、橙色和紫色当然是首选的颜色了，如果恰好又是属于策划、创意类的办公室，那么这些颜色不仅可以使人保持活跃和清醒的思维，同时还能使办公室看起来生机勃勃，充满现代气息。

利用木生火的原理，还可以搭配绿色和青色。

10. 位于北方的办公室为什么不宜用方形的办公桌？

如果从五行的角度来看，当个人办公室位于公司所在地的北方时，其五行属水，此时如果选择普通的长方形办公桌的话，就会对运势产生影响。

在五行中，长方形的物体为土性属性，从木克土、土克水的关系进行分析，在北方位的办公室使用长方形的办公桌，就形成了泄水气的格局，虽然不会产生太大的影响，但还是要尽量避开。

为了避开不利的因素，尽可能地营造出最佳的商业办公室风水，此时就应当放弃普通的长方形办公桌，而改用外缘为弧形或曲线形造型的办公桌。因为其五行同样属水，能够起到生旺的作用。

第十节　通道走廊风水

1. 通道在商业风水中有什么作用？

对于商业风水来说，除了讲求藏风聚气之外，整体布局上的山水平衡和动静相宜，也是非常重要的。

如果从风水的角度来看待商业风水，那么各个部门的办公区域就像是大山，而分布其中将办公室各个功能区域联系起来的通道就像是水流，它们绕山而过，除了提供行动上的方便之外，更重要的功能是为生气在商业空间内的流动提供通道。这样一来，生气带来的能量不仅可以汇集在各个办公职能区，还能通过这些通道运动，从而使商业的各个部分都能够吸收到能量，提高运势。

除此之外，通道对整个商业空间进行了划分，使其摆脱了刻板、呆滞的构造，无论从视觉上还是使用功能上来说，都显得更为科学和美观。

2. 为什么要进行内路的规划？

在风水学中，商业空间作为一个整体存在，它的每个部分都会对运势产生影响。如果说大门作为纳气口，对风水的好坏起着关键作用的话，那么能否使这些通过大门吸纳进来的生气有效运转并被吸收，内路的规划就显得尤为重要了。

当生气通过大门进入商业空间后，合理的流动路线可以与其相配合，就好比人体的骨骼与血脉的配合一样，只有两者相得益彰，才能发挥出最大的风水效应。对于商业空间来说，合理的流动路线可以使人方便地到达目的区域，有效减少死角的存在。

如果大门的位置、朝向非常好，却因为无法通过内路流向各处，最后也只有很少部分的能量被吸收，或是根本无法被吸收，不仅浪费了良好的大门格局，同时也无法起到提高运势的作用。

3. 如何进行内路规划？

内路的规划要结合内部环境进行。对于办公区域的内路规划，使用的方便性是首先需要考虑的因素，切勿为了单纯地追求风水效应，使内路的设计出现有违常理的情况，从而影响到日常工作的正常开展。

办公场所的面积和形状也是进行内路规划的制约因素。要使有限的办公面积最大限度地发挥作用，就要避免在内路的设计中出现死角。尤其是对于不规则的办公场所来说，内路的设计更是要尽可能地调动资源，突破场地形状的限制，尽可能地使内路照顾到主要区域，为提高工作效率提供有效的支撑。

最后，内路的设计还需要针对具体情况进行一些处理，但必须合理、有序，这样不仅方便人员的走动，更重要的是使气流可以在空间内顺畅移动，促进能量的释放和吸收，使公司效率提高并以此获得更好的效益。

4. 太直的通道为何不利风水？

许多商业大楼将主要职能办公区域划分为两大部分，中间用一条笔直的道路作为主通道将两部分划分开，然后再辅以其他通道。这样的内路格局简单明了，在实际使用中会非常方便，可以很快到达目标区域。

但是，风水中将笔直的道路视为一种冲煞的格局。对于商业空间而言，无论是写字楼内部的走廊，还是各公司办公区域的通道，都不能设计得太直，尤其应该避免一条直路贯穿到底的格局，这样就从形式上将写字楼或是办公区一分为二，在风水上被视为不吉之象。道路越直越长，其所产生的煞气也就越严重，所以要尽量避免在商业空间的道路设计中使用过长的直路。

通道是商业空间中气的流动路线，一般比较适宜设计得稍微有些曲折，这样就能够避免气流的直冲。如果将其设计成了直线，不仅会影响到生气的聚积，造成公司的财运不旺，同时也会造成分裂之象，导致公司容易产生内部矛盾，影响到团队凝聚力，使公司人心涣散，因此要尽量避免。

5. 什么形状的内路更有利？

商业空间的内路设计中有一种环绕式的曲路。虽然也是将主要职能办公区域划分为两大部分，但是各个职能部门呈不规则分布，而道路设计则是围绕这些区域进行。

这样的道路格局，避免了在通道上行走时的单调，还可以充分利用道路的曲线营造一些小景观，从而给来访者以及内部人员留下良好的印象。最关键的是，呈曲线状的道路对生气在商业空间中的缓慢运行有重要作用。

不过，道路设计应当根据商业空间的实际格局进行，不能一味地盲目追求曲线形的道路，尤其不能设计过多的曲线道路，这样就容易使人心神不安。

6. 商业大楼的通道为什么不能设计成回字形？

在商业空间的内路设计中，除了要避开直通的格局之外，回字形的内路设计在风水上也是非常忌讳的。不少商业大楼为了最大限度地利用空间，同时也为了方便通行，将电梯和楼梯间都设计在大楼的中心位置，再以此为中心，将各个办公区域摆在四周，并围绕中心的电梯间设计回字形走廊。

由于四周都是办公区域，走廊并没有直接与外界连通的通风口，这样就会影响到整个空间的通风换气。另外，回字形的走廊虽然可以避免气流的直冲，但同时也会导致气流不畅。因此，在此办公的公司，不仅员工容易出现健康方面的问题，公司的运势也会反复，公司的业务和财运都会受阻。

7. 为什么商业大楼每一层的走廊位置要一致？

有的商业大楼使用的是大通间设计，当各公司进驻后，可以根据各自的办公需要再来进行区域功能的划分。这样的做法，虽然满足了每个公司个性化的需要，但同时也会因为设计上的差异，造成每层楼的走廊位置不一致。

一般来说，商业空间的风水不仅要看本楼层，上下楼层的布局也会对其造成影响。无论是公司的上方还是下方，都不能是走廊，因为来回穿梭的人流会破坏气流运行的路线，这样一来，不规则的气场就会对公司的运势造成影响。尤其需要注意的是，如果这些走廊还是通向卫生间等污秽之地的，就会形成秽气在头顶运动并且下渗，或是脚踏秽气的格局，对公司的财运是非常不利的。如果走廊的位置是一致的，则可以有效地避免以上的问题，对公司的经营就不会产生影响。

8. 走廊设计在哪个方位比较好？

在商业大楼的风水格局中，走廊其实是非常关键的一环，它是生气流动的通道，因此也掌控着整个大楼的财气。不同方位的走廊，会对财运产生不同的影响。

以大楼的中心点为坐标，当走廊位于正东、正南、东南以及西南几个方位时，采光相对来说会好得多，再加上设计的时候如果充分考虑到了采光的因素，走廊又能够保持良好的通风，那么明亮的走廊会提高生气的能量，从而起到提升财运的作用。如果走廊位于正西、西北、东北这几个方位，再加上通风和采光上的限制，那么财运肯定会受到影响，而且在此工作的人也会脾气暴躁，影响到公司团队的凝聚力。

9. 为什么办公室的通道不能太窄了？

有的办公室由于受到面积的限制，不得不充分利用通道的空间，在上面摆放文件柜、复印机等物品。从日常使用的角度来看，公用通道变窄了，不仅影响通行，而且还有可能发生撞伤等意外。

如果从风水的角度来看，通道是生气在公司的运行通路。生气被大门吸纳进来之后，通过这些通道将生气运送到办公室的各个区域当中，这样才能被吸收和利用。如果办公室的通道过于狭窄，或是在通道上摆放办公设备或办公用品，那么生气就无法在办公室内顺畅地流动，甚至会被堵塞。当生气流动缓慢或停滞时，其携带的能量就算再强，也无法起到生旺的作用，更谈不上提高公司财运了。

10. 什么样的楼梯更适合办公室？

楼梯是气流通道，办公区域内的气流会随着人上下楼梯而流动，因此办公室内部楼层间的楼梯不宜做成直梯，容易使财气和运气直冲而下。过陡的楼梯也会产生负面的风水效应，要尽量避免。

为了达到聚气养气的目的，楼梯的坡度应该尽量设计得缓一些。如果办公室的空间比较大，可以采用带有休息平台的折线形楼梯，或是较为舒适美观的弧梯。对于空间相对较小的办公室来说，节约空间的螺旋形楼梯是不错的选择。这三种楼梯都能给气场流动留下较大空间，既满足了"喜回旋、忌直冲"的要求，又兼顾了实用性和美观度，还能提升财运。

11. 内路入口应该大还是小？

"水口"是风水学上的一个专用词语，一般是指道路起止的位置，顾名思义也就是带动生气流动的水流入口。在商业办公场所中，门厅连接通道的位置就是水口，也是公司内路的起点，所有大门吸纳的生气就是通过这个口子流向公司。

为了能够蓄积更多的生气，同时又不会对生气的流动产生阻碍，水口要略微窄一些。在保证进出通畅的前提下，将门厅进入办公区域的通道设计得相对较小，可以减缓生气进入办公室的速度，利用能量的缓慢运动，使公司以及员工能够接收到更多正面的信息，同时也可以防止生气过快地流失。

12. 为什么不能在正对走廊的位置设计大门？

不论是商业大楼的走廊，还是公司内部的通道，在正对这些道路的位置都不宜设置大门。

如果走廊正对的是公司的大门，那么这条笔直的道路就会形成路冲，直冲进公司的气会对气场造成破坏，从而引起公司财运的衰败。

如果是公司办公区域的内部通道正对某间办公室的大门，也会产生煞气，无论是对身体健康，还是对工作运势都会产生影响。如果走廊正对的是公司领导的办公室，更是会导致其性情暴躁，常有莫名的怒气。这不仅波及员工，甚至还会影响公司的对外业务。

因此，在设计走廊的时候，必须避免其正对公司和办公室的大门。

大门不宜正对走廊

13. 为什么走廊要吊顶？

横梁是风水中煞气比较重的地方，不仅在办公区域的装修中要注意，公共走廊中的横梁也必须引起重视。

如果任由横梁裸露在走廊中，一来会影响视觉上的美观，二来还会在无形中产生一种压迫感。其产生的煞气还会使人工作不顺，容易引起一些莫名的工作阻力，从而影响到公司的工作进展，间接地使公司的财运受到影响。因此，在处理横梁的问题时，用吊顶来加以掩藏是比较有效的方法。

14. 为什么要保持走廊的明亮？

在风水中，那种又长又阴暗的过道被称为"阴龙"，对运势非常不利，不仅会对通行造成不便，同时也会对健康造成影响。

适度的照明条件是生气在空间运行的保障。保持明亮的走廊，也就是为了促进气在走廊中的流动，避免形成滞留，使走廊显得死气沉沉，防止公司吸收能量不足，而导致员工因生气不足出现的士气不振，以致影响到公司业务的发展。

15. 为什么走廊不能用多种颜色的灯光？

有的商业大楼为了凸显个性，在设计走廊的灯光时，抛开了常规的白色日光灯照明的方法，在走廊安装其他颜色的灯管。有的甚至在较为宽阔的走廊中，利用多种颜色进行组合，形成如彩虹般的走廊照明。这样的做法看似很时尚，但是不管这些彩色灯光是用来装饰还是起到主要照明的作用，在风水上都是非常不合适的。

每种颜色都有独特的五行属性，即便是要选择非白色的光线照明，也要根据走廊所在方位的五行来选择色彩，否则极容易造成五行相克的格局。过于炫目的多彩照明，还会使人从走廊通过时产生不安定的感觉，因为色彩的混杂会打乱原本规律的气场，从而使人情绪不稳。

因此，走廊的照明还是适宜选择普通的日光灯，虽然从色彩上说并不丰富，但是更利于生气的稳定运行，而维持气场的平衡也是提高运势的方法之一。

16. 为什么不能在走廊的尽头设置厕所？

一般说来，现在的商业大楼都会在每个公司的办公区域设置单独的卫生间，但是在一些较早修建的商业大楼中，都是同一楼层使用公共的卫生间。即便是设置了各个公司独立卫生间的大楼，为了使用方便，也会增设公共的卫生间。此时，一定要特别注意卫生间在楼层的位置。

卫生间属于产生秽气的地方，如果将其设计在正对走廊的某一端，这些秽气就会顺着走廊流向各个办公区域，从而影响到公司的财运。

17. 什么样的植物适合摆放在通道中？

为了美化环境，避免过于单调的格局，可以在走廊中摆上一些植物。但是，考虑到通道一般较为狭窄，而且采光条件也很有限，所以在植物种类的选择上就要避免形成风水上的相冲格局。

一般说来，通道栽种的植物不宜过于高大，否则会使空间显得更加狭窄，影响到气的流动。最好是选择一些叶子较小，躯干较为适中的植物，这样可以起到很好的缓和作用。在通道较为宽敞的情况下，可以选择黄金葛、巴西铁、一叶兰等。

第十一节 采光照明风水

1. 商业空间采光充足有什么好处？

在商业空间的风水中，宜明不宜暗是对采光的基本要求。

之所以要一直强调商业空间的充足采光，是因为明亮的光线可以增加公司的阳性能量，提高生气运动的活跃性，从而起到生旺的作用，有利于提高公司的财运，还可以使员工在工作中保持旺盛和充沛的精力，为公司创造出更多的业绩。否则，不仅公司财运平平，严重时还会造成发展道路上困难重重，容易遭到小人的暗算。

当然，采光还是要适宜才行。如果办公室采光过度，过于明亮的光线会使人无法安心工作，管理者也容易脾气暴躁，影响到公司和谐的工作氛围，使团队丧失凝聚力和向心力。所以，最好利用百叶窗进行光线的调节，以求取得最佳的采光效果。

2. 为什么要以自然光线的照明为主？

光是人生存和生活的基本元素，对于商业空间来说，适当的光线照明不仅是企业开展工作的基本保障，同时也会对运势产生影响。

一般说来，除了太阳光是自然光线之外，日常生活中的其他光源，如电灯、蜡烛等都属于人工照明。由于公司的工作时间一般都是在白天，所以要尽量利用自然光线来充当商业空间的照明。

从风水的设计理念来讲，办公室的光线来源最好是窗户的自然光，虽然人工光线可以弥补光线不足的问题，但由于两者的波长不同，对重大的决策也会有不同的影响。自然光所包含的阳性力量更加有助于生旺财运。如果人工光线使用不当，会给人以压抑和刺激的感觉，对工作的开展自然也就会产生影响。所以，商业空间的照明最好还是以自然光线为主。

3. 办公室如何防止反光煞？

对于办公室来说，可能产生反光煞的来源一般有两个，一种是临河的建筑受到河水的反光照射，另一种是附近大楼的玻璃幕墙形成的反光。不论是哪种，当光线通过反射照进办公室时，都会比原来的自然光线更加刺目，办公室聚积的生气也会受到这种强烈光线的破坏，导致员工精神紧张，也会使公司运势不稳。

为了避免这种反光煞格局对公司运势的影响，在反射光线进来的位置设置一些物品进行阻挡是比较好的办法。一般情况下，可以选些适合该方位的绿色盆栽摆放在窗台上，既化解了冲煞，又美化了办公室的环境，还可以帮助员工在疲劳后看看绿色植物放松眼睛。如果没有窗台，就可以选一些较为高大的盆栽，也可以起到阻挡反光的作用。除了摆放绿色植物之外，摆放鱼缸也可以减弱反光煞的影响。

如果办公室的面积有限，没有多余的空间摆放这些物品，也可以利用悬挂窗帘和张贴玻璃贴纸的办法阻挡反光。当然，悬挂百叶窗是非常不错的选择，因为它可以对光线进行自由调节，不会在阻挡反光的同时也把自然光线阻挡了。

4. 办公室能不能全部依靠人工照明？

对于占地面积较大的商业大楼以及大型的室内市场来说，由于要充分利用面积，较为密集的空间设计使得许多办公室无法受到自然光线的照射，除了通风依靠空调和换风系统之外，照明问题也只能依靠灯具来解决。如果这种情况只是较短的时间，那还没有太大问题。但是，对长期在这种环境下工作的人员来说，因为无法接收到来自自然光的能量，不仅会出现头痛、恶心和易疲劳等健康问题，也会使人因无法接收到生气而显得精神不佳。

对于公司来说，如果全部依赖人工照明，会导致阳性能量不足，从而引起财运不佳，对于公司的发展来说是非常不利的格局，所以要尽可能地避免。

5. 如何设置办公室的补光照明？

补光照明对办公室来说是非常重要的事情，除了采光较差的办公室需要之外，如果公司所在大楼的窗户设置太多，或是四面都采用玻璃幕墙的话，为了避免光线过于强烈，在拉上窗帘或是调节百叶窗之后，还是需要采取一定的措施来弥补自然光照上的不足。

通常情况下，多数公司都会采用日光灯作为补光照明的光源，虽然看起来亮度足够了，但其实它的光线是闪烁的，只不过闪烁的频率较高，肉眼一般无法辨别。为了防止闪烁的光线导致生气的不稳定，所以一般都会将两到三支日光灯管连成一组来使用。

为了满足不同的光照习惯，有的办公室还会通过在每个办公桌使用台灯来进行补光。一来可以根据使用习惯进行亮度的调节；二来也可以消除死角，防止缺乏照射的阴暗角落对整体运势的影响。

第七章 招财风水

第一节 家居财位招财风水

1. 什么是财位?

所谓"财位"即生财旺位,是整个房屋中宅气最旺的方位。不同的住宅,其财位不尽相同,同时,星宿运行变化,飞星轮值更替,每年的财位不是固定不变的,所以,财位需要每年算一次,而且寻找的难度较大。

由于风水学派别众多,历来有很多观点,最主要的观点有几种:一种将大门的斜角位作为财位;一种是根据宅卦或命卦来寻找财位;一种认为财位在房屋的三白位,即一白六白八白三个飞星位;一种认为财位在飞星的生旺方。

需要注意的是,不论最终取用了哪种方位,都需要得到岁令的助力才能有显著的效果。但如果此方位有凶煞叠加,则会有不良后果产生。

2. 最简单的客厅财位确定法是什么?

客厅的财位关系着全家的财运、事业、名望的兴衰。

一般来说,客厅进门的对角线方位就是客厅财位的最佳位置。如果大门在客厅左边,那么右边对角线的顶端就是财位;如果大门在客厅的右边,则财位就在左边对角线的顶端。对于大门开在中间的客厅,则左右两边的对角线顶端都可以用来做财位。

3. 如何根据宅卦确定财位?

风水将不同坐向的住宅分属不同的卦象方位,根据每种卦象的生旺方位的不同，财位也就不同。

　　坎宅：财位在西南位、正北位。

　　艮宅：财位在东北位、西北位。

　　震宅：财位在正东位、西北位。

　　巽宅：财位在西南位、东南位。

　　离宅：财位在东北位、西南位。

　　坤宅：财位在正东位、正南位。

　　兑宅：财位在正南位、东南位、西北位。

　　乾宅：财位在正南位、西北位。

4. 如何确定个人财位？

　　个人财位一般都位于所居住的卧室或者工作的办公室里。确定个人的财位时，除了要考虑房屋的财位外，还应将个人的命局综合考虑进去，才能将真财位选出来。

　　卧室和办公室财位的确定可以参考确定房屋财位的方法，也可根据个人命卦来寻找财位。

　　命卦为一白坎卦的人，可以选择东南方或南方为财位；

　　命卦为二黑坤卦的人，可以选择西北方或西方；

　　命卦为三碧震卦的人，可以选择南方或东南方；

　　命卦为四绿巽卦的人，可以选择北方或东方；

　　命卦为六白乾卦的人，可以选择西南方或西北方；

　　命卦为七赤兑卦的人，可以选择东北方或西南方；

　　命卦为八白艮卦的人，可以选择西方或西北方；

　　命卦为九紫离卦的人，可以选择东方或北方。

5. 不同生肖的财位在何方？

　　不同生肖的人，财位所在方位有所不同。

　　属鼠的，财位在东北方；

属牛的，财位在北方；

属虎的，财位在西北方；

属兔的，财位在西北方；

属龙的，财位在西方；

属蛇的，财位在西南方；

属马的，财位在西南方；

属羊的，财位在南方；

属猴的，财位在东南方；

属鸡的，财位在东南方；

属狗的，财位在东方；

属猪的，财位在东北方。

6. 财位如处在不佳的方位怎么办？

财位是关系家中财运、事业、声望等兴衰的重要方位，如果财位背后是两面坚实的墙壁，就能很好地聚集财气，就会令财运旺盛；但如果它所在方位有窗、走廊、凸出的柱子或凹陷的墙壁，即为泄、化、冲、射的不良格局，都会令财运大打折扣。

如果家中财位出现了上述不良情况，则需要尽快改变。如财位有窗，就应该封窗或避免开窗。如财位有走廊，就应该用屏风遮挡，让气流不直接顺着走廊流走。如财位有柱子或凹陷，在装修的时候就尽量对其进行修改，如无法修改则用物体对其进行遮蔽。

7. 摆放在财位的物品有何禁忌？

财位是主财的方位，财位见水大吉。水主文才、偏财和正财，比如可以在财位上放置鱼缸，会增加财气。因而凡是属水的物品都应放置在财位上，水养植物也可以放在此处。生气勃勃的绿植放置在财位上是最好选择，但一定不能放置带刺的植物，会有冲射财运的反效果。

镜子、化妆台、玻璃等物品也不适合摆放在财位，这些物品能反射财气，令财气不容易留存。

太重的物体不适合放置在财位，它意味着财位被压，可能令财运不振。经常使用的电器也不适合放置在财位，它们的动静会惊扰财位的气流，使其不能安稳聚集。

8. 什么家具适合摆放在财位？

财位是财气聚集的场所，如果人能长期在此处吸纳财气，对自身的财运会有很大的助益。故而家人时常使用的沙发、个人每日使用的卧床、家人共享美食的餐桌都可以放在财位。

在财位也可放置小柜来摆放吉祥物品，但此柜不宜太高，否则就将财位的空间都占据了，而使其缺乏容纳财气的空间。

9. 在财位宜摆设什么吉祥物品？

财位如果摆设吉祥物品，就能吉上加吉。比如各种财神像，黄铜材质是最好的，其次是陶瓷的。还可以摆放如意，象征着吉祥如意；如摆放铜金蟾，寓意着家中富足，有财气。

还可摆放风水轮、鱼缸、招财鼠等，象征将财带回来。但水的方向、船头、动物的头都需要朝向室内，切忌摆放较为凶恶的野兽，如虎、豹、鹰，其凶恶的形象只会令财气四散。

在财位放置各种催财之物是上佳之选，它们能进一步聚集财气。如福禄寿三星塑像、文武财神塑像、金蟾、聚宝盆等。

10. 财位有怎样的灯光要求？

财位是使家运生机勃勃的重要方位，故而此处宜充满光明。如果有阳光或灯光能直射财位，必能生旺财气。因为财位光线昏暗，处于阴影之中，财气就容易淤积，难以流通。这时，不妨设置一盏长明灯，持续散发柔和光线，驱散黑暗，激活财位能量。此外，在财位上摆放大叶绿植，还能进一步提升财气，繁茂的枝叶象征着财富的不断积累与扩张。

11. 财位位于走廊口怎么办？

财位处于一个聚气的方位，才能积聚财运。走廊口作为气流往来频繁的区域，空气流动速度快，财位要是刚好在这儿，那财气便难以留存，无法起到旺财的效果。

想要化解这个问题，可以在走廊口摆放大圆叶的绿植。用以缓冲过快的气流，让气流在这一带稍作驻留，如此便能达到聚气的目的，助力财位更好地吸纳和积攒财气，让财运逐渐旺盛起来。

第二节　家居各房间招财风水

1. 如何选到招财屋？

所谓的招财屋，是整体环境优良，房屋方正，大门开在财方，从大门和窗户少有看到形煞，内部布局合理的房屋。要挑选这样的房屋可以参考挑选旺宅的方法，另外需要注意每所房屋的财方。

用宅命盘看招财屋，需要知道入住的时间和房屋的朝向，根据宅命盘的推算，如果大门开在向星所在方位，则利于招财。但如果这个方位没有利于气流进入的道路，也不能做得藏风聚气，即使方位吉，也不能招财。

因而在选屋的时候，不能单纯地只看环境，也不能单纯地只看宅命盘，要综合这些因素，并懂得如何布局解煞，一定能选到合心意的招财屋。

2. 怎样的水局为旺财局？

风水中水管财，所以通常住宅外有水环抱，是利于财气的，但水流还是要有好的流向才能旺财。

如果水的流向和住宅的坐向相同，就叫顺水局，财会顺着水流从宅后流向宅前，象征着财气流走，所以是漏财局。

如果水的流向与住宅的坐向相对，就叫逆水局，财会顺着水流流向住宅，象征着财气流入住宅。

如果水的流向和住宅的坐向垂直，就是平水局，能将财气带入住宅。如果平水局的水能左来右往则更好。

3. 如何利用方位和颜色增强财运？

风水学中，西方主导事业和财运，所以，这个方位是一个代表财富的方位，如果能在这个方位上摆上催财的吉祥物，效果会比在其他地方摆放更加理想。同时，黄色又是一种代表财富的颜色，取其"飞黄腾达"的好意头，所以，在西方摆放黄色的家具或者饰物能使财运更加旺盛，其中，以黄水晶最为理想。

4. 如何利用东南方招财？

东南方在五行中属阴木，代表性质较温和的初夏，是植物生长的季节，象征着成长和发展。因而只要布置好东南方，就能招财。

东南方应该明亮、清爽，因而尽量不要在这个方位摆放杂物，要充分利用这一方位充沛的阳光资源，精心布置各类绿植，借绿植旺盛的生命力来增强木的能量气场。最好不要在此处摆放金属物品，金能克木，故而不适合财气光临。但水能生木，因而适合摆放一些流动的、清洁的水，并多用属水的深蓝色和属木的绿色来布置。

5. 怎样利用大门来提高住宅的财气？

风水学上有"山管人丁水管财"的说法，因为水有聚财的功效，所以在大门附近摆放装满水的物品，或是水仙之类的水种植物，都是催财的好方法。

与此同时，于大门入口之处点缀红色的装饰品，或是布置盆栽绿植，同样可起到积极作用。红色天生便洋溢着喜庆欢快的氛围，能够在人们踏入家门的瞬间，提振精神，营造出祥瑞之气，仿佛为财气的降临铺上了红毯；而绿色则象征着盎然的生机与蓬勃的活力，其旺盛的生命力仿佛能够与财气相互呼应，让整个空间充满向上的能量，从而在潜移默化中助力财运的提升，使居住者在良好的氛围中迎接更多的财富机遇。

6. 什么样的大门格局容易耗财？

在传统风水理念中，大门与厨房灶台若呈直线相对，当大门开启时，厨房的火气会径直冲煞而来，使得财气难以顺利进入屋内。同样地，倘若厕所与大门相对，厕所中散发的秽浊之气会与财气发生正面冲撞，这对于财气在居所内的聚集极为不利。

再者，大门正前方的区域也不宜安置镜子。因为镜子具有反射的特性，财气在抵达大门时，极有可能被镜子反射出去，从而无法在室内停留和积聚，导致财运难以在家中扎根生息，影响整个家庭的财气汇聚和运势发展。

7. 怎样布置门口才能带财回家？

大门不仅是气流进入的地方，更是财气涌入的必经要道。人们的日常出入会使得气流产生相应变化，故而若期望财气充盈家中，首要之举便是在门口处积聚财气。

不妨尝试在门前入口的地毯下方放置一串五帝铜钱，凭借古钱币独特的聚财效能，有效地汇聚四方财气。如此一来，当人们踏入家门之际，财气便会自然而然地随之引入屋内。然而，需注意的是，门前的地毯应时常加以清洁，务必保持门口区域的洁净整齐，唯有如此，财气才能毫无阻碍、顺畅无阻地进入家门，为家庭带来源源不断的财运与福泽。

8. 如何在穿堂煞中留住钱财？

当大门打开能直接看到后门或阳台时，就是中了"穿堂煞"。当气流从门口进来，就会直接从后门或阳台流走，这样的房屋根本不能藏风聚气，是漏财的格局。

在大门玄关处安置一个屏风或玄关柜，能阻挡气流的快速流动。

9. 房间大小如何布局才能生财？

在一套房屋中，客厅的大小关系到能赚多少钱，而卧室的大小则决定能存多少钱。因而一定要选择一套有大客厅的房屋，这样才能赚到更多的钱财。要注意，客厅一定要比卧室大，这样才能赚得多，存得也多。

10. 如何利用卧室摆设增加私房钱？

在卧室中招财可能会增加私房钱。可以将一只聚宝盆放置在梳妆台下，也可以摆放黄色的鲜花。但聚宝盆宜藏起来，以不容易看见为宜；鲜花则需要时常更换，不能摆放枯萎了的花，否则只会起到不好的效果。

11. 如何利用卧室的财位聚财？

在风水学中，客厅是住宅的财位，卧室则是财库，只要合理地摆放卧室物品，就能起到聚财的作用。

一般而言，卧室的财位或旺位位于卧室门的斜对角，在卧室的财位摆放保险箱、花盆、盘子、零钱、硬币、水晶等都有聚财的效果。

12. 如何通过床的摆放来聚财？

卧室中最重要的物品当然是床，恰当地摆放床铺，具有催财和聚财的功效。

将床摆放在卧室的财位，可以收到聚财的效果。如果有床头柜，最好选择有抽屉的，并在上面放两盏台灯，可以提升在事业和财运上的力量，获得贵人相助，使财运提升。

13. 如何利用卫生间招财？

卫生间是住宅中排污的地方，它对财运的影响非常严重，但是通过恰当的方法，却可以起到招揽财运的作用。

位置的选取是卫生间招财格局的关键，应避免将卫生间设在住宅的中心、西北及东北等方位，最好的办法是设在住宅的凶位上。

在卫生间的青龙位加装抽风机，一方面可以带动青龙位增加财运，另一方面也可以使卫生间保持干燥。另外，在卫生间摆放绿色盆栽，放上一些天然的香料，可以在一定程度上带动财运的提升。

14. 如何判断卫生间是否使住宅形成"五鬼偷金"格局？

在风水学中，有一些住宅无法聚积财气，即便财源滚滚来，但到最后还是会大量损耗，无法积攒下来，这样的房屋格局就称为"五鬼偷金"。要判断自己的住宅是不是属于"五鬼偷金"方法非常简单，面向大门站立在住宅中间，如果卫生间处于右手边的位置，那就要小心花钱了，否则很可能到了年底依然是荷包空空。

15. 怎样利用厨房令家中衣食无忧？

米粮象征着财富，由于厨房是家中储存米粮的地方，这里就一定要米粮充足。

不但装米的容器中要随时补满，就连冰箱，也不能空空如也。充足的粮食储备能给人衣食无忧的暗示，让人更有获得财富的信心。利用米桶还有一个招财的妙招，就是在红包里放三枚钱币，然后将红包放进米缸，也会有招财的效果。

16. 如何在厨房中用镜子招财而不破财？

镜子是风水中常用的物品，它可以反射照到的物体，又因能映出物体的影像，有使事物加倍的功能。所以只要镜子摆放正确，就能增进或改善风水状况，但如果摆错了位置，给屋主带来的伤害可能是加倍的。

厨房是属火之地，所以镜子的摆放要尤其小心。如果镜子照到了炉火，就会加重厨房的火气。如果将镜子悬挂在炉子后面的墙上，照到锅中的食物，则会带来更大的伤害。此时镜子形成了"天门火"，会使住宅遭受火灾或别的不幸事件。

但在进餐区悬挂镜子却是有益的。特别是用镜子照到餐桌上的食物，就仿佛食物变多了一样。这种令家中财富加倍的暗示能起到招财的作用。

17. 如何针对厨房改善储蓄状况？

当厨房位于住宅的南方时，就会遭受强烈的日晒，使原本就属火的厨房阳气更重。阴阳失调时，屋主会在不知不觉中乱花钱，令财物外泄。

在朝南的厨房中摆放绿色的观叶植物，能有效地缓和强烈的阳气，为厨房增添一丝清凉，从而减轻屋主乱花钱的倾向，使储蓄增加。

18. 钱在家中放哪里才不会漏财？

钱拿回家中如不好好放，不仅不会招来财，更可能漏财。

不要把钱到处放。有些人图方便，随手放钱，让家中的抽屉、书柜、桌子甚至沙发上都是钱。这样看起来仿佛家中很有钱的样子，其实会因没有收拣而令钱财散失。

保险柜不能放在衰位。衰位会令该处的气场变弱，如果碰巧把自己的钱财放在这里，就会令财运减弱。保险柜里的钱越多，漏得也越多。

不要把钱当工艺品。有人把不太值钱的纸币做成工艺品，或直接糊在墙上，这都是对钱币的不重视。你对钱币不尊重，财神也自然不会尊重你。

19. 杂物是怎样阻碍财运的？

居住的办公空间十分宽敞，但如果堆满了杂物，就会大大地降低空间的使用率。不能有效利用面积，就会浪费财气，降低财运。

杂物还会散发出晦气，影响财气的聚集，无论房屋的格局有多好，也会被杂物的晦气破坏掉。

其实即使不讲究风水的说法，杂物也会有碍观瞻。并且时常会出现要使用物品时，不容易找到的情况，浪费时间，影响效率，进而阻碍财运。

20. 家庭主妇如何巩固家庭财运？

家庭主妇常是家中管理钱财的人，因而要注意如何才能巩固家中的财运。

如果家中四处是杂物和灰尘，会造成不理智消费，是漏财局。虽然不可能将家中打扫得一尘不染，但至少能使物品摆放整齐，空气流通顺畅。

家中的花草是生命的象征，必须让它们保持生机勃勃。只有舒适的家庭环境，才能让家人爱在家中逗留，并能很好地休息，从而带来财运。

第三节　飞星二十四山财位风水

如何根据玄空飞星查财位？

要想更准确地寻找客厅财位，最好还是使用玄空飞星查找。

首先确定住进该房屋的时间是在七运期间还是在八运期间，再确定房屋的坐向，并制作宅命盘。需要注意的是，七运和八运的分界线是在2004年2月4日，这一天是农历甲申年的立春，是风水学上一年的开始。

宅命盘中山星八和九所在的方位都可以作为财位。如八运期间子山午向的房屋，宅命盘中的山星八白星在正南方，九紫星在正北方。据此，财位可以在正南方或正北方。

1. 坐壬向丙的住宅财位在何方？

坐壬向丙的住宅，如果是在2004年2月4日之前入住的，财位在北方和西南方，可以将白色的密封罐装满钱币藏在此处招财。

如果是在2004年2月4日及之后入住的，财位在南方、北方和东北方，可以将咖啡色或土黄色的密封罐装满钱币后藏在此处招财。

2. 坐子向午或坐癸向丁的住宅财位在何方？

坐子向午或坐癸向丁的住宅，如果是在2004年2月4日之前入住的，财位在南方、西方和东北方，可以将白色的密封罐装满钱币藏在此处招财。

如果是在2004年2月4日及之后入住的，财位在南方、北方和西南方，可以将咖啡色的密封罐装满钱币后藏在此处招财。

3. 坐未向丑的住宅财位在何方？

坐未向丑的住宅，如果是在2004年2月4日之前入住的，财位在南方、北方和东北方，可以将白色的密封罐装满钱币藏在此处招财。

如果是在2004年2月4日及之后入住的，财位在南方、北方和西南方，可以将咖啡色的密封罐装满钱币后藏在此处招财。

4. 坐坤向艮或坐申向寅的住宅财位在何方?

坐坤向艮或坐申向寅的住宅,如果是在 2004 年 2 月 4 日之前入住的,财位在南方、北方、西方和西南方,可以将白色的密封罐装满钱币藏在此处招财。

如果是在 2004 年 2 月 4 日及之后入住的,财位在南方、北方和西南方,可以将咖啡色的密封罐装满钱币后藏在此处招财。

5. 坐甲向庚的住宅财位在何方?

坐甲向庚的住宅,如果是在 2004 年 2 月 4 日之前入住的,财位在南方、北方、东北方和西北方,可以将白色的密封罐装满钱币藏在此处招财。

如果是在 2004 年 2 月 4 日及之后入住的,财位在东方、北方和西南方,可以将咖啡色的密封罐装满钱币后藏在此处招财。

6. 坐卯向酉或坐乙向辛的住宅财位在何方?

坐卯向酉或坐乙向辛的住宅,如果是在 2004 年 2 月 4 日之前入住的,财位在南方和北方,可以将白色的密封罐装满钱币藏在此处招财。

如果是在 2004 年 2 月 4 日及之后入住的,财位在南方、东北方和西方,可以将咖啡色的密封罐装满钱币后藏在此处招财。

7. 坐辰向戌的住宅财位在何方?

坐辰向戌的住宅,如果是在 2004 年 2 月 4 日之前入住的,财位在东方、北方和西南方,可以将白色的密封罐装满钱币藏在此处招财。

如果是在 2004 年 2 月 4 日及之后入住的,财位在东南方、东北方和西北方,可以将白色的密封罐装满钱币后藏在此处招财。

8. 坐巽向乾或坐巳向亥的住宅财位在何方?

坐巽向乾或坐巳向亥的住宅,如果是在 2004 年 2 月 4 日之前入住的,财位在南方、东北方和西方,可以将白色的密封罐装满钱币藏在此处招财。

如果是在 2004 年 2 月 4 日及之后入住的,财位在东南方、东方、西南方和西北方,可以将白色的密封罐装满钱币后藏在此处招财。

9. 坐戌向辰的住宅财位在何方?

坐戌向辰的住宅,如果是在 2004 年 2 月 4 日之前入住的,财位在东南方,可以将咖啡色的密封罐装满钱币藏在此处招财;东方也是财位,可以藏白色的密封钱罐。

如果是在 2004 年 2 月 4 日及之后入住的,财位在南方和西北方,可以将白色的密封罐装满钱币后藏在此处招财。

10. 坐乾向巽或坐亥向巳的住宅财位在何方?

坐乾向巽或坐亥向巳的住宅,如果是在 2004 年 2 月 4 日之前入住的,财位在西北方,可以将咖啡色或土黄色的密封罐装满钱币藏在此处招财;西方也是财位,可以藏白色的密封钱罐。

如果是在 2004 年 2 月 4 日及之后入住的,财位在东南方和西北方,可以将白色的密封罐装满钱币藏在此处招财。

11. 坐庚向甲的住宅财位在何方?

坐庚向甲的住宅,如果是在 2004 年 2 月 4 日之前入住的,财位在东南方和西北方,可以将白色的密封罐装满钱币藏在此处招财。

如果是在 2004 年 2 月 4 日及之后入住的,财位在东南方和东方,可以将咖啡色的密封罐装满钱币后藏在此处招财。

12. 坐酉向卯或坐辛向乙的住宅财位在何方?

坐酉向卯或坐辛向乙的住宅,如果是在2004年2月4日之前入住的,财位在东南方和西北方,可以将红色的密封罐装满钱币藏在此处招财。

如果是在2004年2月4日及之后入住的,财位在南方、西方和西北方,可以将咖啡色的密封罐装满钱币后藏在此处招财。

13. 坐丑向未的住宅财位在何方?

坐丑向未的住宅,如果是在2004年2月4日之前入住的,财位在东南方和东方,可以将白色的密封罐装满钱币藏在此处招财;东北方也是财位,可以藏红色的密封钱罐。

如果是在2004年2月4日及之后入住的,财位在北方、西方和西北方,可以将咖啡色的密封罐装满钱币后藏在此处招财。

14. 坐艮向坤或坐寅向申的住宅财位在何方?

坐艮向坤或坐寅向申的住宅,如果是在2004年2月4日之前入住的,财位在南方、西方和西北方,可以将白色的密封罐装满钱币藏在此处招财。

如果是在2004年2月4日及之后入住的,财位在东南方、东方和西南方,可以将白色的密封罐装满钱币后藏在此处招财。

15. 坐丙向壬的住宅财位在何方?

坐丙向壬的住宅,如果是在2004年2月4日之前入住的,财位在北方、东北方和西方,可以将白色的密封罐装满钱币藏在此处招财。

如果是在2004年2月4日及之后入住的,财位在北方、东方、西南方和东北方,可以将咖啡色的密封罐装满钱币后藏在此处招财。

16. 坐午向子或坐丁向癸的住宅财位在何方？

坐午向子或坐丁向癸的住宅，如果是在 2004 年 2 月 4 日之前入住的，财位在东南方、东方、西南方，可以将白色的密封罐装满钱币藏在此处招财。

如果是在 2004 年 2 月 4 日及之后入住的，财位在南方、西方和东北方，可以将咖啡色的密封罐装满钱币后藏在此处招财。

第四节　八运二十四山催财风水

怎样的飞星组合最能招财？

最能招财的格局莫过于双星到向，当令的山星和向星都汇集在朝向上，能对财运大为有利。但由于管人丁的山星也飞到了朝向上，这样会对健康有很大影响。所以是一个发大财却损身体的格局。

1. 八运期间如何催旺坐壬向丙住宅的财运？

坐壬向丙住宅的北方为旺气财神，在此方设置水位对财运有所帮助。另在西南方的房间窗台上摆放一对貔貅，头朝外，能收得窗外的旺气。

2. 八运期间如何催旺坐子向午住宅的财运？

坐子向午的住宅与坐癸向丁的住宅有相同的宅命盘，此两类房屋的东方为二五相加，是损丁破财的方位，不可开大门在此方。另在南方的窗台上摆放五帝钱，能起到增强财运的作用。

3. 八运期间如何催旺坐丑向未住宅的财运？

坐丑向未的住宅，不适合将门开在东南方，否则会遭小人算计，多是非，进而破财。在西南方位摆放水晶球或三脚蟾蜍，可以催旺财运；而摆放一条龙形物品，能有助于去除小人。

4. 八运期间如何催旺坐艮向坤住宅的财运？

坐艮向坤的住宅与坐寅向申的住宅有相同的宅命盘，此两类房屋因是财星到山，而成为退财的格局。需要注意的是，南方是财位的所在地，此处不能设置浴室，否则会使财位受压，致使宅运不顺、事业受阻。在房屋的南方或客厅的南方，养一缸金鱼或摆放开运旺财的物品，能催旺财运。

5. 八运期间如何催旺坐甲向庚住宅的财运？

坐甲向庚的住宅，因南方犯了二五相加煞，所以不适合在此处开门。此房屋的东方为财神位，如果此处有盥洗池的话，对财运会有帮助，应经常使用。东南方为吉星财位，在这里摆放雾化盆景、五帝钱、龙头龟等开运招财的物品，可以催旺财运。

6. 八运期间如何催旺坐卯向酉住宅的财运？

坐卯向酉的住宅和坐乙向辛的住宅有相同的宅命盘，此房屋为双星到向，是大吉的格局。西方是两颗当旺之星所到的方位，在西方的窗台上摆放麒麟、辟邪等开运招财的物品，有稳定收入、聚集财物的功效。

7. 八运期间如何催旺坐辰向戌住宅的财运？

坐辰向戌的住宅是上山下水的败财局，只有在坐山方向有水才能扭转财运。东南方是该房屋的财神位，又逢六吉星，在此设置水位能催旺财神，可在东南方向设置盥洗池。南方也可以摆放五帝古钱、三脚蟾蜍、水晶球等增加财运的风水物品。

8. 八运期间如何催旺坐巽向乾住宅的财运？

坐巽向乾的住宅与坐巳向亥的住宅有相同的宅命盘，为旺山旺向的好风水，但此两类房屋需要朝着海洋、河流、游泳池、喷水池等真水，才有可能对财运有好处。西北方为财神位，在此处摆放一对貔貅，可以增加横财运和经商运。

9. 八运期间如何催旺坐丙向壬住宅的财运？

坐丙向壬的住宅，财运平稳，没有大起大落。但如想催旺该住宅的财运，可在住宅的北方财位摆放五帝钱、三脚蟾蜍、貔貅等风水物品，以增强财运。

10. 八运期间如何催旺坐午向子住宅的财运？

坐午向子的住宅和坐丁向癸的住宅有相同的宅命盘，是座财运很好的住宅。住宅的西面为一六相加的吉星，最适合在此设置大门。房屋的北方，是财神位，在此摆放风水轮及雾化盆景之类的物品，能进一步提升财运。

11. 八运期间如何催旺坐未向丑住宅的财运？

坐未向丑的住宅是旺相宅，如果从大门可以看到海洋、河流、溪水、游泳池、喷水池等，则可以对财运和事业有很大的帮助。东北方的为财神位，摆放貔貅、五帝钱、雾化盆景等开运招财的物品，可以进一步增强该住宅的财运。

12. 八运期间如何催旺坐坤向艮住宅的财运？

坐坤向艮的住宅和坐申向寅的住宅有相同的宅命盘，是座财星到山的格局，所以财运不佳。要想改善财运，需要在东方的窗台上摆放貔貅、五帝钱等开运招财的物品。

13. 八运期间如何催旺坐庚向甲住宅的财运？

坐庚向甲的住宅为财神到向的格局，是旺财屋，如果朝向山能看到海洋、河流、溪水、游泳池、喷水池等，不仅可以财运亨通，还可以增强事业运。要想进一步加强房屋的财运,可以在房屋的东方放置三脚蟾蜍、貔貅等旺财之物,西南方为财神位,在此处设置水位,能促进财运旺盛。

14. 八运期间如何催旺坐酉向卯住宅的财运?

坐酉向卯的住宅与坐辛向乙的住宅有相同的宅命盘,由于向星到山,所以对财运不利,应在坐山方向设置花园、游泳池、喷水池等,才能改善财运。东北方是财神位,又遇到延年,是个大吉大利的方位,在此处放置五帝钱、貔貅等招财物,能大旺财运。

15. 八运期间如何催旺坐戌向辰住宅的财运?

坐戌向辰的住宅由于坐向为衰向,不仅未见财神,还犯了祸害星,由此财运极为衰败。要改善财运,首先大门不能开在西北位。其次在房屋的西方摆放水晶球,并在客厅的西北财位摆放麒麟、金龙、龙头龟等风水物品。

16. 八运期间如何催旺坐乾向巽住宅的财运?

坐乾向巽的住宅和坐亥向巳的住宅有相同的宅命盘,由于财星到向,所以是一所能旺财的风水屋。要想进一步增强家中的财运,可以在房屋的东南财神位摆放金鱼缸、风水轮、雾化盆景等物品,催财效果显著。

第五节　命理招财风水

1. 如何得知每天的财神位在何方?

由于天体在不断运行,因而每天也有不同的财神位。如能了解每天的财神方位,并以此选择坐的方位,则利于财运。

天干为甲的日子,财位在东北方;

天干为乙的日子，财位在东方；

天干为丙的日子，财位在东南方；

天干为丁的日子，财位在南方；

天干为戊的日子，财位在东南方；

天干为己的日子，财位在南方；

天干为庚的日子，财位在西南方；

天干为辛的日子，财位在西方；

天干为壬的日子，财位在西北方；

天干为癸的日子，财位在北方。

2. 如何知道自己命中是否有财？

中国人讲究算八字，所谓八字就是将出生的年、月、日、时各用天干地支表示，因为共有八个字，所以叫八字，更为专业的说法，叫四柱。风水师会根据四柱八字进行注解，如果其中出现"财"，则表示命中有财。

3. 八字中的财有哪两种？

风水师在注解八字的时候，会注明"正财"与"偏财"。

正财是靠诚信经营事务所获取的金钱。就像职员凭借工作获取的薪酬，商人不以投机取巧的交易收获的财富。

而偏财是利用偶然契机收获的金钱。例如打牌、赌博赢来的钱，还有通过股市投机获取的财富。

4. 不同财命的人应如何处世？

拥有不同财命的人，应采用不同的处事方式，才能更好地获得自己命中的钱财。

命中有正财的人，最好能够安分守己，不要存有投机取巧、走捷径的心理，经商时则应注意诚实守信。

命中有偏财的人，要善于交际、为人慷慨、口齿伶俐、眼光敏锐，这样不仅能得到更多的贵人相助，还更容易抓住机会。

5. 风水对命中的财有什么影响？

通过八字算出命中有财，并非在实际的生活中能得到财。用八字算出的命格是先天赋予的，但是否能得到这先天的命格，却要看后天的机遇和风水的布局。

特别是风水布局，如果风水欠佳，就会使命中的财打折扣。这也是为什么相同的八字，却有不同命运的原因。同理，如果命中没有财，也可以通过好的风水布局，增加财运，但却不会像命中有财的人一般发大财，而是可能在官运、健康、人丁等方面有好运。所以风水的作用是化解命中不利的因素，催生命中好的方面，使人尽量能得到命中该有的好运。

6. 如何选择颜色来强化自己的财运？

每个人的五行属性各不相同，运用与自己的五行属性相符相生的颜色来布置生活工作环境，打扮自己，同时避免与自己五行属性相克的颜色，通过这种方法来改变自己的环境风水，强化自己的富贵之气。

五行属木的人，宜选择蓝色、绿色系；属火的人，宜选择红色系；属土的人，宜选择黄色系；属金的人，宜选择白色系；属水的人，宜选择黑色、灰色系。

第六节　面相招财风水

1. 什么颜色的妆容能招财？

运用五行生克的原理，可以将五彩缤纷的化妆品运用到日常的开运招财中，通过搭配妆容的色彩来提升自身的运势气场。

颜色不同，各自的功能所主也不尽相同。绿色助旺事业和学业运，能增强职场财运。红色能增强桃花运和贵人运，能得人相助而生财。黄色不仅适合在求职面试时使用，还能提升财运，能使幸运指数加分，也有助于不动财产。金色和白色是财富的颜色，提升财运的同时还能为你带来名利。蓝色和黑色则能使家运更加顺遂，家庭和睦，同时还是提升偏财运的好颜色。

2. 如何妆饰鼻子才能增进财运？

整个面部，鼻子与财运的关系最为密切，面相学中有鼻为财星的说法。理想的鼻相应该是饱满挺拔的，整个鼻子要丰隆有肉，鼻梁挺拔中正有气势，准头圆润，鼻翼丰满，鼻孔不仰不漏，另外还要没有不吉利的痣。但是，现实生活中这样理想的鼻相并不多见，这就需要通过化妆来修饰弥补。

用粉底掩盖鼻子上的瑕疵，用腮红和白色蜜粉来使面部的线条更丰满，改善鼻子的线条。一个立体、光洁的鼻子是有财运的鼻相，尤其是鼻头亮不亮这一点代表了最近的财运状况，如果鼻头晦暗无光，最近恐有破财之忧。化妆的时候可以在鼻子上用一些高光，不仅使鼻子显得挺拔，还可以让鼻子"亮"起来。

另外还要保证鼻子的清洁，鼻头的粉刺是会影响财运的，鼻翼尤其要保证其光泽明润，因为在面相学中，鼻翼被称为"财库"。注意不要将鼻毛露在外面了，这是财外露的表现，如果有鼻毛露出来要及时修剪，最好不要拔除鼻毛，这不仅影响鼻子对空气的过滤，还会损伤肾气。

3. 如何妆饰印堂才能增进财运？

印堂是在两眉之间，它在人的面部代表着整体的运势，同时还主导事业前途。化妆时要将其表现得明亮光洁，可以刷上明亮的粉色腮红。平时护理的时候要注意拔除印堂处的杂毛，一个光洁明快的印堂可以使前途光明、事业亨通、财源广进，还能预防血光之灾。

4. 如何妆饰颧骨才能增进财运？

颧骨代表着权力和个人的社会地位，要想有贵人来助财运，就需要柔化颧骨。在东方审美中比较忌讳颧骨太突出，面相学中也认为女性颧骨太高不太适宜，因为高颧骨带给人一种气势凌人、剑拔弩张的感觉，过分强势对人际关系是不利的。高颧骨可以用深色的粉底加以修饰，然后再涂上咖啡色系的腮红来淡化颧骨在整个面部的突出感，使人感觉亲切温和。

在双颧抹上粉红色的腮红能使个人的形象温和大方，易于亲近，故能增进人缘，建立良好的人际关系。橘色系的腮红则能提升个人的专业形象，使人对你更加信任。

5. 怎样化一个发达妆？

好的妆容也有开运的效果，所以在化妆的时候要特别注意。

在画眉毛前，应该先剔除杂毛，眉毛应用眉笔适度强调眉型，特别是眉头和眉尾。这样不仅能给人感觉眉目清晰，还有"守财"之意。

眼窝中间和眉骨部分，可以用金色的亮粉提亮，以增加贵气。

睫毛膏一定要用黑色的，才能使眼睛充满自信和智慧，使财源广进。

T形部位要用浅色亮粉提亮。特别是鼻梁，它代表着财运，必须令其光洁、挺拔，才能使财运顺畅。

颧骨不能过于突出，所以应将腮红从两腮刷向鬓角，以突出稳重、踏实的感觉。

唇部应略微突出唇峰的棱角，唇瓣应丰厚饱满，用色宜润泽不轻佻。

需要注意的是，定妆之后，整个妆容自然而大方，才是一个好的发达妆。

第七节　办公室招财风水

1. 初入社会如何把握财运?

对于刚入社会的人来说,手中的钱财不多,所以把握财运的关键是开源节流。

开源的方法是随身佩戴一些黄水晶或古钱币,能起到开启财运的作用。节流则可以将超支的票据或透支过多的信用卡剪成碎片后,贴在每天可以看到的地方,或装在一个透明的袋子或瓶子中,放在显眼处,以提醒自己不要不理智消费。

2. 怎样制造一个生财桌?

一个普通员工,属于自己的工作空间,可能就只有一张办公桌。好好利用这张办公桌,就能让财富快快到来。

千万不要将一堆杂乱的物品放在办公桌的右边。人的右手是个人的龙位所在,人们通常用右手握笔、用鼠标,左手拿其他物品。如果把物品放在右边,不但左手去拿很不方便,右手也因太过烦累,而不能有效工作。

别将尖锐的物品和石头放在桌上,它们都会阻碍加薪。尖锐的物品能让人的心里产生刺痛感,不利于安心工作,属于不良的煞气。静止的石头虽然可爱,却是阴气很重的物品,长久放置能使人安静,却缺乏动感,致使阳气减弱,不利于工作的开展。

3. 如何顺利加薪的办公室风水招。

如果经过努力工作,老板仍不加薪,就试试改变自己办公区的环境。由于办公室通常给人很大的压力,想办法减缓办公室制造的压力,或许可以收到意外的效果。

摆放一张让人愉悦轻松的图,能软化办公室过硬的气场,让自己放松。当压力来的时候,看看这张图,便能调整心情,从容应对工作。不要让办公桌对着家具或墙的锐角,因为这些锐角像古代的兵器一样,随时让人感觉被征伐,人也自然不能轻松。座位不要背靠门或窗户,这个位置不但容易被人偷窥,还会让自己有背后空虚的感觉。而坐在一堵踏实的墙前面,则会感觉有靠山,做事心里更有底气。

有了放松自如的心情,在跟老板谈薪时,也自然多了一份自信。

4. 怎样用植物改善办公室财运?

办公室气场太硬,使它柔和,就能改善财运。

在座位旁摆上一株植物,是最"有氧"的办法。植物不但能制造氧气,清凉的绿色也能让繁重工作中的人减轻压力,让眼睛的疲劳得到改善。

生机盎然的植物,是散发生气的物体,所以能有效减少独立办公室带来的孤独感,让环境变得亲切起来,从而给人安全的暗示。

不过植物一定要是叶子大的绿色植物,只有它才能给人宽阔放松的心情。

第八节　风水吉祥物招财

1. 什么样的物品能够招财?

能成为招财物的物品,或者是充满生气的,或者是其性质能引财的。生气是那些生机旺盛的物品,它们能带旺运气,这正是财气最需要的。自古多以金银等金属为钱财,因而凡是具有热能性质和金钱性质的物品,均能与财相吸,进而引财。

2. 怎样用水晶拓宽财路?

要想拓宽财路,需要先找到财库。

家中厨房是房屋中的财库地带,有留守钱财的力量;公司中的财库位于公司的保险柜处；店铺的财库则位于收银台。

要想招来源源不断的财富，按照上述的财库位置，可以在家中的厨房、公司的保险柜或店铺的收银台处摆放球状的柱晶、钛晶或者金字塔造型的黄水晶，或者是将水晶摆放成七星阵，能获取更多的发财机会，使得财源更多。

另外，也可以摆放水晶制作的雕塑，三脚蟾蜍、弥勒佛、财神、钟馗、达摩或护法金刚都是不错的摆件选择。

3. 如何利用水晶带动另类行业的财运力量？

如果在一些比较"偏"的行业工作，或者工作比较另类的话，提升财运的水晶就应该选择柱状、球状造型的彩虹水晶或幻影水晶之类的"另类"水晶，当然，色泽以黄色为主的最好。摆放雕塑的话则可以选择一些造型比较抽象的水晶雕塑。

4. 如何利用水晶增加"私房钱"？

增加私房钱当然是要在私密的地方来增加，梳妆台是最适合的，因而可以将球状的水晶藏在梳妆台下。

如果要增加积存钱财的力量，改用黄水晶洞或紫水晶洞即可。如果要改善理财能力的话，改用品柱或金字塔造型的水晶，或是将水晶摆成七星阵。

5. 如何利用水晶碎石增加财运？

水晶碎石虽然是碎石，但也有招财的作用，其好处就是价廉，同时水晶碎石利于汇聚各种颜色。

在财位放置白青黑赤黄五色的水晶碎石，象征着五路财神，可以增进自己和家人的贵人缘以及财运，帮助加薪升职。

也可以自制一个小荷包，在里面放上五色水晶碎石，并随身携带。这个小荷包会源源不断地产生开运招财的能量磁场，帮助佩戴者提升财运，尤其适合进行投资的人。这个方法除了护佑财运旺盛以外，还有助于集中佩戴者的精神，增强佩戴者的气场。

6. 如何利用水晶来化解破财的煞气？

水晶除了招财，也有化煞的作用，可以化解那些危害财运的煞气。

这一用途的水晶一般选用晶簇、双尖水晶、插入水晶、骨干权杖鳄鱼水晶之类锋芒较甚的造型。如果要摆放雕塑的话可以选择雕刻成刀、剑、杵等武器或法器造型的摆件。

另外，在鞋柜里放置一些水晶碎石，可以吸收碍财的秽气。

7. 如何利用聚宝盆增强财运？

聚宝盆可以根据需要自制。选一只黄色或橘色的瓮，应肚大口小，将不同币值的钱币放在瓮底，再放入五帝铜钱、朱砂、磁铁，之后再将黄水晶碎石装入瓮中，直至八分满，最后在上面压一颗水晶球或几个元宝形的水晶。将聚宝盆放置在玄关或梳妆台下，也能增强财运。

8. 古铜钱有怎样的风水作用？

从铜钱的外形上看，铜钱的圆形代表着天，内部的方形代表着地，钱币上刻的帝号代表着人，一件物品中就聚集了天地人三才，是力量很强的风水物。特别是国力强盛时的铜钱，最具有发达兴旺、镇压百邪的作用。

古铜钱在五行中属金，具有极强的吸收气场的能力，有招财的作用。尤其是当钱币经过众人之手后，能够聚集民众的力量，因而有强大的能量。但需要注意的是，现在能看到的铜钱，有不少是出自坟墓，虽然葬有大量钱币的坟墓通常是气场强烈的好墓，这些钱币能吸收到很好的地气，但由于墓中阴气浓郁，所以一定要经过开光才能使用。

9. 如何利用铜钱招财?

古铜钱有招财的作用,将五枚古铜钱放在书桌的下方。古钱币分别染成红色、黄色、白色、蓝色、绿色五种颜色,以此象征五路财神。将它们贴在餐桌下的正中央,颜色面向下,就能够招来正财,令家中财源滚滚。如果想加薪,也可以将五路财神贴在办公桌下。如何利用五帝钱提升偏财运?

在过去,将五帝钱用红绳串在一起挂在腰间,随身佩戴,能在增进财运的同时还有旺偏财的作用。现在可以将五帝钱挂在包上,一方面作为装饰品,另一方面助旺偏财。

将五帝钱放在门口的脚垫下或者鞋柜上的罐子里,也有增加偏财运的作用。

10. 如何利用铜铃招财?

铜铃的主要作用是化解五黄星煞气,一般有单只铜铃或三只一组的铜铃。如果加上小水晶和两颗黄玉元宝,一起悬挂在门口,就有开门招财、入门见财的作用。

不过安放铜铃的时间有讲究,不能选在与宅主生年相冲克的时辰。子鼠与午马相冲,丑牛与未羊相冲,寅虎与申猴相冲,卯兔与酉鸡相冲,辰龙与戌狗相冲,巳蛇与亥猪相冲。也就是属鼠的人,在午时安放吉祥物不吉。

11. 如何用金山守财?

一座藏起来的金山,不仅能带来财富,还能助人守财。金山可以自己制造,将一个装满古钱的密封罐埋在家中的花园里,在其上封一个小土堆,以示家有金山。如果家中没有花园,可以将这个密封罐藏在家中或办公室的吉位处,但一定要隐蔽,不能让人看见,否则可能会破财。

12. 如何利用印章来增加财运?

印章代表着权力，也是能生财的工具，在风水上能汇聚五路财运。如果能时常使用，就有利于聚集财气。不用时，可以将印章放进印章盒或保险柜。保险柜是收藏贵重物品的地方，如果将印章放置在保险柜中，有汇聚财气的作用，等到再次拿出来的时候，其招财的作用更显著。

13. 如何利用镜子倍增财富?

镜子是一种很复杂的风水物，它既有反射的作用，也有倍增的效果。如果用在正确的地方，就能倍增财富；如果用在错误的地方，就有可能扩大凶煞。

在家中最适合用镜子增加财富的地方是餐厅，特别是当镜子照到餐桌上的食物时，有令财富加倍的效果。

14. 如何利用貔貅提升偏财运?

诸如股票、打牌、买彩票、赌马等投机事业所得的意外之财都算作偏财。

貔貅是最擅长于招偏财的瑞兽，所以，貔貅是旺偏财的最理想开运物。可以随身佩戴一个开过光的貔貅饰物。貔貅五行属火，绿色五行属木，木生火，所以绿色的貔貅得到五行生化的助力，功效倍增，能招来大量的金钱，因此翡翠貔貅是最理想的佩饰选择。

15. 如何摆放貔貅才能招财进宝?

貔貅的摆放是很有讲究的。摆放的时候，应该将貔貅的嘴巴正对着大门或者是窗户，这样它才能将外面的财气吸收进来。

16. 如何利用麒麟守财?

人们常用聚宝盆来聚积财富，但是财富聚积起来了，能不能守得住却是另一回事。如果在聚宝盆旁再摆放一对财富麒麟，就能利用麒麟忠心护主的特性，将钱财守住。这也是在无形中加固守财的观念。

17. 什么形状的鱼缸能催财？

鱼缸的形状多种多样，不同的形状其五行属性也不尽相同，对风水产生的影响也大不相同。

圆形的鱼缸吉利，因为圆形五行属金，金生水，是旺相。长方形的鱼缸则较一般，因为其五行属木，有泄水气之虞，但尚可用。正方形的则不宜，因为正方形五行属土，对水呈克制之相。六角形的鱼缸很好，不光因为六是一个很吉利的数字，同时六为水数，水管财，因而是能带财的形状。三角形或者多角形的鱼缸不宜布局在财位上面，因为三角形和多角形的五行属火，水火本相克，水火驳杂，对生财不利。

因此，在财位上布局圆形、长方形或者六角形的鱼缸较好，能起到催财的作用。

18. 鱼缸如何摆放才能招财纳宝？

鱼缸的摆放不可随意，需得配合地运、屋运以及主人的生辰来推算。如果不慎将鱼缸摆在了不能放水的方位，不仅起不到招财的作用，反而会危害家人。随意将鱼缸摆在客厅的一角，虽然可能不会造成煞气，但可能也对风水没有什么好处，而只能起到观赏的作用罢了。

19. 养什么颜色的鱼能生财？

颜色具有五行属性，其对风水的影响也是肯定的。所以，用来催财的鱼在选择的时候还要注意其颜色。

金色和白色的催财力量最强，因为其五行属金，金生水。黑色、蓝色和灰色的催财能力也不错，因为其五行属水，水能旺财。黄色的催财能力很弱，因其五行属土，土克水之故。青色或绿色也不好，其五行属木，有泄水之虞，故催财能力也很弱。

20. 鱼缸中多少条鱼利于招财？

通常鱼缸中鱼的数目，是按照飞星吉凶来定的。其中一、六、八是最能旺财的数目；四、九为吉星，所以也能旺财；七虽然是凶星，但与水相生，也能旺财；而二、三、五则是绝对不利于生财的数目。

养鱼一定要注意鱼的数目，一旦鱼死了，就可能对风水造成危害，所以一定要尽快将鱼补齐。

21. 如何利用猪饰物招财？

在民间，肥头大耳的猪是财富的象征，所以在家中或者店铺内摆放招财猪有招财纳富的寓意。而且其肥嘟嘟的样子也给人一种富足的感觉，其憨态可掬的造型也使其成为很好的装饰品。

22. 如何利用植物招财？

植物本来就是净化环境的绝好选择。放在家中还有很好地美化居室的作用。室内盆栽植物按其作用可以分为两种：一种用于生旺，另一种用于化煞。生财旺财的大多是阔叶常绿植物，化煞的则是诸如仙人掌之类的有尖刺的植物。当年的旺位适合摆放生旺的植物，衰位则适合摆放化煞的植物用作化解。

23. 如何利用发财树招财？

发财树的厚叶片富含水分，因而是聚财的象征。如果发财树开花，则会带来好运，因而要对其细心照料。

通常发财树需要大量的阳光和少量的水，适量添加钾肥。

第九节　卦象符号招财

1. 悬挂什么卦象符号利于招财?

六十四卦中的"天地否",是天与地相配的卦象,它代表着天地协调,万事顺利,财源广进。

这虽然是一个很老套的招财卦,但是却十分有用,特别是它在招财的同时注重和谐,是能令万事如意的卦象。

将此卦象的符号悬挂出来,能起到招财祈福的作用。

2. 悬挂什么符号利于财运长久?

六十四卦中的"乾为天",是纯阳之卦,它代表着当权,更意味着财运到,并且能使财运旺盛六十年。

将此卦象的符号挂出来,能使财运长久。

3. 悬挂什么符号利于发横财?

六十四卦中的"火雷噬嗑",代表青龙入宅,招财进宝,大富大贵。其为利于横财的卦象,但在失运的时候会变成小人作祟,令贵人无助。所以要小心使用。

将此卦象的符号悬挂出来,最利发横财。

4. 悬挂什么符号利于女子发横财?

六十四卦中的"离为火",是当令的横财卦,为烈火燎原,适合缺火的人使用。但该卦代表女子持家,而男子遇此卦则不利。

将此卦象的符号悬挂出来,最有利于女子发横财。

第八章　事业风水

第一节　对事业发展不利的风水

1. 对着庙宇的住宅不利于事业。

要发展事业，最好不要住在庙宇周围。庙宇阴气浓郁，在庙宇附近生活，会时常感受到宗教的力量，并在潜移默化中将精力偏向宗教，因而不利于事业的发展。

要发展事业的人不仅不要靠近各种宗教场所，也最好不要住在有中式屋顶的住宅对面。这种中式屋顶时常采用绿色的瓦片，长期与之相对，容易导致人不善于理财。

2. 对着娱乐场所的住宅不利于事业。

现代社会娱乐场所遍布，桑拿浴所、夜总会、酒店、KTV等地方几乎是通宵灯火，他们制造的噪声可能影响到休息，而不利工作。

居住在这些娱乐场所附近，还会在潜移默化中受其影响，热衷于娱乐，而忽略工作。

这些场所虽然人多，却多是在夜间活动的场所，因而是阴气浓郁的地方，长期与之接触，要么可能沾染上烂桃花，要么可能孤独，进而影响工作。

3. 哪些住宅容易让人失去斗志？

斗志是事业成功的关键，如果每天看到的都是逐渐暗淡的夕阳，会使人感受到人生总有一天会进入黄昏，总要从光明走向黑暗。这种潜意识会令人意志消沉，不利于事业。

另外，远离城市、人群的住宅，容易令人失去与外界接触的兴趣。

面临大海的住宅，容易令人感觉太过舒适而想休息。

窗外有大树的茂密枝叶将天空完全遮蔽，或爬满藤蔓植物的住宅，有很重的阴气，令人阴气沉沉，缺乏向前的冲劲。

4. 怎样的住宅风水不利于人际关系？

在生活与工作当中，我们所处的位置，睡的位置、坐的位置，这个位置与周围形峦的关系，周边是否有形峦，形峦是否拱扶我，或形峦是否冲射我等，这些都会反映出一个人的人际关系与贵人运，也会间接反映出财运情况。

人际关系的好坏关系着事业能否得到发展，因而应住在一个利于人际关系的房屋中。以下几种住宅都不利于人际关系：

如果居住的楼房比周围其他楼房高很多，就犯了孤高煞，这种无形中让人感觉高高在上的楼房，会令人高傲，不容易接近。

如果从房门或窗户可以看到不远处有一棵孤零零的树，或是孤独的建筑、电线杆、高塔等，会无形中让人产生孤独感，而不愿意接触人群。

如果房屋过大，而又不愿意邀请朋友时常做客，就容易与人群产生疏离感。

如果房门与别人的房门相对，则容易与人争执。

如果自己住的房屋明显比周边的房子低，受到近处前、后、左、右任一处高楼的压迫，说明在生活与工作中压力过多，精神不振作，不愿与人交往，从而不利于人际关系的发展。

自己家中或单位，床、桌等生活与工作的主位，后没有靠山，左右没有龙虎护卫，前方没有明堂，也没有案山与朝山锁明堂，左后右后、左前右前，也没有家具护卫，床、座位、桌子等整体体现出孤单无依之相，没有得到周边家具的拱扶、帮护、护卫，那么按照天人感应的原理，就会没有好的人际关系。

好的人际关系，一定是在家中或工作当中，主位周边的形峦，八方拱伏，没有尖角冲射（即没有小人或陷阱），这样才能得到众人的支持，才有良好的人际关系、客户关系、贵人运，而后才会有较好的财运。

第二节　命卦选择适合发展的职业

1. 命卦为一白星的人适合什么职业？

一白星代表思考和研究，所以很适合从事哲学、宗教、经济、历史方面的研究，或者成为保险、银行、外交部门、研究所人员。

一白星还代表流通和管道，所以适合在饭店、酒吧、餐厅、咖啡屋、洗衣店、洗浴中心、温泉、地铁、物业、托儿所、幼儿园、小学等场所工作，或从事石油、汽油、涂料、印刷、儿童读物、玩具、教材等行业，或养猪、养贝，当消防人员，做夜间工作。

2. 命卦为二黑星的人适合什么职业？

二黑星代表生长，所以适合从事土木建筑、农业、五谷杂粮、教育、服务业等需要努力实干的行业，或当保姆、养牛、养猫、在妇产科工作。

二黑星还代表俸禄，所以适合从事不动产、手工艺品、古董交易、纺织、缝纫、陶瓷、家具、寝具等行业。

3. 命卦为三碧星的人适合什么职业？

三碧星代表明朗和前进，所以适合从事新闻、杂志、广播等媒体工作；在乐团、乐器行工作，当声乐家、歌手、销售音乐、唱片；经营通信器材、电气公司、打字公司；从事纪实文学、传记文学、历史小说的写作；成为电话接线员、翻译、舞台演员、插花师、园艺师、特技人员、养蜂、养蛇、养鹿。

4. 命卦为四绿星的人适合什么职业？

四绿星代表信用与和谐，所以适合从事美容、设计、文化等行业。可经营化妆品、广告、纸业、文具、香水、图书、文学、艺术、庆典、飞行器材、航空、船务、邮购、养鸡、花鸟交易等，成为美容师、理发师、园艺师、香料师、推销员、仪式经理。

5. 命卦为五黄星的人适合什么职业？

五黄星代表权势和统治，适合当政治家、法官、领袖人物，进入管理中心；从事与土有关的行业，如殡仪馆、丧葬服务；成为纯粹的美术或音乐工作者；进行病理研究；亦可摆路边摊，进行废品回收，经营发酵品，成为古物商。

6. 命卦为六白星的人适合什么职业？

六白星代表决断和活力，适合成为公务员、律师、政治家、警卫、保安；进入天文、太空研究、核能、原子、放射线、电脑等行业；从事石油、矿业、金属工业、玻璃、宝石、证券、保险业；经营精密工业仪器、大型交通工具、拖车、汽车修护、运动健身器材；在马场、动物园、马戏团工作；成为武术家、顾问。

7. 命卦为七赤星的人适合什么职业？

七赤星代表交际，适合成为律师、法律顾问、公关、金融业职员、推销员、翻译、演说家、外科医生、牙科医生、演艺人员、节目主持人、戏剧演员、评论家、专栏作家、编辑；经营五金、廉价品、装饰品、咖啡屋、酒吧、女性用品、水产养殖业、羊肉店、宠物店、伐木业。

8. 命卦为八白星的人适合什么职业？

八白星代表储蓄、改革和转型，适合从事旅馆、食物储藏、公寓、百货、房地产、银行、超市、庙宇、宗教用品、皮革、防水用具、肉类食品、总务、中介、公关、货运、砂石、水泥、砖瓦、训练场、养狗、采矿、珠宝等行业；成为神职人员、驯犬员、守卫、管理员、改革人才。

9. 命卦为九紫星的人适合什么职业？

九紫星代表光明和感情，适合成为学者、教师、军人、心理学家、模特、新娘化妆摄影师、美容师、病理化验师、鉴定师、检察官、警察、飞行员、宗教从业人员；经营电视、传真、照明工具、电子、化学、热处理、燃气、炉灶、冶炼、太阳能、烟火、镜子；从事策划、艺术、外交、眼科、外科、妇产科。

第三节　命卦方位旺事业运的方法

1. 命卦属坎的人应选什么方位的办公室？

办公室的方位，可以根据每个人不同的命卦来进行选择，如果能与命卦相符，则能增运。

坎命的人五行属水，最适合同样属水的北方。水木相生，所以属木的东方、东南方也适合坎命的人。南方属火，能与水达到水火既济的境界，因而也是可以选择的办公室方位。

2. 命卦属艮、坤的人应选什么方位的办公室？

艮命或坤命的人，五行属土，故而办公室最适合同样属土的东北方和西南方。

土中生金，属金的西方和西北方也较为适合艮命或坤命的人做办公室。

3. 命卦属震、巽的人应选什么方位的办公室？

震命或巽命的人，五行属木，最适合在五行同样属木的东方和东南方设置办公室。

水能生木，属水的北方也可以作为震命或巽命人的办公室。

属火的南方，也较为适合震命或巽命的人，可以制造木火通明的效果。

4. 命卦属离的人应选什么方位的办公室？

离命的人，五行属火，最适合在五行属火的南方设置办公室。

木能生火，离命的人也可以在东方和东南方设办公室，以达到木火通明的效果。

如果办公室设在属水的北方，则是水火既济，也是较好的兆头。

5. 命卦属兑、乾的人应选什么方位的办公室？

兑命或乾命的人，五行属金，最适合在同样五行属金的西方和西北方设置办公室。

土能生金，如果将办公室设置在属土的西南方和东北方，也是很好的选择。

第四节 家居风水旺事业运的方法

1. 什么朝向的住宅利于事业？

利于事业的住宅一定是朝向太阳升起的方向。

如果每天看到太阳升起，会经常感受到积极向上的力量，而更容易拥有奋发的冲劲。

在风水上，把初升的太阳称为"三阳开泰"，是用初升之阳的力量开启泰卦。泰卦是乾下坤上的卦象，下面三个阳爻，上面三个阴爻，阳气从初爻已经升到三爻，所以叫作三阳开泰。它象征着事业会开创局面，进而有所成就。因而能看到太阳升起的住宅，是最利于开创事业的。

2. 如何利用大门外的植物助旺事业？

在大门外侧摆放一盆开运竹是有利于事业的，生长茂盛的开运竹笔直向上，代表着百尺竿头，更进一步，象征着事业的发达。如果有新长出的叶子，则代表着事业的开创。

开运竹的摆放，应越接近大门越好，但前提是不能影响人的进出。开运竹的大小也应与门的大小相配，否则反而对事业有损。

用红色的签字笔在每根开运竹的顶端写上"魁"字，也是利于事业的。"魁"代表贵星，有利于大展宏图。将这个寓意写在植物的表面，令植物在呼吸的同时帮助提升创业人士的事业运。

3. 怎样利用鞋柜来提升事业运？

每天进出门都会使用到鞋柜，但一个充满味道的鞋柜不会为人带来好运的。

如果每周定期用檀香净化鞋柜，可以驱除鞋柜中的秽气，令好运提升。

在鞋柜中放置一些水晶碎石，也能利用水晶的吸附能力将鞋柜中的秽气吸走，使每次开鞋柜时，只有有益的能量散发出来。

4. 客厅大小与事业发达有何关系？

客厅是一所房屋的内明堂，如果客厅大，则是明堂宽阔，有足够的空间来吸纳生气，也就意味着事业有发展的空间。

如果客厅过于狭小，财气就无法在客厅流转聚积，很快就会流走，因而就是破财之局，也就意味着事业会有诸多阻碍，机会也容易流失。

5. 如何调整住宅西北方颜色以提升贵人运？

无论是住宅还是客厅，它们的西北方都代表了贵人运，贵人是能够在生活或事业上有所帮助的人，贵人运旺的人总能逢凶化吉、柳暗花明，容易得到提携。

西北方是乾位，五行属金，因而该方位喜白色、金色、银色。

土能生金，因而可以在西北方位使用属土的黄色。

火能克金，因而不能在西北方位使用属火的红色。

水能泄金，因而也不能在西北方位使用属水的蓝色。

金能克木，因而也不能在此方位使用属木的绿色。

6. 如何利用座位布局来增强信心？

不少人坐的时间长过站的时间，因而要注意座位的安放。无论是办公室座椅还是家中沙发的摆放，都应注意要有靠山。

所谓有靠山，就是在座位的背后最好是要有一堵坚实的墙壁。这堵墙壁就如同一座靠山，让坐在其前面的人心中踏实，不会感觉后背空虚，因而能增强信心。

第五节　办公室光线色彩旺事业运的方法

1. 如何使用办公室光线？

坐在办公桌前最好能有自然光照射，这些自然光线能增加阳气，利于工作者精神百倍地工作。

自然光照射的方向不对，也会影响到工作的状态。如光线从背后照射，就可能在办公桌上留下阴影；而从背后照射的阳光，也可能使电脑的显示器不够清晰。最理想的自然光，应该来自左前方，这样光线既不容易形成阴影，也不容易令屏幕不清晰。

但现代许多办公室都大而密闭，要找到靠窗的位置并不容易，这就需要使用办公室灯光。为了节约成本，通常办公室都安装日光灯。日光灯的闪烁对眼睛有害，因而在开灯的时候不要图节约，应同时多开几盏灯来消除灯光闪烁的影响。

2. 办公室应选用哪种顶灯？

办公室顶部的灯宜选用吸顶灯，吸顶灯可以保持办公室顶部的平滑，不容易制造形煞。如果使用吊灯，则会对坐在吊灯下的人形成压力，其效果与横梁压顶是一样的，因而要尽量避免使用。

3. 坐在吊灯下如何不利事业？

如果办公桌或座椅正好位于吊灯的正下方，会时刻感受到来自吊灯的压力，从而使工作开展不顺利，给事业以阻力。

遇到这种情况，可以将办公桌或座椅略微移开，只要不在其正下方就不会有大的影响。

4. 办公环境应用什么颜色和图案来提升事业运？

利用办公环境的色彩来补五行所缺，可以提升事业运。

五行缺金的人，应用米白色作为办公室或办公桌的主色调，可以用金色或银色来点缀，多使用星形图案作装饰。

五行缺水的人，应该用蓝色或灰色作为办公室或办公桌的主色调，多使用水波纹图案做装饰。

五行缺木的人，应该用绿色作为办公室或办公桌的主色调，多使用直条纹图案做装饰。

五行缺火的人，应该用红色作为办公室或办公桌的主色调，多使用三角形图案做装饰。

五行缺土的人，应该用黄色作为办公室或办公桌的主色调，多使用方形图案做装饰。

第六节　办公桌旺事业运的方法

1. 办公桌前怎样布局利于事业？

办公桌前的空间就如同房屋的明堂，如果明堂宽阔，则表示能聚集较多的气场；如果明堂狭窄，就意味着气场无法有效聚集。办公桌前如果有较宽阔的空间，是利事业发展的好格局；但如果拥堵了太多的物品，或有一堵墙靠得很近，则可能使前途受阻，不利事业。所以坐在办公桌后，看得越远，就越利于事业。

2. 办公桌被道路冲煞怎么办？

如果办公桌被道路冲煞，无论是室外的还是室内的，都可能出现遇事不顺的现象；如果办公桌被正面冲煞，则容易遇到棘手的难以处理的事，或被人找麻烦；如果办公桌从侧面或背后冲煞，则可能被人暗中算计。

无论是怎样的冲煞，最好都尽量避开，如果无法避开，就要用屏风或矮柜来遮挡。

3. 什么人的办公桌可以设在人多的地方？

有些人的工作并不需要一个特别安静的环境，位于通道的位置反而更适合他们的工作。

前台接待和保安，是一定要设置在大门口的，这样才能对进出的人员进行有效的掌控。业务人员需要经常外出，也时常会有人来与其联系，位于通道附近的位置，对其工作较为有利。普通行政人员担负的主要是沟通协调各部门的工作，将其安置在人们容易到达的地方，能更利于工作的开展。服务人员是与人打交道的职业，安置在人们容易接触到的地方，才能更好地进行服务工作。

4. 办公桌不宜靠近哪些物品？

办公桌的周围最好不要有干扰气场的物品存在，否则就会存在干扰工作的因素。如炉灶、冰箱、饮水机、复印机、电视等都是具有干扰性质的物品，特别是频繁使用它们时，不仅气场会发生变化，来去的人也会对工作产生影响。如果无法远离这些物品，则可以用植物或屏风来缓解它们的危害。

另外他人使用的电脑也是一个有巨大危害的物品，当电脑显示器的背直接对着办公桌时，会发出较强的磁场。较好的方式是将自己的显示器与对面的显示器背对背，能削弱部分辐射，也可以将植物放在能看到他人显示器背后的方位。

5. 如何根据命卦来摆放办公桌物品？

办公桌是进行事业的重要场所，因而可以用九宫法，将办公桌分成九份，并找出属于自己的四个吉利方位，电脑、座机则可以放在这四个方位，以利于事业。

命卦为一白坎水的，四吉方在东方、东南方、南方、北方；
命卦为二黑坤土的，四吉方在东北方、西南方、西方、西北方；
命卦为三碧震木的，四吉方在东方、东南方、南方、北方；
命卦为四绿巽木的，四吉方在东方、东南方、南方、北方；
命卦为六白乾金的，四吉方在东北方、西南方、西方、西北方；
命卦为七赤兑金的，四吉方在东北方、西南方、西方、西北方；
命卦为八白艮土的，四吉方在东北方、西南方、西方、西北方；
命卦为九紫离火的，四吉方在东方、东南方、西方、北方。

6. 如何在办公桌上安装台灯？

无论办公室灯光如何，自己的办公桌上都可能出现光线不足的情况。这时候就应该为办公桌安装一盏台灯，以照亮光线的死角，让自己能更好地集中精力工作。

因为办公室灯光通常偏冷，办公桌上的台灯最好选择暖色调的，灯光最好是黄色的。这种视觉上的温暖感，能增强自信心，令工作事半功倍。

根据光线从左面来的原则，台灯最好是安装在左后方，注意灯光不要照射到电脑，否则会有反作用。支架较长的台灯注意不要太靠近人，否则会有逼迫感，令人在工作时心绪不宁。

7. 如何处理背后无靠的座位？

在办公室中，不是每个人都可以拥有背后有靠的座位，此时需要利用一些小的物品来对此进行改善。

可以将一个小屏风放置在背后，也可以采用高靠背的椅子，也可以用植物进行遮挡。如果背后为窗户，可以在窗台上摆放一块石头摆件。

8. 应怎样收纳重要档案？

重要档案需要摆放在安全的高处，这样才能避免不利于事业的事发生。在风水上，这些档案也是财的象征，把财随意放置，会令财流失，而将财放到压抑或污秽的环境中，则会令财气受阻。因此不管有多忙，都不要将重要的档案放在桌上，或藏在楼梯下，这样可能会导致档案的遗失或被窃，更不利财运。将文件柜摆放在卫生间隔壁的墙壁旁，也是不可取的。

9. 在办公桌后挂什么利于增强权威？

想增加权威性，应该在办公桌的后面悬挂一些代表权力的图画或字幅。如百鸟之王的凤凰和孔雀能带来吉祥；如花中之王的牡丹能带来富贵吉祥。切忌悬挂凶恶的动物图像，虽然具有权威，却容易破坏财气。

10. 在办公桌后挂什么能利于得贵人相助?

在办公桌后悬挂一幅生机盎然的高山图,山中绿树成林、花草依依。一座富有生机的靠山,会带来许多贵人暗中相助,能使事业一帆风顺。

11. 象征如意的九如图应放在何方?

风水中的"九如"被用来形容吉祥如意的事物,因此"九如"成为了后世人对他人祝福的最崇高境界。画作中通常描绘九只如意或其他代表吉祥的物件,以及九种不同的动物或植物,以此来表达多福多寿、如意吉祥的美好愿望。九如图适合摆放在宽阔的明堂前,在办公室里,明堂即为办公桌前的空间,因而将九如图悬挂在办公桌的前方能带来好运。

第七节　办公室事业升迁风水

1. 如何根据命卦找到升迁位?

在办公室安放办公桌是有讲究的,如果将办公桌安放在升迁位,则可利于升迁。

每个人都可以根据自己的命卦找到自己的升迁位。

命卦为一白星的,升迁位在东南方和北方;

命卦为二黑星的,升迁位在西北方和西方;

命卦为三碧星的,升迁位在南方和东方;

命卦为四绿星的,升迁位在北方和东南方;

命卦为六白星的,升迁位在西南方和东北方;

命卦为七赤星的,升迁位在东北方和西南方;

命卦为八白星的,升迁位在西方和西北方;

命卦为九紫星的,升迁位在东方和南方。

2. 如何根据玄空飞星找到升迁位？

利用玄空飞星对星体的运算，可以找到在一所房屋中最利于升迁的方位。利用玄空飞星找升迁位，需要先用罗盘测出办公室的坐向。通常大门对着的方向为向，大门背着的方向为坐。另需要注意的是，进入办公室的时间不同，升迁位也不同。于2004年2月4日之前进入的办公室，为七运房；于2004年2月4日及之后进入的办公室，为八运房。

3. 八运坐壬向丙的办公室升迁位在何方？

坐壬向丙的办公室如在2004年2月4日及之后进入，其升迁位在南方、北方和东北方。

如办公桌放在南方，应在办公桌下放一块蓝色或黑色的脚垫，并将一盆栽放在办公桌旁。

将办公桌放在北方时，应在办公桌旁点一盏红色的台灯。

将办公桌放在东北方时，应在办公桌上放一个鱼缸。

4. 八运坐子向午或坐癸向丁的办公室升迁位在何方？

坐子向午或坐癸向丁的办公室如在2004年2月4日及之后进入，其升迁位在南方、北方、西方及西南方。

如办公桌放在南方，应在办公桌上点一盏红色的台灯。

如办公桌放在北方，应在办公桌下放一块蓝色或黑色的脚垫，并将一盆栽放在办公桌旁。

如办公桌放在西方或西南方，应在办公桌下放一块蓝色或黑色的脚垫。

5. 八运坐未向丑的办公室升迁位在何方？

坐未向丑的办公室如果在2004年2月4日及之后进入，其升迁位在南方和北方。

如办公桌放在南方，应在办公桌下放一块蓝色或黑色的脚垫。

如办公桌放在北方，应在办公桌下放一块蓝色或黑色的脚垫，并将一盆栽放在办公桌旁。

6. 八运坐坤向艮或坐申向寅的办公室升迁位在何方？

坐坤向艮或坐申向寅的办公室如果在 2004 年 2 月 4 日及之后进入，其升迁位在南方和北方。

如办公桌放在南方，应在办公桌下放一块蓝色或黑色的脚垫，并将一盆栽放在办公桌旁。

如办公桌放在北方，应在办公桌下放一块蓝色或黑色的脚垫。

7. 八运坐甲向庚的办公室升迁位在何方？

坐甲向庚的办公室如果在 2004 年 2 月 4 日及之后进入，其升迁位在东方和北方。

如办公桌放在东方，应在办公桌上点一盏红色的台灯。

如办公桌放在北方，应在办公桌下放一块蓝色或黑色的脚垫。

8. 八运坐卯向酉或坐乙向辛的办公室升迁位在何方？

坐卯向酉或坐乙向辛的办公室如果在 2004 年 2 月 4 日及之后进入，其升迁位在南方、东北方和西方。

如办公桌放在南方，应在办公桌下放一块蓝色或黑色的脚垫。

如办公桌放在东北方，应在办公桌下放一块蓝色或黑色的脚垫，并将一盆栽放在办公桌旁。

如办公桌放在西方，应在办公桌上点一盏红色的台灯。

9. 八运坐辰向戌的办公室升迁位在何方？

坐辰向戌的办公室如果在 2004 年 2 月 4 日及之后进入，其升迁位在东南方、西北方。

如办公桌放在东南方，应在办公桌下放一块蓝色或黑色的脚垫。

如办公桌放在西北方，应在办公桌上点一盏红色的台灯，并将一盆栽放在办公桌旁。

10. 八运坐巽向乾或坐巳向亥的办公室升迁位在何方？

坐巽向乾或坐巳向亥的办公室如果在2004年2月4日及之后进入，其升迁位在东南方和西北方。

如办公桌放在东南方，应在办公桌上点一盏红色的台灯，并将一盆栽放在办公桌旁。

如办公桌放在西北方，应在办公桌下放一块蓝色或黑色的脚垫。

11. 八运坐戌向辰的办公室升迁位在何方？

坐戌向辰的办公室如果在2004年2月4日及之后进入，其升迁位在东南方和西北方。

如办公桌放在东南方，应在办公桌上点一盏红色的台灯，在办公桌下放一块蓝色或黑色的脚垫，并将一盆栽放在办公桌旁。

如办公桌放在西北方，应在办公桌上摆一个金色的吉祥物。

12. 八运坐乾向巽或坐亥向巳的办公室升迁位在何方？

坐乾向巽或坐亥向巳的办公室如果在2004年2月4日及之后进入，其升迁位在东南方和西北方。

如办公桌放在东南方，应在办公桌上摆一个金色的吉祥物。

如办公桌放在西北方，应在办公桌上点一盏红色的台灯，在办公桌下放一块蓝色或黑色的脚垫，并将一盆栽放在办公桌旁。

13. 八运坐庚向甲的办公室升迁位在何方？

坐庚向甲的办公室如果在2004年2月4日及之后进入，其升迁位在东方和北方。

如办公桌放在东方，应在办公桌上点一盏红色的台灯。

如办公桌放在北方，应在办公桌上放一个鱼缸。

14. 八运坐酉向卯或坐辛向乙的办公室升迁位在何方？

坐酉向卯或坐辛向乙的办公室如果在 2004 年 2 月 4 日及之后进入，其升迁位在南方和西方。

如办公桌放在南方，应在办公桌下放一块蓝色或黑色的脚垫。

如将办公桌放在西方，应在办公桌下放一块红色的脚垫。

15. 八运坐丑向未的办公室升迁位在何方？

坐丑向未的办公室如果在 2004 年 2 月 4 日及之后进入，其升迁位在北方和西方。

如办公桌放在北方，应在座位上放一块土黄色的坐垫，在办公桌下放一块蓝色的脚垫。

如办公桌放在西方，应在办公桌上点一盏红色的台灯。

16. 八运坐艮向坤或坐寅向申的办公室升迁位在何方？

坐艮向坤或坐寅向申的办公室如果在 2004 年 2 月 4 日及之后进入，其升迁位在东方和南方。

如办公桌放在东方，应在办公桌上摆一个金色的吉祥物。

如办公桌放在南方，应在办公桌下放一块红色的脚垫。

17. 八运坐丙向壬的办公室升迁位在何方？

坐丙向壬的办公室如果在 2004 年 2 月 4 日及之后进入，其升迁位在北方、东方和东北方。

如办公桌放在北方，应在办公桌上点一盏红色的台灯。

如办公桌放在东方，应在办公桌上摆一个鱼缸。

如办公桌放在东北方，应在办公桌下放一块蓝色或黑色的脚垫。

18. 八运坐午向子或坐丁向癸的办公室升迁位在何方?

坐午向子或坐丁向癸的办公室如果在 2004 年 2 月 4 日及之后进入，其升迁位在南方、西方及西南方。

如办公桌放在南方，应在办公桌上点一盏红色的台灯。

如办公桌放在西方，应在办公桌上摆一个鱼缸。

如办公桌放在西南方，应在办公桌下放一块蓝色或黑色的脚垫。

19. 如何用文昌塔来增加升迁机会?

对于想要升职的人来说，文昌塔是很好的吉祥物。塔有攀登高处，一层比一层高的意味，因此象征着步步高升。将一座铜质的文昌塔摆放在酒柜或书柜的最高层，寓意会逐渐为领导重视，从而有更多的升迁机会。

20. 如何利用印章提升升迁运?

要想升职，就意味着不再想成为基础人员，有了掌印的欲望。利用一枚开运印章，并随身携带，就能不断强化意识，从而掌握升迁的机会。

开运印章可以采用黄玉、牛油玉、黑龙江玉等材质纯美的玉石，但一定要是天然玉石才能有效果。开运印章不仅能提升升迁运，还能同时聚集财运。

21. 悬挂什么符号利于升迁加薪?

六十四卦中的风雷益，是天时地利人和的卦象，代表着富贵双全，特别适合上班族。

将此卦象的符号悬挂出来，能对升迁加薪有所帮助。

第八节　办公室文昌风水

1. 为什么办公桌要摆在文昌位?

文昌位就是俗称的文曲星的方位，这个位置对于学习和工作的人来说非常关键，尤其是从事文案、策划和管理的人，如果能够将办公室的办公桌位置摆放在自己的文昌位上，可以使人保持活跃的思维和清晰的思路，从而获得较高的工作效率，在工作上保持出色的状态，当然职位升迁和待遇增加的机会也会更多一些。

2. 怎样快速在办公室中找到自己的文昌位?

一般说来，文昌位的确定必须结合每个人出生日期的天干、地支，将两个因素进行综合的计算，这样才能较为准确地得出文昌位的具体位置。但是，对于办公室风水来说，也可以根据出生的年份来确定文昌位的方位，这种方法虽然较为粗略，但是也能起到一定的生旺作用。

具体的做法是，根据每个人出生年份的最后一位数确定其对应的十二地支，该地支所对应的地理方位就是文昌位了。依照此原则：

出生年份尾数为1时，文昌位在办公室的正北方；

出生年份尾数为2时，文昌位在办公室的东北方；

出生年份尾数为3时，文昌位在办公室的正东方；

出生年份尾数为4时，文昌位在办公室的东南方；

出生年份尾数为5时，文昌位在办公室的正南方；

出生年份尾数为6时，文昌位在办公室的西南方；

出生年份尾数为7时，文昌位在办公室的正西方；

出生年份尾数为8时，文昌位在办公室的西南方；

出生年份尾数为9时，文昌位在办公室的正西方；

出生年份尾数为0时，文昌位在办公室的西北方。

3. 能不能坐在文昌位相反的方位?

在办公区域中，由于受到整体规划的限制，也许无法将办公桌摆在属于自己的文昌位上。但是，在风水学中有"阴阳互根"的说法，言下之意就是指事物的阴阳其实是互相作用的，看似相反，其实又彼此互为根源，这样它们之间所包含的信息其实也就是相通的。

根据这一理论，当无法坐在自己的文昌位的时候，不妨将座位安放在与其相反的方向。比如，对于1982年出生的人来说，原本文昌位在东北方，坐在西南方位依然是可行的。虽然从风水效应上来说，其生旺作用会有所不及，但是同样也会带动运势。

第九节 福元升迁风水

1. 如何在办公室中找到属于自己的福元方位?

按照"三合修福元"的理论，十二地支中的三合关系分别为：申子辰、亥卯未、寅午戌以及巳酉丑。如果将十二地支所对应的方位与生肖相组合，那么每个生肖都可以得到对应的福元方位。

属鼠的福元方位在东南偏东、西南偏西；

属牛的福元方位在正西、东南偏南；

属虎的福元方位在正南、西北偏西；

属兔的福元方位在西南偏南、西北偏北；

属龙的福元方位在正北、西南偏西；

属蛇的福元方位在正西、东北偏北；

属马的福元方位在东北偏东、西北偏西；

属羊的福元方位在正东、西北偏北；

属猴的福元方位在正北、东南偏南；

属鸡的福元方位在东南偏南、东北偏北；

属狗的福元方位在正南、东北偏东；

属猪的福元方位在正东、西南偏南。

只要坐在福元方位的其中一个，便能利于升迁。

2. 福元方位如何利于升迁？

"福元方位"是风水学中的一个术语，来源于三合派的绝学"三合修福元"，就是通过相距一百二十度的三个方位组成等边三角形，并由此而形成一个拥有强大能量的力量场。

在办公室中，如果能够坐到自己的福元方位，就可以提高运势，更容易获得收入增加或是职位升迁的机会，从而得到更好的职业前景。

3. 哪些方位不利于职业升迁？

传统玄学用十二地支代表不同的方位，后来又演变出民间的十二生肖。在十二生肖中，每隔六位就会有两个生肖相冲，分别为鼠冲马、牛冲羊、虎冲猴、兔冲鸡、龙冲狗、蛇冲猪，正好是有六对相冲的生肖，所以又被称为是"六冲"。

风水中有"相冲无情"的说法，依照六冲之间的关系，在条件允许的情况下，尽量不要坐在与自己的生肖相冲的方位，否则会使人的情绪不稳定，导致运势不稳，容易遭遇各种突发的变故。

根据十二地支的方位，以及十二生肖的相冲关系，各生肖需要避开的相冲方位如下：属鼠的人要避开正南方位，属牛和属虎的人要避开西南方位，属兔的人要避开正西方位，属龙的人要避开西北方位，属蛇的人要避开西北方位，属马的人要避开正北方位，属羊和属猴的人要避开东北方位，属鸡的人要避开正东方位，属狗和属猪的人要避开东南方位。

4. 如何利用摆饰避免办公桌方位冲煞？

根据三合派的"三合修福元"的理论，十二地支中的三合关系分别为：申子辰、亥卯未、寅午戌以及巳酉丑。如果将十二地支所对应的方位与生肖相组合，则十二生肖的三合关系为：猴鼠龙、猪兔羊、虎马狗、蛇鸡牛。

在无法避免地要坐在与自己的生肖相冲的方位时，可以通过在办公桌上摆放装饰物品的方法来化解冲煞，所摆放的饰物应该与自身的生肖有三合关系。比如：如果属鼠，就可以选一些猴子、龙造型的生肖饰品摆在自己的办公桌上，即可起到一定的化冲效果。根据十二生肖的三合关系以此类推，就可以知道其他属相的办公桌方位避煞方法。

第十节　五行职业坐向旺运风水

1. 属金的职业宜采用什么坐向？

从事五金制造、珠宝加工、汽车运输、金融分析的人，以及司法律师、政府官员、职业经理、鉴定人员、体育运动员等，都五行属金，他们的办公室或办公桌应该坐西向东，或坐东向西，或坐东南向西北，或坐西北向东南。

2. 属木的职业宜采用什么坐向？

从事报纸杂志出版、文化艺术演艺、教育辅导、花卉蔬果种植、木制品加工、纺织制衣、时装设计等人员，以及医务人员、宗教人士、文职会计等，都五行属木，他们的办公室或办公桌应该坐西向东，或坐西北向东南，或坐东北向西南，或坐西南向东北。

3. 属水的职业宜采用什么坐向？

从事保险推销、航海船务、冷冻食品、水产养殖、旅游导购、清洁卫生、马戏魔术、钓鱼器材、灭火消防、贸易运输、餐饮酒楼及担任记者的人员，五行都属水，他们的办公室或办公桌应该坐南向北，或坐北向南。

4. 属火的职业宜采用什么坐向?

凡是从事易燃物品、食用油类、热饮熟食、电脑电器、电子烟花、电器维修、光学眼镜、广告摄录、美容化妆、灯饰灶具、玩具玩偶的人员,五行均属火,他们的办公室或办公桌应该坐北向南,或坐东向西,或坐东南向西北。

5. 属土的职业宜采用什么坐向?

凡是从事地产建筑、土产畜牧、玉石瓷器、经济顾问、建筑材料、装饰装修、皮革制品、肉类加工、酒店运营、娱乐场所等行业的人员,五行均属土,他们的办公室或办公桌应该坐南向北,或坐东北向西南,或坐西南向东北。

第十一节　自由职业者事业旺运风水

1. 为什么自由职业者需要专门的工作空间?

现今有不少的人愿意成为自由职业者,他们在家中工作,自己安排作息。但由于没有一个由公司提供的工作环境,因而常将工作与生活混为一谈。其实这样的方式不利于工作的开展,舒适的家庭环境可能致使自由职业者过于放松,无法集中精力工作。所以无论家中情况如何,都应该尽量布置一个专门的工作环境。

2. 如何根据自由职业者的事业阶段选择工作室方位?

在与生活空间不冲突的前提下,可以根据自由职业者的事业所处阶段安排工作室的方位。

如在事业发展的初期,可以将工作室安排在太阳初升的东方和东南方。这两个方位代表着发展,能够使人充满活力,能引人注意,从而使事业有序地发展。

如事业进入了发展阶段,可以将工作室设置在阳气充足的南方,利用南方充足的生气，吸引更多的业务。

如事业出现了飞跃，已经由个人经营变为有员工或协作者共同经营，则可将工作室移到西北方。西北方代表天，是利于领导、组织、协调他人的方位，可以巩固现有成绩，并得到他人更多的尊重。

3. 如何布置自由职业者的工作空间？

自由职业者最重要的就是要将工作空间与生活空间进行分离，因而最好有一间单独的房间作为工作室。在工作室中最好能有一张沙发和一张茶几，既可供自己休息，也可供来客商谈业务。如果空间太狭小，可以放置一面镜子来加大视觉空间。如果没有多余的房间，就用屏风将其隔离。

为了利于开拓业务，大门外的空间应该尽量保持干净清爽，忌在门外放置物品。窗户的通风效果能有效地保障氧气的进入量，保持工作时头脑的清醒。但为了避免从窗口进来的煞气，应该为窗户安装窗帘。

4. 如何布置自由职业者的办公桌？

工作空间中必须有一张办公桌，它代表着工作量和处理事情的能力，所以要尽量保持其稳定性。办公桌的大小要能摆放客户资料和产品目录的分类档案，有录音、留言、自动转接、传真等功能的电话，能方便使用的电脑。

第十二节　让人充满积极向上能量的风水

1. 如何提高工作效率？

拥有良好的工作效率是事业成功的基础，在风水上，代表工作效率的地方是工作中最常使用的办公桌。

一张整洁的办公桌，是能利于生气流动的发达桌，它代表着这张桌子的主人有较强的工作能力，能有序地安排工作。它不仅能提高办公效率，还能给人留下良好的印象。

整洁并不意味着办公桌上什么也不放，除了必备的电脑、台灯之外，与工作相关的资料、文具、水杯等要有条理地摆放。切忌将零食、私人物品随意且长期地摆放在办公桌上；过期的杂志要么收进抽屉，要么处理掉；抽纸也最好放进容易拿取的抽屉里；充电器不用时，一定要收进抽屉。堆满杂物的办公桌是无法令人专心工作的。

2. 如何保持头脑清晰？

要使头脑清晰，最关键的是有良好的空气。注意办公室的通风是否良好，尤其是人多的大办公区，较容易因缺氧而令人昏昏欲睡，所以最好的办法是多开窗。如果远离窗户，则要利用空调和换气扇来增加新鲜空气。

如果办公室内的空气质量不理想，最好能在办公桌上养一些阔叶植物。空气质量差的座位往往远离窗户、光线暗淡，这样的环境本身也不利于植物生长，因而可以在家中多养几盆植物，每周换一盆。

3. 如何在工作中集中精力？

工作主要面对办公桌时，要尽量减少桌面的物品，以免被一些杂物分散注意力。尤其是镜子，是绝对不能放在办公桌上的，一个随时注意自我形象的人，是无法将精力集中在工作上的。

白色水晶有积聚宇宙能量的作用，将其摆放在办公桌上，能使人精力充沛，专注工作。但最好不要选择有尖锐角的水晶，它们的尖锐角会对人产生冲射，使人的注意力时常集中在那些具有威胁性的尖角上，而分散精力。

当工作中精力不集中时，可以补充一些具有刺激性的食物，如咖啡、茶、黑巧克力、话梅。切忌在办公室抽烟，虽然它能短暂地提神醒脑，但烟却会破坏空气质量，降低有益空气。当大脑感到氧气不足时，为了提神，只能继续抽烟，从而形成恶性循环。这样既降低了效率，也损害了身体。

4. 如何令思维更活跃？

现在大部分人都是以电脑为主要的工作工具，因而要使思维更为活跃，可以将电脑摆放在文曲位，以增加大脑吸收信息和举一反三的能力。

寻找文曲位的方法是将自己出生年份的飞星放进九宫图中推算，一白星为文曲星，其所在的方位就是文曲位。如果能在办公室的文曲位办公是最好的，如果不能，可以在办公桌的文曲位上摆放电脑。

5. 如何增强自信心？

作为领导，如果懦弱就不能果断决策，自然失去威信，即使坐在领导的职位上，也被员工看不起，进而因得不到员工的配合，使工作无法顺利开展。

怎样才能让自己变得刚强些呢？在风水上，需要寻找一个最阳刚的方位，让充足的阳气使自己由柔变刚。乾卦是纯阳之卦，它代表高高在上的天，代表了家中最具权威的父亲，因此乾卦所在的西北方最适合用来改变懦弱的人。只要将自己的办公室搬到西北方位，就能使自己获得至纯的阳刚之气，渐渐变得大刀阔斧、雷厉风行起来。

6. 如何为自己的工作状态减压？

在工作中，难免会有不顺利、受挫的情况，由此会积累大量的压力和负面情绪，因而减压是很重要的。

在办公桌的左手方位摆放一个装有八分满水的透明或白色水

杯，可以令人头脑清醒，平息暴躁的情绪。在靠近座位的出入口摆放一个风水轮，可以利用水的循环将负面磁场转移出去。黄金做的龙饰物，因金能生水，故而是海龙王，它能减缓负面情绪，提升人的情商。

7. 如何在谈判中占据优势？

在谈判时，通常熟悉的环境要比不熟悉的环境更容易发挥，这是因为在熟悉的环境中更能找到适合自己的方位。但在实际谈判中，不可能都在自己熟悉的环境下进行，因而就要学会挑选座椅。

好的谈判座椅的首要条件是能感觉放松、舒适，坐垫软硬适中，不会因坐的时间长而痛苦，椅背的幅度符合背部的弧线，不会让脊柱紧绷。另外，坐上座位后，应该可以平视或略高于对方的眼睛；座位对面也没有能够搅扰视线的装饰物。

有些公司会为了有利于谈判而专门设置不利于对方的座椅，如果在谈判时无法找到合适的座椅，应尽快结束此次谈判，并提出下次另换地方谈判，以利于自己。

8. 女人如何增强自己的事业运？

现代的女性不再以全职妻子作为目标，在事业上取得成功是许多女性的梦想。但女性天生的阴柔，对充满阳刚的工作竞争十分不利，要想增强自己的事业运，就需要增强自己的阳刚之气。

坐在有阳刚之气的方位，能对事业有所帮助。具有阳刚之气的方位为西北方、北方、东北方、东方，当办公室或办公桌位于这个方位时，能增强女性的阳刚之气。其中以西北方的乾位最具效果，乾为纯阳之气，能迅速提升女性的阳刚之气，从而令女性在事业上有大的发展。

第十三节　风水吉祥物增旺事业运

1. 如何利用宝石助工作顺利？

宝石有聚集能量的作用，如果将宝石放在办公桌上，能吸纳更多的力量来帮助自己。如果放不同的宝石，则会有不同的力量来相助。因而可以准备七种不同材质或颜色的宝石，如水晶、玉石、玛瑙等，将它们放置在腹大口小的聚宝盆中，放置在办公桌左手的方位，就能令工作顺利开展。

2. 如何用八宝麒麟助旺事业？

麒麟是懂得仁善的灵兽，因而极为聪明。将一对八宝麒麟摆放在家中的书桌或者办公室的办公桌上，能使头脑更为清晰，利于事业的顺利开展。

3. 悬挂什么符号利于青年创业？

六十四卦中的水火既济，是升官发财的阴阳相配卦，最适合年轻创业者。

将此卦象的符号悬挂出来，能利于年轻创业者提升自我。

4. 悬挂什么符号利于文化事业？

六十四卦中的水火既济，是一个文昌卦，也是能升官发财的阴阳相配卦，最适合从事文化事业的公司。

将此卦象的符号悬挂出来，能利于文化公司的发展。

5. 悬挂什么符号利于合作？

六十四卦中的天火同人，是利于合作经商的卦象，能成大业，人缘上佳。

将此卦象的符号悬挂出来，最有利于合作。

6. 如何用饰品增加人缘？

在工作中，是否有人缘是工作进展顺利的关键。在办公桌上摆放一些小饰品，可以有效增强人缘。

女性如果在办公桌的左手方放置红色丝带或相框，能够加强人缘。

男性如果在办公桌的右手方放置黄水晶，或者放置与自己生肖相合的摆件，可以得到贵人相助。

粉水晶有增加人缘运和桃花运的作用，如果想与他人合作愉快，可以在办公桌的左手方摆放一盆用圆盆栽种的粉水晶树或粉水晶。

7. 如何用水晶洞聚集人气？

现在市面上有许多水晶洞卖，特别是紫色的水晶洞，无论在何地都能闪烁着漂亮的颜色。水晶洞不仅好看，其中的水晶因为都向着内部，而不会对人有冲煞，这就能有效地利用水晶吸取能量的功能。

水晶洞同时还有藏风聚气的作用，小小的洞口却能吸纳能量。如果将其摆放在办公桌的左手方，能为自己积累好运。但注意水晶洞不能碰水，否则一切好运都化为水流。

8. 怎样的灯饰能改变僵化的格局？

工作了很长一段时间后，境况还是没有什么改变，此时运势已陷入僵化，既没有好转，也没有恶化。为了改善这个僵化的格局，给自己带来一些新气象，就需要对日常所用的灯光进行改变。

黄色的灯光能利于活络气氛，有舒缓神经、令人温馨的作用。借用黄色灯光的风水力量，能改变现有的僵化格局，带来意想不到的好运。无论是在客厅还是卧室，最好是点一盏黄色的小灯，可以将其放在西北方、北方、东北方或南方。

9. 如何借石狮之气调整职场运势？

如果在职场中发现原本有很多机会，但都落不到自己身上，那就说明自己的运势较差，应该想法调整自己的运势。利用石狮调整职场运势是一个较为方便的办法。

寺庙门前的石狮整天都在吸收日月精华，进庙朝拜的人气也聚集其上，因而寺庙前的石狮吸纳了大量的风水能量。摸摸石狮的额头，再摸摸自己的额头，可以从石狮身上借到部分能量，从而增强自己的运势。

10. 如何利用额头增强运势？

在职场中如果自己很努力工作，老板却一直看不见，甚至对自己视而不见，则是自身缺乏能量的警示。在这种情况下，快速改变风水的方法就是利用自己的额头。

千万不要用帽子或头发遮盖住额头。额头是脸上较大面积的光亮处，发光的额头能吸引人的注意，这对于原本气势很弱的人，是改运的快速方法。所以一定要照顾好这个能带来好运的额头，不要让它生痘痘，不要让它多皱纹，每周用磨砂膏对其进行清洗，女性可以用化妆品来提亮额头。但需要注意的是，额头的光亮是洁净的皮肤对光线的反射，如果是油腻的额头在发光，只会增加别人的厌恶感。

11. 如何利用公鸡饰物来得到老板的重视？

公鸡是雄壮、勤奋的象征，特别是每天清晨公鸡打鸣时的声音，能唤醒所有沉睡的人。因而在风水中，公鸡有增强注意力的作用，如果长期坐"冷板凳"，希望得到老板的注意，则可以在家中摆放铜公鸡。铜公鸡可以摆放在家中的西北方、北方、东北方或南方。

第十四节 增加贵人运的风水方法

1. 如何利用香气增加人缘？

家中的气味也是气场的一种，如果气味芬芳，则能开运招财，反之，则人人避而远之。在客厅的西北方或玄关处放置鲜花，能改善家中的气场，使自己更容易亲近。

更为快速的办法是利用精油喷雾来改善家中的气味。早上将松叶香、百里香、罗勒、没药、茶树、香茅、绿薄荷调制的精油喷雾喷在卧室的角落，以驱除秽气，晚上将玫瑰、甜橙等调制的精油喷雾洒在房间内，能令人放松。在经过精油喷雾的房间中休息一晚，第二天即能感觉心情舒畅，与人交往时也不致神经紧张了。

2. 如何在家中摆放水晶提升贵人运？

水晶有招来贵人的力量，想有贵人相助，可以在家中摆放水晶。水晶可以摆放在进门的左手方、书桌的左手方、床头的左手方、柜子的左手方等。如果用灯光长期将水晶照亮，可以更好地引领贵人前来，并带来财气和福气。

3. 如何利用植物提升贵人运？

富贵竹向来有着步步高升的美好寓意，还能助力提升贵人缘。把富贵竹摆放在家中醒目的位置，或是财位之上，不但有望推动自身事业一路向上，节节攀升，而且还可能有贵人不请自来，主动施援。需留意的是，植物总体属性偏阴，所以最好给富贵竹系上红色丝带，为其增添阳气，只有这样，它的风水效能才能完美释放。

在挑选摆放的其他植物时，也大有讲究。像玫瑰、仙人掌这类浑身带刺的花卉绿植可不能随意安置，那些尖刺会在无形中挑起人际间的争执是非。与之相反，向日葵、太阳花、百合花等植物却能为仕途铺上顺畅之路，让人际交往更加融洽和睦。

4. 如何寻找自己的六合贵人？

不同的生肖各有其六合贵人，六合贵人是在事业上起到大作用的人，如果能遇到，就能得到事业的助力。

十二生肖中，鼠与牛相互为贵人，虎与猪相互为贵人，兔与狗相互为贵人，龙与鸡相互为贵人，蛇与猴相互为贵人，马与羊相互为贵人。要找到自己的六合贵人，就要将贵人的属相作为随身饰物或枕头、文具等物品上经常使用的图案。如属鼠的人，就应多使用牛的图案；属牛的人，则应该多使用鼠的图案。

第九章 婚恋情感风水

第一节 利用桃花运增加异性缘

1. 代表男女情感的桃花是什么?

桃花是从命理八字中推导出来的,是一种简略的命理推导与异性情感的方法。

桃花根据出生年的生肖来推算。

亥卯未见子,寅午戌见卯,巳酉丑见午,申子辰见酉。

也就是说,亥、卯、未年出生的人,即生肖为猪、兔、羊的人,桃花为子鼠,子年是其桃花年,子月是其桃花月,子水北方位是其桃花位。

寅、午、戌年出生的人,即生肖为虎、马、狗的人,桃花为卯兔,卯年是其桃花年,卯月是其桃花月,卯木东方位是其桃花位。其余仿此即可。

通常桃花运不是每年都有的,它会随着时间的变动而变化。要知道哪一年桃花最为旺盛,可以根据生肖进行推算。

属猪、兔、羊的人,在子鼠年最有桃花运;

属蛇、鸡、牛的人,在午马年最有桃花运;

属虎、马、狗的人,在卯兔年最有桃花运;

属猴、鼠、龙的人,在酉鸡年最有桃花运。

如2011年是卯兔年,因而属虎、马、狗的人要把握这难得的桃花年。

2. 如何知道次级桃花在哪里?

虽然十二年一次的桃花最旺,但如果错过了这最佳时机,也可以利用次级桃花的力量掌握恋爱时机。

风水中有个概念叫"六冲",其实就是地支每隔六个相对,共形成六组地支,它们都有近似的效应。

即子午冲,丑未冲,寅申冲,卯酉冲,辰戌冲,巳亥冲。

对应生肖即鼠冲马,牛冲羊,虎冲猴,兔冲鸡,龙冲狗,蛇冲猪。这就是说,如果子为主桃花,那么午就是副桃花。

如属虎、马、狗的人,其主桃花在卯,2011年能行桃花运,其副桃花在酉,2017年也有不错的桃花运势。

属蛇、鸡、牛的人,其主桃花在午,2014年能行桃花运,其副桃花在子,2020年也有不错的桃花运势。

属猴、鼠、龙的人,其主桃花在酉,2017年能行桃花运,其副桃花在卯,2023年也有不错的桃花运势。

属猪、兔、羊的人,其主桃花在子,2020年能行桃花运,其副桃花在午,2026年也有不错的桃花运势。

3. 如何推算最具桃花的月份?

如果只按桃花年来看,每种生肖十二年才有一年为桃花年,所以在不是桃花年的年份,就要把握桃花月。

桃花月的算法和桃花年相同,不过就桃花月来说,每年几乎是固定的。农历的二月为卯兔月,是属虎、马、狗的桃花月;农历的五月为午马月,是属蛇、鸡、牛的桃花月;农历的八月为酉鸡月,是属猴、鼠、龙的桃花月;农历的冬月为子鼠月,是属猪、兔、羊的桃花月。

好好把握各自的桃花月,利用这个时机去恋爱和处理结婚事宜,会起到事半功倍的效果。

4. 如何准确地寻找桃花时?

最旺的桃花时,能对感情起到重要的作用,应该好好把握。准确查找桃花时，可以查万年历。

如属虎、马、狗的人，其咸池桃花星在卯，即在卯年卯月卯日卯时。如2011年3月13日和25日的早上5:00至7:00。

属蛇、鸡、牛的人，其咸池桃花星在午，即在午年午月午日午时。如2014年6月16日和28日的中午11:00至下午1:00。

属猴、鼠、龙的人，其咸池桃花星在酉，即在酉年酉月酉日酉时。如2017年9月7日、19日和10月1日的下午5:00至7:00。

属猪、兔、羊的人，其咸池桃花星在子，即在子年子月子日子时。如2020年12月11日、23日和2021年1月4日的头天晚上11:00至当日凌晨1:00。

5. 如何根据生肖确定桃花位？

风水上的桃花位，是指可以在什么方向上找到桃花。所谓的方向，是就一个人的出生地点而言的，有的风水师也认为可以自己居住的住宅为基准点。

属猪、兔、羊的人，桃花位在北方；

属蛇、鸡、牛的人，桃花位在南方；

属虎、马、狗的人，桃花位在东方；

属猴、鼠、龙的人，桃花位在西方。

即使相亲，也最好安排在这些方位，方能提高成功率。

6. 八运期间家中的桃花位在何方？

风水中桃花位共有四个，一白坎水、三碧震木、七赤兑金、九紫离火，这四颗飞星飞临的方位，即桃花位。如果在这四个方位布置一些如水晶、花瓶等催旺桃花的风水物，能利于恋爱。

在八运期间，九紫星和一白星为未来星，是两颗生旺的飞星，因而比其他两颗飞星更加强旺。根据宅命图，九紫星和一白星所在方位便是桃花最旺的方位。

7. 咸池星意味着异性情缘的到来。

如果得知咸池星，就可以知道桃花最旺的时间和地点，以及生旺桃花的人和物是什么了。

如生于子鼠年的人，咸池星在酉，这就意味着此人在酉年、酉月、酉日，桃花最旺，会有桃花出现。

同时在其家中的酉方位，即正西方，是最能旺桃花的，如果好好布置，就能起到催旺桃花的作用。而属酉鸡的人，也可以成为其理想的恋爱对象。佩戴鸡的饰物，可以起到催旺桃花运的作用。

根据出生年份的地支生肖，可以找到咸池星所属的地支。

子鼠年出生的人，咸池星在酉；

丑牛年出生的人，咸池星在午；

寅虎年出生的人，咸池星在卯；

卯兔年出生的人，咸池星在子；

辰龙年出生的人，咸池星在酉；

巳蛇年出生的人，咸池星在午；

午马年出生的人，咸池星在卯；

未羊年出生的人，咸池星在子；

申猴年出生的人，咸池星在酉；

酉鸡年出生的人，咸池星在午；

戌狗年出生的人，咸池星在卯；

亥猪年出生的人，咸池星在子。

8. 如何找到最适合结婚的年份？

主导结婚的神煞是红鸾星，所谓"红鸾星动"就是即将结婚的意思，所以红鸾所在的年份，就是最适合结婚的年份。另有一神煞为天喜，是次级结婚星，它是红鸾的对冲年份。

属子鼠的，红鸾在卯，天喜在酉；即未来最佳的结婚年为2011年，其次为2017年。

属丑牛的，红鸾在寅，天喜在申；即未来最佳的结婚年为2010年，其次为2016年。

属寅虎的，红鸾在丑，天喜在未；即未来最佳的结婚年为2009年，其次为2015年。

属卯兔的，红鸾在子，天喜在午；即未来最佳的结婚年为2020年，其次为2014年。

属辰龙的，红鸾在亥，天喜在巳；即未来最佳的结婚年为2019年，其次为2013年。

属巳蛇的，红鸾在戌，天喜在辰；即未来最佳的结婚年为2018年，其次为2012年。

属午马的，红鸾在酉，天喜在卯；即未来最佳的结婚年为2017年，其次为2011年。

属未羊的，红鸾在申，天喜在寅；即未来最佳的结婚年为2016年，其次为2010年。

属申猴的，红鸾在未，天喜在丑；即未来最佳的结婚年为2015年，其次为2009年。

属酉鸡的，红鸾在午，天喜在子；即未来最佳的结婚年为2014年，其次为2020年。

属戌狗的，红鸾在巳，天喜在亥；即未来最佳的结婚年为2013年，其次为2019年。

属亥猪的，红鸾在辰，天喜在戌；即未来最佳的结婚年为2012年，其次为2018年。

第二节 对婚恋情感不利的风水

1. 住宅风水如何影响恋爱的效果?

爱情的力量是将一对男女组合在一起,男为阳,女为阴,只有当阴阳调和时,恋爱才能成功。所以未婚独居的男女,尤其要注意房间内的风水,不可阴气太重或阳气太盛。

2. 怎样的房子不容易有桃花?

居住环境会影响人的心理,一旦居住在阴冷、偏僻的房屋里,就可能不容易遇到桃花。

地下室的房间往往阴冷潮湿,人住久了容易变得很孤僻。

室内风大阴冷的房屋,以及狭窄的房间、远离人群的房屋,都容易让人有逃避人群的心理,从而不容易遭遇桃花。

如果房中栽有大树,也是不利桃花的。

3. 进门后向下走的房屋不利于婚恋感情。

如果进门后需要向下走才能进入家中,这样的房子,站在屋里向外看,就是前高后低的风水格局。前高后低,就会形成阴阳反背、反错,前方的明堂被高的地势挡住,做什么事都会有阻隔,婚姻感情也不例外。

长期在这样的房屋中居住,不是被人甩,就是去甩人,始终无法得到一段稳定的感情。解决的办法,是将房屋的地基垫高,如果不想浪费房屋空间,可将下层用作储物的地方。

要注意,前高后低的房子,是损丁破财的凶局,被地运引发时,房子里的人轻者破产,重者伤残丧命,所以一定要避免住在这样的房子里。

4. 细长的卧室会导致恋爱不顺吗？

房间一定要是方形或长方形才好，尤其是卧室，如果又窄又长的话，一定会影响爱情运的。

细长的卧室，会有空旷感，容易给人孤独、冷清的感觉，长期在里面居住，会让人变得孤僻。性格孤僻的人，在与人相处时，时常流露出冷漠，即使已经有了恋人，也会让人渐渐有疏离感。

要改变这种状况，最好的办法就是尽快将细长的卧室隔成两个。将卧室从中间隔断是最好的，但如果卧室本身不够大，则应该在留出摆放基本卧室家具的同时，将剩余的空间改成更衣室或储藏室。

5. 卧室采光不足对感情产生不利的影响。

作为日常休息的私密空间，卧室的采光虽然有"明厅暗房"的说法，但是若采光不足，会容易导致情侣间产生误会，从而影响感情。因此，在进行房间功能规划时，应尽量选择有窗户的房间作为主卧。

如果卧室采光不足，选择光线柔和的灯光装饰，可以提高恋情的稳定性。

没有窗子的卧室，因为气流有进无出，是为阴阳不调，住久了，不论男女都会对健康产生不利影响，严重的会影响生育功能。所以，遇到这样的房间，尽早搬出为好。

6. 结婚照摆放错误影响婚姻感情。

许多新婚家庭喜欢在家中摆放结婚照，以表示两人美满的婚姻。在家中摆放结婚照确实有利于保持两人的感情，不过结婚照的摆放也有讲究。

切忌将结婚照摆放在床头。人像的图画摆放在床头，无论他是谁，都会给人很大的压力，不利婚姻。

切忌在结婚照对面摆放镜子。镜子具有复制的作用，如果镜中有结婚照，无疑表示会出现两对夫妻，这可能造成夫妻离异。

将结婚照放在客厅的西北方无疑是最好的，它能使丈夫拥有对妻子持久的爱。

7. 床头摆鲜花容易产生婚外情。

切忌在床头放鲜花，花有生旺桃花的作用，如果两个已经结婚的人床头还摆放鲜花，就可能使夫妻俩都发生外遇。

8. 怎样的窗户不利于婚姻？

卧室不宜有多扇窗户，它可能使夫妻不能同心协力，遇事会出现分歧。

床最好也不要靠近窗户，自古就有"窗下多梦"的说法，虽然是指外界的干扰容易影响睡眠，但也有容易导致红杏出墙的说法。

9. 为什么有些人始终婚恋不顺？

有些人在经过了一番催旺桃花的布局后，即使在出现了咸池或红鸾的年份，仍然婚恋不顺，这就需要看看自己的八字中是否出现了"孤辰星"或"寡宿星"。

孤辰星和寡宿星，是两颗主导孤独的星宿，一旦八字中出现了这两颗星，就意味着这个人将一生孤独。

通常命带孤寡的人，性格孤僻，冷若冰霜，喜欢独自行动，即使有追求者也常被其赶走，好不容易有了恋爱对象，也很难与其共结连理。

在大运中出现了孤辰星和寡宿星，也不是好事。如果正是恋爱结婚的时候，就可能无法正常地恋爱或结婚；如果是中年出现，则可能导致离异。

总之，只要出现了孤辰星和寡宿星，就是无法白头偕老的命格。

10. 如何知道命局中是否带有孤、寡星？

根据生肖可以快速判断哪些人命带孤辰、寡宿。

属猪、鼠、牛的人，八字中如果出现了寅就是命带孤辰，出现了戌就是命带寡宿。

属虎、兔、龙的人，八字中如果出现了巳就是命带孤辰，出现了丑就是命带寡宿。

属蛇、马、羊的人，八字中如果出现了申就是命带孤辰，出现了辰就是命带寡宿。

属猴、鸡、狗的人，八字中如果出现了亥就是命带孤辰，出现了未就是命带寡宿。

11. 如何化解孤、寡运？

虽然一个人命中可能出现了孤辰星和寡宿星，但并不是就没有恋爱结婚的机会。只要能冲走不利的星煞，就能对婚恋大有帮助。

冲走孤寡、星煞的方法，是用其相对的地支来冲。

子鼠与午马相冲，丑牛与未羊相冲，寅虎与申猴相冲，卯兔与酉鸡相冲，辰龙与戌狗相冲，巳蛇与亥猪相冲。

如果一个人属兔，其命中带有巳就是孤辰，带有丑就是寡宿。

生于1975年8月23日，即生于乙卯年甲申月辛丑日，其中日支带丑，即命带寡宿。丑牛与未羊相冲，所以多使用有羊的图案或者玩偶，才有可能冲走丑牛。如在床头摆放羊的玩偶，使用有羊做图案的被套。

第三节　增益婚恋情感的风水

1. 怎样的住宅为桃花屋？

由于风水学中认为"子、午、卯、酉"为桃花的代表，所以对应住宅的坐向，凡是在"子、午、卯、酉"这四个方位出现了动的水，则代表着这间房屋容易有桃花。

子是正北方，午是正南方，卯是正东方，酉是正西方。

单身的人一定要住进桃花屋，利用这里旺盛的桃花，寻到完美的感情。

2. 怎样的桃花屋最灵验？

在风水理论中，有四种房屋是最具桃花的。

第一种是坐山在正西方位，来水从正东流向正南的住宅；

第二种是坐山在正南方位，来水从正北流向正东的住宅；

第三种是坐山在正东方位，来水从正西流向正南的住宅；

第四种是坐山在正北方位，来水从正南流向正西的住宅。

但需要注意的是，这些水在住宅前应呈环抱的弯曲姿态，而不是直冲住宅后，反弓流走。否则不仅招来的桃花不好，还会对身体和财运有损。

总的来说，房子是坐正向的，房子前面有水流从左边流过来，横过房前，然后从右边流出去。水流整体的形状，是环抱住宅的，而不能是反弓的。这样的房子与水的格局组合，就叫作桃花屋。其原理就是水环抱山，水为女，山为男，两者阴阳环抱，阴阳相交，就会感应有桃花运，有美好的婚恋情感。

3. 怎样布置房间才会旺桃花，有利于找到恋爱对象？

卧室是关系到婚恋的重要地方，只有合理的布局，才不会导致女孩长久无法出嫁。

卧室的床一定要将床头靠着墙，这样才可能找到可靠的男性。歪斜的镜子也不要放在卧室，它容易使单身女性产生独身的想法。

不要让卧室过于阴暗潮湿，应经常对其进行通风日晒，否则可能导致性格孤僻，而无法与异性交往，或不愿意交往，或想交往而害羞而没有行动。

鱼缸和盆栽也不能放在卧室中，它们的阴气不利于婚恋。

如果要用花来生旺桃花时，应使用花瓶插花。

4. 如何利用卧室装饰增加恋爱运？

一些女性一直无法寻找到适合的对象，是与她们暴躁或冷漠的性格有关。这些女性要增加恋爱运的办法，是首先要对卧室装饰进行改变。

卧室是最容易产生情感想象的空间，所以应将其布置得温馨一些。如在床头摆放新鲜有淡雅芬芳的花朵，能增加愉悦感，消除疲劳。床罩尽量避免火气大的虎豹图案，也要回避黑白相间的色调，以免被其感染。窗帘最好设置为一层有遮光效果的，而另一层则较为轻柔的。遮光效果能使人好好安睡，轻柔的窗帘则能唤起心底的温柔。

多在卧室中采用圆形作为装饰元素，尽量减少尖锐的形状，以磨掉性格中过于尖锐的部分。一个愉悦而心地温柔的人，一定能获得一段好的恋情。

5. 怎样布置新房？

一对新婚夫妇搬进新房，这个新房就关系到两人未来的生活。

新房最好是阳光充足的房间，它能令人感觉到新婚的快乐，并长久地保持。而黑暗的房间，会吸走快乐，让婚姻岌岌可危。同理，在布置房间时，也不要使用过深的颜色，它们会令人心情欠佳。不过各种红色是新婚时必须使用的喜庆元素，所以新房中通常布满很多用红色装饰的象征爱的物品。但如果长期住在红色偏多的房屋中，容易使人脾气暴躁。所以通常的做法是保持一年的喜庆元素，并在其过程中逐渐减少这些过多的饰物。

6. 怎样的飞星组合能促进夫妻关系？

在宅命盘中，当运星和山星的数字能相加为十，或运星和向星的数字能相加为十，就是"合十局"。合十局因数字相加能达到圆满的十，所以有和谐的含义，意味着有很好的姻缘，能使夫妻白头到老。所以合十局又被称为"夫妻合十局"。

在八运中，丑山未向的布局，就有合十局出现。

第四节　对婚恋不利的室内风水

1. 什么是桃花劫？

在桃花运中，可能出现不好的情况，这就是桃花劫，也被称为桃花煞。

是否有桃花劫，要看生辰八字中的神煞。

所谓神煞，是经过八字组合后推算出的影响命运的特殊元素。

如男性的八字中羊刃带桃花，就是有桃花劫，如果这个时候又正好有财星来刑冲化劫，就会发生因色破财的事情。

如女性的八字中七杀带桃花，也有桃花劫，如果有星宿神煞来刑冲破害，则会出现感情纠纷，严重的还会因此导致争斗、官司。

2. 歪斜的门怎样不利于恋情？

在风水上，歪斜的门即为邪门的意思，无论是家中的大门或是卧室出现了歪斜，都可能使居住者的性情发生变化，并招来意图不轨的烂桃花。

所以不要为了别具一格而修一扇歪斜的门。而如果门一旦出现了歪斜的情况，要马上修理。

3. 床摆斜了也会影响恋情。

通常床应该是与卧室的墙壁呈垂直或平行，如果床与墙壁形成了锐角，则会使气场发生改变。

长期睡在歪斜的床上，不容易接受到正的气场，也不利于休息，因而可能出现思想上的偏激。当出现了意图不轨的烂桃花时，也可能因不辨是非或赌气的关系而接受对方。

4. 镜子如何影响恋情？

镜子在风水中是容易招来煞气的风水物，如果摆放在卧室的镜子照到了床，可能影响恋情的发展。

镜子照到的是自己的影子，卧室是私密的空间，与感情有关。如果单身的男女经常在床上看到另一个自己，可能会在恋情中出现第三者，或自己出现同性恋的倾向。

5. 阳台上的内衣裤如何影响恋情？

内衣裤是很私密的物品，通常都会由它们联想到一些身体的隐秘部位。如果把这些物品堂而皇之晾晒在阳台上，则表示对性的不在乎，故而容易招来心怀叵测的烂桃花。

如果对面阳台上有人晾晒内衣裤，则可能使自己在恋情中过早有性的念头，而导致恋情的失败。

当然将内衣裤晾晒在阴暗的室内也是不妥当的，解决的办法是可以用较为低矮的架子摆放在阳台上不容易被外人看到的地方，或是在阳台上晾晒，只要不容易被外人看见就行了。

6. 如何避免被卷入三角恋？

由于梳妆台是卧室中最容易摆放镜子的地方，因而梳妆台的摆放方式，就会直接影响到人是否会被卷入三角恋事件当中。

梳妆台是绝对不能对着床的，这和镜子对着床的原理相同。因而梳妆台要么与床平行摆放，要么将其放到卧室的角落里。

切忌将梳妆台摆放在房间的中央，没有靠墙的梳妆台，不仅容易引发三角恋，还可能导致钱财的损失。

7. 哪些摆设不利于夫妻感情？

在卧室中摆放物品一定要小心，有些物品是极容易伤害夫妻感情的。

首先，卧室中不要出现与夫妻之外的人有关的物品。卧室是属于夫妻俩的私密空间，如果这里出现了与其他人有关的物品，不利于夫妻和谐。前男友或前女友的物品，是最容易引起争吵的根源。裸女或明星的画，也容易让人浮想联翩而使伴侣心灵受伤。

其次，最好少在卧室中使用电器。尤其是电视、电脑、电饭煲等电器，因为五行属火，而容易增加卧室里的火气，增加夫妻间的争吵。其实在卧室中使用电器，也会对休息产生干扰，从而使人脾气暴躁。

另外摆设的物件最好是不要有凶恶感。如狮子、老虎等装饰物，如果它们的头朝房内，极容易引起夫妻间的争吵，老虎下山图的效果就特别明显。所以如果要摆放狮虎饰物时，要注意它们的头不能朝内，而应朝外，宜上山，不宜下山。

另外脸谱和露牙齿的玩具也容易引起夫妻不和，应避免在卧室中摆放。

第五节　增加桃花与恋爱运的风水

1. 什么是桃花阵？

浪漫的爱情和美满的婚姻，是不少人梦寐以求的，如果能在家中利用一些催旺桃花的风水物进行布局，就是为自己的恋爱、婚姻摆下了桃花阵。

桃花阵通常具有较为强大的力量，所以要小心摆放，不要一不小心惹来了烂桃花。

2. 如何利用九紫星催旺当年的桃花位？

风水的九星派认为九紫星是最有桃花效应的飞星，九紫星飞临的方位，就是桃花位。将每年的流年星入九宫中宫，经过飞伏后，九紫星所在的方位就是当年的桃花位。

如2009年的流年星正好为九紫星，其方位在中，也就是说房间的中部是桃花位。2010年的流年星为八白星，九紫星所在方位在西北方，在此方位催旺桃花的效果很好。

3. 如何利用九紫星催旺当月的桃花位？

如果根据每月的桃花位来进行催旺，能起到更好的作用。如果将每月的流月星入中宫飞伏，就可以得到当月的桃花位。

如2009年正月的流月星是五黄星，该月九紫星所在方位为南方，即月桃花在南方；同理，二月的桃花位在北方，三月的桃花位在西南方，四月的桃花位在东方，五月的桃花位在东南方，六月的桃花位在中宫，七月的桃花位在西北方，八月的桃花位在西方，九月的桃花位在东北方，十月的桃花位在南方，冬月的桃花位在北方，腊月的桃花位在西南方。

4. 如何用植物来生旺九紫星？

对于九紫星来说，最能生旺它的莫过于桃花了。将包裹了红布的桃花放在九紫星的方位，并缠绕九道红线，就能催旺九紫星了。但如果已经结婚的人，不适合用桃花了，用它可能会节外生枝。

结子石榴也是能生旺九紫星的风水植物，对于没有婚配的男女，效果最好。

5. 如何利用动物来生旺九紫星？

乌龟的五行属火，与九紫星的属性相同，所以无论是养龟还是摆放玩具龟都有生旺桃花的作用。特别是在九紫星方位养九只乌龟，能大旺桃花。

鸭子为甲木，能以木生旺九紫的火，所以鸭子也能够旺桃花。如果在九紫星的方位放四只木鸭子，即合了四绿星，是木气很旺的风水物，能大旺桃花。

兔子的五行也为木，利用四只兔子能起到和四只鸭子一样的效果。

6. 如何用物品来生旺九紫星？

一切属火的物品，都对九紫星有生旺的作用。所有的电器都属火，所以可以在九紫星飞临的方位摆放电视、音响、充电器等。一盏有红色灯罩的灯，如果在九紫星所在方位长期点亮，能有效地生旺桃花。辣椒属火，也是生旺桃花的。

属木的物品也都可以用来生旺九紫星，如木雕、杂志等。

在摆放物品时，可以注意一下物品的数目。如属火的物品，可以摆放九个，以与九紫星的数目相合；属木的物品，可以摆放四个，以与生旺九紫星的四绿星相合。

7. 如何利用西南方催化恋爱运势？

西南方为坤卦，是孕育后代的母亲，因而代表了桃花运，想要催化恋爱的运势，就需要在西南方下功夫。

如果在卧室的西南方摆放几支蜡烛，并使用红色的灯罩，能生旺此方位，带动桃花运。

在此方位摆放长颈玫瑰或心形相框也是不错的选择，它们能时刻提醒宅主的爱情意识。

8. 如何利用土元素使爱情更加朝气蓬勃？

土元素最适合用来提升爱情的热度，尤其是配合为坤母的西南方位，能使恋爱如虎添翼。

天然水晶可增强土行之气，装饰用的花瓶和陶罐也可增强土行能量，如果上面再有象征爱情的图案，则效果更大。可将花瓶和陶罐放在住宅的西南方位，并在瓶内放一些水晶，以增强恋爱的能量。

第六节　运用风水吉祥物增加恋爱运

1. 水晶如何助旺爱情？

清澈、浑圆、多切面的水晶具有传送光和能量的作用，是增加运气的风水物。所以可以用水晶来增旺自己的桃花运。

选择粉红色或黄色的水晶，或由它们制作的饰品，放在家中，能激发附近的气场。如果佩戴在身上，无论走到何处，都能产生吸纳爱情的力量。

2. 如何利用粉水晶重拾爱情？

当在爱情的道路上遇到困难或挫折的时候，不要气馁，可以借助粉水晶的力量重拾爱情。

粉水晶是爱情的象征，有"无条件的爱之石"之称，被认为是爱情的万灵丹。其粉红的色泽有如爱情一般的温柔和浪漫感，故而能舒缓烦躁的心情，使人心胸宽广。粉水晶因为拥有这种将负面能量转为正面能量的能力，从而使人能广结善缘，有助于沟通。

无论是想重拾一段感情，还是想开始新的恋情，都可以借助粉水晶的力量，改善自我。

3. 如何利用紫水晶保持理性的恋爱？

有些人容易被爱情冲昏头脑，变得偏执而一厢情愿，这个时候可以借助紫水晶的力量保持冷静的头脑。

紫水晶有安定情绪的作用，并能增强人的包容性，是使人理性对待事物的风水物。因而紫水晶拥有增进人与人之间理性交往的力量，在爱情上，代表着高层次的、灵性的、精神的爱恋。

对于容易被爱情冲昏头脑的人来说，紫水晶无疑是最好的安定剂，它有助于寻找一份真正美满的情感。

4. 如何利用绿玛瑙增加魅力指数？

具有艳丽绿色的玛瑙，据说为千锤百炼的精品，在自然界少有出现。绿玛瑙坚毅的一面，能使人更具光彩。

缺乏自信的人，通常不容易收获爱情，如果佩戴绿玛瑙，则会增加个人的魅力和光彩，从而提升魅力指数，得到更多人的注意。

5. 如何利用虎晶石激发恋爱的勇气？

虎晶石的纹理和颜色都像木纹，所以有木变石的说法。在对虎晶石的加工过程中，可以在木纹的垂直面打磨出如同眼睛的纹理出来，因而又被称为虎眼石。

虎晶石历来是威严的象征，对于个性欠缺坚强果断的人来说，可以利用虎晶石的威严力量激发自己的勇气和信心，大胆地追求属于自己的爱情。

6. 如何用色彩加强对男性的吸引力？

房间的用色会影响到对不同男性的吸引力。红色具有很强的刺激性，适合想吸引强壮男性的女性。在卧室的西南方涂上亮红色或深红色，或装饰红色的心形饰物，能令自己拥有更为艳丽的魅力。

如果想吸引文雅的男性，则应该选用雅致的淡紫色，增加自己温柔的女性魅力；如果想吸引浪漫的男性，则应该选用粉红色，增加自己浪漫的想象力。

7. 增旺爱情的颜色用得越多越好吗？

虽然颜色有增旺爱情的作用，但任何颜色使用过多，都会过犹不及。比如粉红色使用过多，就可能引来太多的桃花，而不能令自己定下心来。

过多的单一颜色还会使人的视觉和精神感到疲劳,特别是增强爱情的颜色,会给人压力,或令人长期处于亢奋状态中,不利于健康。因而想要用颜色来增旺爱情,只需要在卧室的西南方布置相应的颜色就行了,贵精不贵多。

8. 房间里放花瓶对恋爱有好处吗?

花瓶是和谐的象征,在家中摆放花瓶能增加恋爱机会。

花瓶最好选用陶制或瓷制的,不过破损的花瓶一定不要使用,它会招来烂桃花。花瓶中一定要放鲜花,如果不记得买鲜花,就不要将花瓶摆放在客厅,空的花瓶照样会引来桃花劫,并有可能出现被骗财骗色的事情。

9. 如何利用鲜花招来爱情?

盛开的鲜花是植物创造生命的方式,因而鲜花是爱情的代表。男性将鲜花摆放在客厅的左方,女性将鲜花摆放在客厅的右方,能为自己招来爱情。

不过千万不要用假花或干燥花来代替鲜花,那些没有生命的花朵,缺乏鲜花所有的气场。鲜花也最好选用大花瓣的,它们招摇的形态,代表着对爱情大方的姿态。由于鲜花都是有生命的,所以千万不要让它们枯死在家中,一旦它们出现了略微萎靡的状态,就要赶紧扔掉。

鲜花最好选择没有刺的。虽然在西方的传统中,玫瑰象征爱情,所以许多人喜欢在花瓶中插玫瑰,但玫瑰有刺,反而会阻碍爱情的发展。最好的办法是将刺先去掉。

10. 如何利用鲜花来生旺桃花?

利用鲜花来生旺桃花,主要应注意花瓶的颜色和花朵的数量。

属鼠的要生旺桃花，可在正西方摆放一个蓝色花瓶，并插一枝花。

属牛的要生旺桃花，可在正南方摆放一个蓝色花瓶，并插一枝花。

属虎的要生旺桃花，可在正东方摆放一个绿色花瓶，并插四枝花。

属兔的要生旺桃花，可在正北方摆放一个绿色花瓶，并插四枝花。

属龙的要生旺桃花，可在正西方摆放一个绿色花瓶，并插四枝花。

属蛇的要生旺桃花，可在正南方摆放一个红色花瓶，并插九枝花。

属马的要生旺桃花，可在正东方摆放一个红色花瓶，并插九枝花。

属羊的要生旺桃花，可在正北方摆放一个红色花瓶，并插九枝花。

属猴的要生旺桃花，可在正西方摆放一个白色花瓶，并插七枝花。

属鸡的要生旺桃花，可在正南方摆放一个白色花瓶，并插七枝花。

属狗的要生旺桃花，可在正东方摆放一个白色花瓶，并插七枝花。

属猪的要生旺桃花，可在正北方摆放一个蓝色花瓶，并插一枝花。

11. 单身女性如何利用牡丹增加桃花运？

牡丹是花中之王，不仅拥有温柔的色泽，还拥有雍容华贵的气质。如果单身女性在客厅的右边摆放一幅牡丹图或一盆牡丹花，就能吸纳到牡丹的气势，提升自己高雅温润的气质，从而吸引到条件很好的男性。

12. 单身男性如何利用龙饰增加桃花运？

龙是万物之尊，强壮而具有威严。如果单身男性在客厅的左边摆放一幅龙的图案或者龙的饰物，就会在家中散发龙的威严，并增加自己的权威感，从而吸引到条件很好的女性。

13. 如果两人不常见面却又要维持关系怎么办？

现代人通常忙碌于工作，可能为了事业而没有足够的时间来恋爱，这也是现代人的恋爱问题。所以一旦遇到了心仪的对象，一定要想法留住这段感情。

如果很在意对方，但由于工作因素，双方聚少离多，可以在客厅的西南方摆放一对鸳鸯、爱情鸟或交颈天鹅的饰品，这会有助于维持双方关系。

14. 如果恋爱对象不想结婚怎么办？

害怕结婚的人要么是留恋单身的自由生活方式，要么是对婚后生活的不自信，其实都是对爱情没有信心的表现。要想跟害怕结婚的人相处，就得让他（她）感受到持久的爱情。

如果你碰到一个害怕结婚的家伙，可在卧室放置红色的同心结。同心结象征永无止境的爱，这种具有持久爱情的象征物，能帮助对方坚定对这段感情的信心。

第七节　提升魅力增加异性缘的方法

1. 利用吉祥气场增加自己的异性缘。

单身人士如果向往甜蜜的爱情，就需要多借别人的喜气。例如多参加朋友的婚礼，多参加新婚夫妻的聚会，借助这些充满喜气的活动，减少自己身上的阴气。其实这样的聚会也是寻找异性缘的机会。

现代许多人都因为缺乏交际或对人多防备而少有交到朋友的机会，但在那些充满喜气的环境中，每个人的防备心都会减弱，更容易向人敞开心扉。或许在一场婚礼上，原本冷漠的同事，也会流露出可贵的柔情来，因而是发掘异性缘的好机会。

2. 怎样提升男性魅力？

男性想要在女性面前展现自己的魅力，第一重要的是要保持干净整洁的外表。无论头发长短，都一定不能有油和头屑；无论留不留胡子，都需要进行修理；无论衣着如何，都要干净，最好不能有破洞。

一个邋遢的男性通常只会走衰运，即使找到女友，也会出现各种问题。

3. 如何利用眼镜提升男性魅力？

虽然现在大多数的眼镜男戴上了隐形眼镜，让眼睛更为自然，但如果能搭配上合适自己的眼镜，也能极大地提升男性的魅力。

对于眼睛较小的男性来说，适合利用方框黑边的眼镜来使眼睛看起来大一些。无边的或金色细边的眼镜能使人显得更斯文。较为夸张的彩色眼镜适合喜欢跟随潮流的男性。但如果眼镜的造型过于怪异，反而容易引起人反感。

4. 如何利用香水提升男性魅力？

香水并非女性的专利，男性也可以利用香水来提升自我魅力。虽然香水有几百种之多，但基本可以分成四种香型。

木香型的香水，有浓郁的木质香味，能强调男性的阳刚之气。

果香型的香水，有薄荷、肉桂、柠檬等香气，能给人热情高雅的感觉。

花香型的香水有八角、茴香、茉莉、风信子等香气，能给人神秘而浪漫的感觉。

中性香水通常为苹果、仙人掌等清淡的香味，能给人清新与活力。

在选择香水时，应根据需要来挑选，同时尽量选择香型较为纯净的。较为复杂的或花香过于浓郁的香水，不适合男性使用。

在喷香水时，应少量的喷在动脉处，切忌四处喷洒，或喷得过多，那样只会令人反感。

5. 女强人如何增强爱情运？

女强人往往脾气暴躁、果敢刚毅，所以常常被员工称为"男人婆"。不少女强人都在为不能找到合适的恋爱对象而苦恼，时常感到孤独寂寞。

要想改变这种状况，就需要让女强人身上的阳刚气削弱一些，增加一些阴柔的女性美。

坐在东南巽卦方位，时间一久，就能增加巽卦的柔美气质。如果一个女人坐在西北方，对婚恋是不利的。西北乾卦的阳刚之气，极大地削弱了女性的阴柔之气。所以要想改善自己的婚恋情况，应注意不要把办公室或办公桌设置在西北方位。

女性如果坐在西南方位的坤母位置，则会对增加爱情运有明显效果。坤母为纯阴之地，代表了孕育万物的大地母亲，因而不仅能增加女性的阴柔之美，更富有慈爱的母性之美，十分利于婚恋。

6. 女性如何通过化一个恋爱妆来增加魅力？

恋爱或想要恋爱的人，应该化一个温柔可爱的妆容，更能令男性着迷。由于恋爱需要给人更多娇媚的感觉，所以眉形应更加的圆润、柔和。使用咖啡色的眉笔或眉粉，能制造更为可人的形象。

唇部不要使用唇线笔来突出线条，只有更为自然的唇部才能显现出女性的柔美。唇形要尽量丰满圆润，并在使用唇彩后再用唇啫喱制造水嫩的感觉。

在色彩上，多使用粉色、粉紫、粉蓝、粉橘色，满面桃花最招人爱。

与人相处必然要交谈，嘴唇是一个不容小觑的面部细节，甚至是很重要的。嘴唇颜色暗淡，干燥起皮都会影响到运势。所以要滋养嘴唇，选择护唇膏和口红来保养或化妆，让嘴唇润泽饱满。

化好妆以后随身携带一面小镜子。风水学中，镜子是很常见的开运道具，在这个时候它也能帮助你提升财运，借助于它，你还能随时关注自己的妆容是否完美。

7. 女性如何通过旺夫妆让丈夫更爱自己？

想要旺夫，并且让丈夫更爱自己，就应该突出自信、稳重、积极、热情而又性感的一面。

首先眉毛应该略微上扬，给人自信的感觉，但不能太浓太黑，这样会给人妻管严的感觉。眼线可以画得略微上扬，不仅能使眼睛灵秀、妩媚，还能增加智慧感。

在画好眼线后，用银灰色的眼影在靠上眼线处轻描一条细线，使眼皮看上去较薄，使眼神更为灵活，以增进人际关系。

第十章　学业风水

第一节　对孩子学业不利的家居风水

1. 光线过暗或过亮对孩子的学业产生不利影响。

无论是温习功课、阅读还是做作业，光线对孩子的学习来说都非常重要，无论是太暗还是太亮，都会对学业造成不利的影响。房间光线的强弱，不仅影响到孩子的视力，同时还会影响到房间气的聚散。

如果光线过于强烈，会在纸张上产生反射，这也是光煞的一种，会扰乱孩子的视线，使孩子心神不宁、精神分散，无法专心学习。反之，过于阴暗的环境，孩子的阅读会变得吃力，也不利于气的运动，会降低房间内生气能量的活跃度，使房间变得死气沉沉，孩子因为吸收不到足够的能量，学习效率自然就会降低，在学习一段时间之后就很容易昏昏欲睡。

为了帮助孩子获得最佳的学习状态，最好在房间配一些光线柔和的灯具。除了书桌上的台灯之外，房间里还应该有一些辅助光源，营造出适度明亮的温馨环境，利用生气的聚积和能量的活跃使孩子保持清醒的头脑。

2. 门窗的朝向对学业有影响。

相对成人而言，孩子的抵抗能力比较弱，也更容易受到各种不利因素的影响。因此，为了防止孩子受到影响，同时又能帮助孩子提高学业上的运势，一定要注意其房间或书房的门窗朝向。

良好的采光是孩子获得健康体魄的基础，也是良好学业的保障条件，因此孩子的房间或书房窗户最好朝向正东方位或正南方位，可以获得较好的采光效果。除此之外，东方属木，文昌位也属木，能够起到带旺文昌位的作用，而南方阳光充足，不仅利于身体健康，还可以使孩子在明亮的环境中专心学习。

除了方位之外，门窗所朝方位的外在环境也会对孩子的学业产生影响。要尽量避免路冲、尖角煞之类的冲煞，同时还应该远离坟地、医院、监狱、庙宇等煞气较重的场所。

3. 窗户太大会影响到孩子的成绩。

一般来说，窗户的大小应该根据房间的大小来决定，两者必须成比例。有的住宅为了追求良好的通风和采光效果，盲目地加大窗户的尺寸，其实这对孩子的学习成绩是非常不利的。住宅风水讲究的就是藏风聚气，太大的窗户虽然能够拥有更好的通风效果，但同时也更容易使房间内聚积的生气流失，气失则神散。

对孩子来说，无论是书房还是卧室，长期待在这样的房间里，精神都无法集中，想要专心学习自然也就是一件非常困难的事情了。

4. 对窗摆放书桌不利于孩子集中精力。

为了让孩子能够拥有良好的学习环境，房间的采光和通风都非常重要，不仅可以营造出适合学习的室内环境，同时也可以保障孩子的身体健康。有的家庭将书桌摆放在窗户边，认为这样就可以获得良好的采光和通风效果，其实反而会在无形中影响到孩子的学习。

从风水布局上来说，书桌正对着窗户就形成了"望空"格局，对孩子的健康以及学业都非常不利。尤其是如果窗外正对着尖角煞，影响就更严重了。对于自控能力较差的孩子来说，窗外的一切动静都可以吸引到他的注意力，分散了注意力，如何还能够安心学习？

摆放书桌时，最好使窗户位于书桌的左侧，这样既能够获得良好的采光和通风，又避免了"望空"的格局。

5. 孩子的座位靠山影响孩子的健康与学业。

作为孩子每天学习时都需要的物品，座椅的摆放也会在无形中对孩子的学业产生不利的影响。

孩子的座椅也不能背靠着卫生间的墙，此处是住宅中的污秽之气产生和大量聚集的地方，会影响到孩子的运势。靠着厨房的墙也是不可取的，过重的火气会使孩子性情暴躁。

6. 书柜太高会使孩子头脑昏沉不开窍。

对于喜欢阅读的孩子来说，书柜当然是房间里不可缺少的家具，但是不能选过于高大的书柜。在风水中，太高的书柜会对健康产生影响，导致孩子身体虚弱。另外，如果书柜太高，很容易形成压迫书桌的格局，使孩子劳心头昏、心神不宁。

7. 不好的书籍会对孩子一生产生不利影响。

虽说书籍是通向知识殿堂的阶梯，但也并非所有的书都适宜摆在孩子的房间。一旦摆错了书，不仅无法提高孩子的学业，恐怕还会带来很多不好的结果。

有的孩子喜欢看描写鬼怪的书籍，认为其中的故事很刺激，其实这类讲述鬼邪故事的书都有很重的煞气，其所释放的阴气对孩子的身体和精神都有很严重的影响。

充斥着暴力凶杀和淫秽色情的书籍也切忌出现在孩子的房间中，这些书都含着过重的秽气，一旦让孩子接触，其原本拥有的正气就会受到侵蚀，而正气的衰败就会导致学业运势的下降，同时还会影响到孩子的神经系统，造成孩子经常做噩梦。

8. 墙上张贴不健康的画片会分散孩子的精力。

良好的休息是孩子学习精力的保证，因此卧室的布置不容忽视。

现在，许多孩子喜欢在卧室的墙壁上张贴海报之类的东西，其中除了崇拜的偶像明星之外，还会有一些与动漫、游戏有关的海报。此时，要特别注意的是，这类海报不能过于花哨，否则容易导致孩子精神不集中，容易心烦意乱。

另外，如果孩子的房间里有太多样貌邪恶的动物或人物海报，或是打斗气氛浓郁的图画，其散发的邪气会对孩子产生影响，很可能会导致孩子的行为变得怪异，或是变得脾气暴躁，容易与人发生打斗。

9. 孩子房间为什么不能挂太多抽象画？

有的孩子喜欢在房间的墙壁上粘贴许多人物的抽象画，这样其实会造成情绪的反复无常。

不管怎么样，房间毕竟是孩子学习和休息的场所，过多的抽象画会打破原本的气场平衡，导致孩子发生神经质的现象，使其不仅喜欢钻牛角尖，还喜欢无意中将注意力转移到一些学习之外的事情上，时间一长，性格慢慢就会发生变化，学习成绩也会受到影响。

第二节　旺文昌的风水

1. 如何确定文昌位？

文昌就是人们通常所说的文曲星，古人认为它掌管着读书和功名的运势。文曲星所在的位置就叫文昌位，风水认为若能够在此方位学习，不仅能够使人安心学习，同时对成绩的提高也有帮助。

一般说来，文昌位的确定不仅要根据生辰八字，还应该依据流年的变化来确定。但是，也有一些简单的方法可以确定文昌位的大概位置，就是将房门的位置作为依据。

当房门位于正东方向时，文昌位在西南方位；

当房门位于正南方向时，文昌位在东北方位；

当房门位于正西方向时,文昌位在西北方位;
当房门位于正北方向时,文昌位在正南方位;
当房门位于东北方向时,文昌位在正西方位;
当房门位于西南方向时,文昌位在正北方位;
当房门位于东南方向时,文昌位在正东方位;
当房门位于西北方向时,文昌位在东南方位。

获取文昌位运势最佳的办法,是将书房设置在整套房屋的文昌位上,这样能够获得比较好的学习运势。但是,由于受到布局限制无法实现时,也可以将书桌摆放在文昌位上,同样能够起到生旺学习的作用。

2. 为什么悬挂四支毛笔能够催旺文昌位?

恰当的文昌位布置,可以提高人的智慧,在学习的时候保持灵活的头脑,再加上勤奋和刻苦,成绩自然节节攀升。在风水中,摆放吊着四支毛笔的架子,是最常见也是最简便的催旺文昌位的方法。

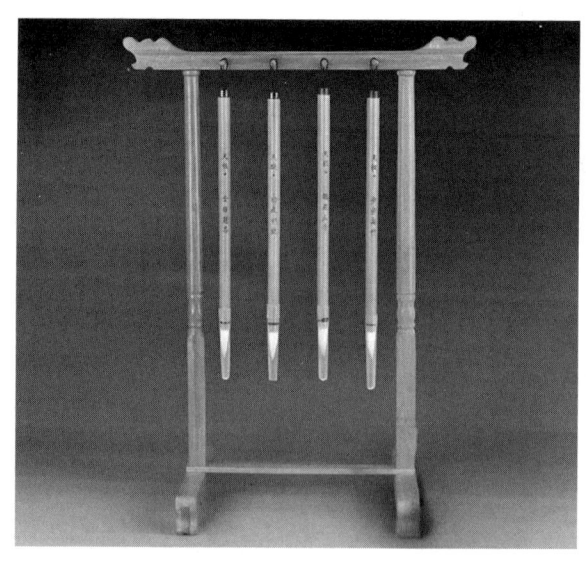

悬挂四支毛笔催旺文昌位

如果用风水的观点来分析，文昌位属于巽卦，是阴木、柔木和长形的木。通常毛笔的笔杆都是用竹管做成的，非常容易折断，性质上属于柔木。毛笔形状修长，属于长形的木，再加上笔毛的阴柔，所有的特点都与文昌位契合。因此，在文昌位悬挂毛笔是最合适不过的了。

由于文昌位又称为四文曲星，而巽卦的数目也是四，所以悬挂四支毛笔当然是最理想不过的了。当然，若将这些笔放在笔筒中，同样也可以起到催旺的效果。

3. 如何获得有催旺功效的文昌笔？

文昌笔是指悬挂在文昌位，具有催旺功效的毛笔，通常有两种方式可以获得。第一种方式，是在寺院等地购买已经开过光的文昌笔，这样可以获得较为持久的催旺功效。

如果无法寻找到购买的地点，就可以自己动手制作文昌笔。首先，到文具商店购买四支不同型号的毛笔，大、中、小、细各一支。然后，再到商店购买一些朱砂，并在四支毛笔的笔头上都粘上朱砂。接下来需要做的，就是准备四张用黑笔写有被催旺人的姓名、八字的红色小纸条，贴在四支毛笔的笔杆上。将这些制作妥当之后，挑选一个吉日和吉时，将这四支做好的毛笔连同笔架、砚台等一起带着，前往供奉着文曲星的寺庙中祈祷、加持、过炉。经过这些工序，自制的文昌笔同样具有催旺学业的功效。

4. 如何利用文昌塔提高孩子的成绩？

文昌塔拥有提升文昌位的力量，其中又以九层高的文昌塔催旺效果最佳。因为文昌是四绿星，加上九层这个数字，合起来就是相当吉利的数。所以，不妨请回一座九层高的文昌塔，将它摆放在书桌之上，就可以帮助提高孩子的成绩。

5. 什么符号利于学业？

六十四卦中的水火既济，是代表金榜题名的文昌卦。将此卦象的符号悬挂出来，有利于子女的学习。

第三节　增加学业运的风水

1. 怎样布置书桌提升考试运？

要参加考试的人，一定要注意书桌的整洁，一个肮脏、杂乱的书桌是不利于学习的。

在书桌的右上角悬挂四支毛笔，有强化学习的作用。用水养富贵竹，取其步步高升的寓意，能令考试者在考试时充满信心。

书桌摆放一个透明玻璃瓶，养四根富贵竹，提升考试运

养富贵竹的瓶子最好是选用透明的玻璃瓶或白色的陶瓷瓶，要时常保持水的新鲜度和洁净，经常为其清洗叶面，令其保持青翠，才有好的风水效果。

2. 文竹要怎么摆才能催旺学业？

在风水中，文竹是书卷的象征，摆放在房间中可以起到催旺学业的功效。但是，这并不意味着它可以摆在任意一个方位。如果想要提高学习成绩，不妨在学习桌摆上一盆文竹，这样就能起到很好的催旺文昌星的效果，增强孩子的学习动力。

学习桌摆放文竹，同样能很好地催旺文昌星

3. 如何通过电脑摆放旺学运？

在多媒体教育日渐发达的今天，电脑已经成为孩子学习中不可或缺的重要工具。对于想要提高孩子学习成绩的家长来说，电脑摆放的位置也可以起到带旺孩子学习运势的效果。

从五行的观点来看，文昌属木，电脑属火，如果将电脑摆放在文昌位上，可以营造出木火通明的效果，自然能够起到旺盛运势的效果。因此，电脑的最佳摆放位置就是在住宅或是书房的文昌位上。

4. 挑选什么样的书柜对孩子的学习更有利？

在为孩子挑选书柜时，除了兼顾个人喜好的因素之外，在材质方面，最好是选择木质的书柜。因为在风水中有木主春的说法，在孩子房间摆放木质书柜，可以增加房间中的阳性力量，而木头也具备着一些柔性的特质，能够帮助孩子获得平和的心境，从而有利于学习成绩的提高。

在选择书柜的颜色时，尽量避开过于跳跃和艳丽的色彩，适宜选择一些较为深沉的颜色，比如深褐色、咖啡色等，这些色彩所产生的厚重感可以使孩子的性格更加沉稳，以避免孩子产生急躁情绪。

5. 如何摆放睡床对孩子更有利？

在风水理论中，孩子睡床的摆放有很多忌讳和讲究。无论是从其身体健康的角度考虑，还是从提高学业的方面来看，家长都应该重视。

横梁是房间中煞气很重的一个地方，孩子的睡床首先就需要远离它。孩子的床头不能正对或侧对房门，气的直冲会使孩子容易患上头痛等疾病。如果卫生间在隔壁，床头也最好摆在与其相反的方位，秽气相冲也会使孩子的学业受到困扰。

另外，如果是跃层式的住宅或别墅，还要特别注意上下层之间的格局，切忌使孩子的房间位于厨房、神位、厕所的上方，这些格局会导致孩子心浮气躁，无法专心学习，影响学业的进步。

6. 如何通过改变床的位置提高记忆力？

除了看课外书之外，有许多孩子都有在床上复习功课的习惯，尤其是到了临考的时候，比起长时间坐在书桌前面，靠在床上看书或是躺在床上看书更加舒服。对于有这样习惯的孩子来说，可以通过改变睡床的朝向来提升其学业的运势。

孩子的性别不同，床的朝向也不一样。如果是男孩子，最好使其的床头朝向西南方位；如果是女孩子，那么正西方位是非常适宜的。这两个方位都能够起到催旺文昌的功效，帮助孩子提高记忆力，使其学习成绩得到提升。

不过需要注意的是，为了保护视力，要尽量避免孩子长时间躺在床上看书。

第四节　小孩饮食学业五行补益风水

1. 八字缺木的孩子该多吃什么?

依照五行的观点，绝大多数的素食都属木。对于八字中缺木的孩子来说，多吃素菜无论是对健康还是对学业，都会起到很大的帮助。

在所有的豆类中，绿豆是典型的木性食品，夏天用其来制作绿豆汤或是绿豆沙，不仅可以清热祛暑，温润脾肺，还能补木旺运。另外，在蔬菜方面，白菜、芥菜、椰菜、菠菜、油麦菜、蕹菜、萝卜、韭菜、莲藕等都是属木，而就水果来说，苹果、橙子、马蹄、杨桃、柚子、梨子、梅子、核桃等也属木，都可以为八字缺木的孩子带来一定的生旺效果。

除了蔬菜和水果之外，部分肉食也是属木的，比如鸭肉、淡水鱼、鸡肝、猪肝、猪手、鸡脚、鸭脚、猪脚等。

2. 八字缺火的孩子该多吃什么?

对于八字中缺火的孩子来说，辣椒、番茄、胡萝卜、茄子、榴梿、荔枝、龙眼、火龙果等这些蔬菜和水果都可以多吃些。

如果家中的孩子五行缺火，食用素菜时可能要稍微注意下加工方法，不宜做成蔬菜沙拉或是直接用白水烫了吃，虽然从营养的角度讲这样做可以减少营养成分流失，却不利于运势。最好的方法是用姜片来爆炒，因为姜、葱都属于非常好的补火的菜品佐料。除此之外，还可以尝试着在炒菜时多加入辣椒、花椒、八角和咖喱等调味品，也能起到生旺火性能量的效果。

豆类方面，红豆也是属火的。口味稍重的，不妨多吃川菜、湖南菜、泰国菜和韩国的辣泡菜，这些以辣味为主的菜系也都是很好的进补火性的菜品。

3. 八字缺土的孩子该多吃什么？

对于五行缺土的孩子来说，牛肉是不错的选择，多吃牛肉、牛腩等都可以起到补土运的功效。羊肉、狗肉以及一切的瘦肉也都是土性的食物，不妨多吃点，但是需要注意食用的季节，防止因为羊肉和狗肉的燥热引起上火。

另外，木瓜、栗子和花生也是土性的食物，也可以弥补孩子八字五行缺土的问题，帮助孩子提高学业运势。

4. 八字缺金的孩子该多吃什么？

对于八字缺金的孩子来说，不宜长期吃素。因为素菜大多属木，两者会形成相克格局，从而导致运势下降。

即便是要吃素，也要注意多补充一些属金的素食。在素食中，白萝卜、扁豆、蚕豆和米豆等都属金。在水果中，杨桃、桃子、西瓜等也属金。这些都是适合让八字缺金的孩子多摄入的食品。

在肉食方面，鸡肉和猪肺也都是属金的，尤其是鸡胸脯的肉，补金的效果非常好。

5. 八字缺水的孩子该多吃什么？

八字缺水会使孩子的思维比较迟钝，除了多吃素菜之外，补水运补脑的最佳方法就是多吃海带、薏米、黑豆、冬菇、黑木耳、黑芝麻、冬瓜、西瓜、苦瓜、老黄瓜、丝瓜、葫芦瓜、水豆腐、番石榴等。

一切鱼类也都是属水的食物，不妨多吃。猪腰、猪脑、鱼腩、海参、鱼肠、鸭肠、鹅肠、猪舌以及虾和螺等也都属水，同样可以起到补水运的效果。

除了要多喝水之外，茶、牛奶、豆浆、果汁和蜂蜜等也是非常适合八字缺水孩子的饮品，也都能够起到生旺的效果。

第十一章　影响健康的风水

第一节　形峦八卦疾病风水

1. 八卦如何影响人体健康?

飞星会在不同的时间影响人的身体健康,而在不同八卦方位上的各种形煞,也会对人体健康造成影响。

如在某个方位看到山有压迫过来的趋势,或有崩溃的危险,有高大的枯木张牙舞爪,有狭窄的巷道或水道直冲而来,有屋脊、屋角冲射,有烟囱、高压线逼近等,这就是形煞。

此时,应考虑其所在的后天八卦方位,参考先天八卦方位,来预防可能的疾病。

2. 形煞在坎卦可能导致什么疾病?

后天八卦的坎卦,在先天为坤卦,掌管腹,主要涉及脾脏、皮肤、脂肪、卵巢,与小肠、胃部、食道相通。

如形煞在此方,可能导致湿疹、水肿、腹胀、周身痹痛、痢疾、流产、癌症。

3. 形煞在艮卦可能导致什么疾病?

后天八卦的艮卦,在先天为震卦,掌管足,主要涉及命门、三焦、胆,与声道相通。

如形煞在此方,可能导致呕吐、吞咽困难、癫狂、甲状腺疾病、聋哑、脚骨折。

4. 形煞在震卦可能导致什么疾病？

后天八卦的震卦，在先天为离卦，掌管目，主要涉及心、舌，与胆、小肠、中脘相通。

如形煞在此方，可能导致胸闷、眼病、血栓、动脉硬化、发热、灼伤、心肌梗死。

5. 形煞在巽卦可能导致什么疾病？

后天八卦的巽卦，在先天为兑卦，掌管口，主要涉及肺部、津液、皮毛，与膀胱、大肠、喉咙、牙齿相通。

如形煞在此方，可能导致咳嗽、气喘、紫癜、斑癌、尿道感染、尿床、积痰、牙疼。

6. 形煞在离卦可能导致什么疾病？

后天八卦的离卦，在先天为乾卦，掌管首，主要涉及面、鼻、发、骨、脑，与脊背、肺部相通。

如形煞在此方，可能导致骨痛、坐骨神经痛、三叉神经痛、软骨病、肺病、脑震荡、中风。

7. 形煞在坤卦可能导致什么疾病？

后天八卦的坤卦，在先天为巽卦，掌管股，主要涉及肝脏、神经系统，与大肠、胆相通。

如形煞在此方，可能导致心绪不宁、秃头、风灾、肝病、中风、癫痫、抽搐、眩晕。

8. 形煞在兑卦可能导致什么疾病？

后天八卦的兑卦，在先天为坎卦，掌管耳，主要涉及肾脏、睾丸、子宫，与三焦、尿道、肛门、膀胱相通。

如形煞在此方，可能导致困倦、不孕、性病、肾病、水肿、畏寒、足痿。

9. 形煞在乾卦可能导致什么疾病？

后天八卦的乾卦，在先天为艮卦，掌管手，主要涉及胃部。

如形煞在此方，可能导致口臭、呕吐、关节炎、脱臼、胃病、坐骨神经痛。

第二节　形峦九宫风水疾病断

1. 如何解决双星到向财局对健康的影响？

双星到向是最能招财的格局，但当主管人丁的当令山星飞到了朝向上，则会对健康有很大的影响。许多成功的企业家英年早逝，跟这个有一定的关系。

要避免双星到向对健康的影响，需要在朝向方向放置瓷器或山石，这样就能应了格局中有旺盛的山星。当环境与飞星相符，飞星对人的不利也就会得以消除，从而保证身体的健康。

2. 九星是如何影响健康的？

随着天体的运行，时间的变化，九星飞临各处，或生旺，或衰退。由于它们对人的身体各部分有不同的影响，所以在它们生旺时，往往对人的身体有好处，但如果它们衰退时，就可能导致疾病。

3. 一白星可能导致哪些疾病？

一白星可分为天蓬星和贪狼星。

天蓬星代表肾脏，掌管血液疾病，使人容易食物中毒、酒精中毒，或得卵巢疾病。

贪狼星代表血液，掌管脉络疾病，使人容易得泌尿系统、循环系统方面的疾病，如可能会遗精、白带、痛经、耳鸣、腰疼、喉咙干燥、口渴、眼目眩晕。

4. 二黑星可能导致哪些疾病？

二黑星可分为天任星和巨门星。

天任星代表脾脏，掌管脾胃疾病，使人容易得食道、十二指肠疾病，严重的会得癌症。

巨门星代表肌肉，掌管消化疾病，使人容易牙疼、食欲不振、积食，进而得肠炎、胃炎、胃下垂、便秘、皮肤病等。

5. 三碧星可能导致哪些疾病？

三碧星可分为天柱星和禄存星。

天柱星代表胆，掌管火症疾病，使人容易遭受意外的伤害，使头、面、手、脚受伤。

禄存星代表神经，掌管肥胖疾病。

6. 四绿星可能导致哪些疾病？

四绿星可分为天心星和文曲星。

天心星代表肝脏，容易使人遭天灾和蛇咬。

文曲星代表运动，掌管寒症疾病，使人容易先天不足，进而气喘、秃头、风湿。

7. 五黄星可能导致哪些疾病？

五黄星可分为天禽星和廉贞星。

天禽星代表脑，掌管口的疾病，使人容易遭土煞、横死、精神分裂。

廉贞星代表内脏，掌管精神疾病，使人容易头晕目眩、中毒、麻痹、失眠、神经痛、忧郁，甚至得肿瘤。

8. 六白星可能导致哪些疾病？

六白星可分为天辅星和武曲星。

天辅星代表骨骼，掌管头的疾病，使人容易得老年痴呆症。

武曲星代表思考，掌管鼻子的疾病，使人容易感冒、咳嗽、喉咙干燥、气喘、骨疼、关节炎。

9. 七赤星可能导致哪些疾病？

七赤星可分为天卫星和破军星。

天卫星代表肺部，掌管痨症，使人容易得流行病、性病、艾滋病，易难产、自杀、受刀伤。

破军星代表呼吸，掌管肺部的疾病，使人容易气喘、牙疼、面部及手脚受伤，易得肺炎、妇科病、性病、口腔癌。

10. 八白星可能导致哪些疾病？

八白星可分为天芮星和左辅星。

天芮星代表胃部，掌管背脊的疾病，使人容易憔悴、坐骨神经痛、骨折、扭伤。

左辅星代表手足，掌管日常疾病，使人容易腰背酸痛，易得结石、脚病、腹膜炎。

11. 九紫星可能导致哪些疾病？

九紫星可分为天英星和右弼星。

天英星代表心脏，掌管中风，使人容易不安、遭雷击、触电、火灾、煤气中毒，得乳痛、血崩、高血压。

右弼星代表视觉，掌管日常疾病，使人容易噩梦惊恐、被灼伤，易得眼病、心脏病、赤带、红斑疹。

（全书完）